主 编 曾庆双

副主编 牟红 李丽

ZHONGGUO BAIJIU WENHUA

中国白酒文化

（第2版）

重庆大学出版社

内容提要

本书基于大文化的概念,围绕白酒主线,从白酒公共管理、白酒行业管理、白酒产业发展、白酒生产工艺流程、白酒商贸、白酒企业经营、知名白酒企业、白酒人物、白酒消费与礼俗等视觉解剖中国白酒文化。

本书可作为高校酿酒专业、白酒营销专业、白酒电商专业学生教学用书,也可作为从事食品公共管理、食品工业相关生产经营和营销、文化研究人士的学习参考用书。

图书在版编目(CIP)数据

中国白酒文化 / 曾庆双主编. -- 2版. -- 重庆：
重庆大学出版社,2020.8(2024.8重印)
ISBN 978-7-5624-7630-6

Ⅰ.①中…　Ⅱ.①曾…　Ⅲ.①白酒—酒文化—中国
Ⅳ.①TS971.22

中国版本图书馆 CIP 数据核字(2020)第 136143 号

中国白酒文化

(第2版)

主　编　曾庆双

副主编　牟　红　李　丽

责任编辑:顾丽萍　　版式设计:顾丽萍
责任校对:王　倩　　责任印制:张　策

*

重庆大学出版社出版发行

出版人:陈晓阳

社址:重庆市沙坪坝区大学城西路 21 号

邮编:401331

电话:(023) 88617190　88617185(中小学)

传真:(023) 88617186　88617166

网址:http://www.cqup.com.cn

邮箱:fxk@ cqup.com.cn(营销中心)

全国新华书店经销

POD:重庆市圣立印刷有限公司

*

开本:787mm×1092mm　1/16　印张:15.75　字数:376 千

2013 年 8 月第 1 版　2020 年 8 月第 2 版　2024 年 8 月第 9 次印刷

印数:14 501—14 800

ISBN 978-7-5624-7630-6　定价:49.00 元

⚙ 修订说明

　　《中国白酒文化》自 2013 年 8 月出版以来,受到了白酒界相关人士和高等院校相关专业教学工作者和学生的欢迎,经过多次印刷以满足社会需求。

　　7 年来,白酒产业的发展已经进入了一个新的阶段。目前,国家正着力推动国家治理体系和治理能力现代化的进程,这又是一个新的历史起点,必将对中国产业发展、文化发展带来深刻的影响。在此时刻,回顾 7 年来中国白酒发展的历史过程,我们觉得有必要对《中国白酒文化》进行修订,以更好地反映中国白酒文化发展的现状。

　　基于更好地厘清文化逻辑、服务白酒生产经营产业链的宗旨,修订版的《中国白酒文化》,调整了章节的逻辑体系,进行了章节内容的重新设计。按照白酒公共管理、白酒生产工艺流程、白酒商贸、白酒企业经营、知名白酒企业、白酒人物、白酒消费与礼俗次序,从宏观向微观逐一研究和介绍中国白酒文化,并增加了近年来白酒产业发展的相关信息,以便更好地反映中国白酒产业的发展现状,更加准确地反映白酒文化独特的内在逻辑。

　　由于资料有限、能力有限,修订版的《中国白酒文化》依然有许多不足,我们在此表示歉意。希望读者在使用过程中能够向我们反馈相关信息,以便我们在今后更好地修改、完善,更好地服务于中国白酒产业的可持续发展。

编　者

2020 年 4 月

序一

酒,是一种物质,是一种特殊食品,是一种精神,是一种技能,是一门学问,是一种艺术,是一部历史,更是一种文化。

从轩辕酒旗三星,到夏朝的"杜康"一味佳酿,到今天的万酒飘香,酒伴随着华夏子孙繁衍、发展、生生不息到今天和明天。

中国,是酒的源头,是酒的故乡,是酒的王国,是酒的天地,是酒的世界。中华民族,是一个酒的民族。

历朝历代,多少文人墨客讴歌酒文化,留下了斗酒、写诗、作画、养生、宴会、饯行等酒神佳话,更留下了人际交往的酒仙美谈。因为酒,出了英雄,也出了狗熊;因为酒,成了事,也坏了事!酒啊酒,无论怎样,它昨天、今天、明天都已经不知不觉渗透到社会生活的方方面面、各个领域,对社会产生了深远的影响。

酒,还将传播到永远;酒文化,应该传承,也将会到永远!人类,需要酿造高品位的醇香美酒;人类,还将传承高品质的优秀文化。

人类社会,需要高级酿酒师;人类社会,需要高级品酒者;人类社会,更需要发掘、锻造、传播优秀酒论的人。应该说,四川泸州的曾庆双,是一个不可多得的"酒者"。曾庆双这个"酒者",出生于酒乡泸州,生而"自带"酒量,他是一个善饮者,不豪饮,但却豪情,真正的一个性情人。我与曾庆双有过多次酒上的交往,他喝酒绝对"耿直",从"酒品看到了人品";而且,边饮酒,边造许多酒的段子,时而让人开怀大笑,时而让人喷饭喷酒,不知不觉,数杯早就下肚,还没有感觉到"醉"!

曾庆双这个"酒者",是一个酒店乡里的学者,我与曾庆双相识,已经是第十个年头了。2003年,在重庆大学科技园工作的他报考我的研究生,其时已经39岁,我为其好学的精神所感动。庆双学成后回到泸州职业技术学院从教,在教学科研方面成绩突出,成了一方"学者",每每与我相见,谈及人才培养和专业建设,总是滔滔不绝,想法颇多。能有这样一个热心教育的弟子,我颇感欣慰。

曾庆双这个"酒者"还想成为酒文化的传播者。为了使教育更加贴近社会发展和产业发展的需求,庆双和他的同事们结合泸州酒城的特点,自2007年起,就在市场营销专业的课程中开设了"酒类学"课程,迄今已经7年。7年的教学实践和探索,从自编讲义开始,到今天终于出版《中国白酒文化》,反映了泸州职业技术学院教师团队积极探索高职教育的责任感和使命感。

　　《中国白酒文化》以全新的文化定义，汇集中国白酒生产、管理、营销、消费、宣传平台、白酒企业、白酒行业人物等资料，为我们提供了一个了解中国白酒的文化新视角，也为有志于白酒产业发展的人士提供了丰富的资料。虽然作为一本著作，还有很多不成熟的地方，但是这种尝试无疑是相当有益的，其价值也是不可低估的。我愿意为之作序，以期待该书能够得到社会的更多关注，吸引更多有识之士重视中国传统文化的研究和传播，弘扬中国传统文化，促进社会发展，也希望他以后的研究和工作能够得到社会各界的更多帮助和支持。

　　酒文化，教化、点化、净化、转化，化内化外，化左化右，化到我们的心灵，化到了我们的骨髓，化为伟大中国梦的实现！

二〇13年8月

✿ 序二

  在社会分工高度细化、国际竞争从国外走向国内的大环境下，人才的竞争越来越成为企业竞争的核心问题。贴近产业发展，弘扬中国传统文化，培养大批既有良好职业素养，又有较强职业技能的人才，是教育工作者的神圣使命。泸州职业技术学院商学院近年来积极开展与白酒企业的校企合作，倾心为白酒产业培养人才，得到各级政府和诸多白酒企业的支持和帮助，取得了较大的进展。《中国白酒文化》的正式出版从一个侧面体现了他们付出的努力和心血，也是校企合作的一个缩影。希望该书的出版能够为白酒企业的发展、为有志于促进白酒产业发展和白酒文化传播的人士提供新的视角和帮助，也希望泸州职业技术学院能够得到社会各界的大力协助，让我们在助推产业发展、服务地方经济的道路上走得更好！

泸州职业技术学院院长、教授

贺和初

2013年8月

☼ 序三

　　原始部落到农耕文明到现代信息化，果酒到中国白酒，以及文化、文明、文物，表达了5 000年中华文明。一种对农业种子的尊重，一种对孔子文化的敬仰，一种对天地的挚爱，对父母、对朋友的感恩，对军人与正气阳刚的敬仰都可以释怀于美酒之中，这也许是酒和文化的天性。

　　庆双教授与泸州、泸州老窖情感相连，是命运写就了《中国白酒文化》一书。作为一个一生吃酒饭的酿酒人，甚为感谢，推荐给热爱中国文化、中国白酒文化的朋友。相信：酒道、文道，文明之道。

　　祝读者品酒论道，幸福一生。

泸州老窖集团总裁、教授级高工

2013·5·14

⚙ 目 录

第一章 概　论

　　我国是世界最大的酒精饮料生产和消费国,是酒类品种最全、酿酒历史最长、酒产业规模最大的国家。酒文化,尤其是白酒文化,在我国呈现出历史悠久、种类多样、形式各异的特点。白酒产业的发展衍生出白酒文化,白酒文化又助推了白酒产业的发展。白酒文化为我们的生活增添了更多的乐趣和色彩。

第一节　酒与白酒产业

一、酒的起源及其分类

　　在中国,酒的生产历史悠久。用酒曲酿酒的技术,最早产生于中国,中国人用酒曲造酒比欧洲人早 3 000 多年,这与中国悠久的农业文明史有关。《史记·殷本纪》有对纣王造酒池肉林的穷奢极侈生活的记载。《诗经》有"十月获稻,为此春酒,以介眉寿"的诗句,表明当时酒已经成为国人常用的饮品。

　　河南考古工作者在商代墓中发现古酒,是中国现存年代最早的酒。春秋时的中山国善酿酒,其酒酿成后,倒入大罍中,浸泡 9 种花卉的茎叶,贮存 10 年以上再饮用。在平山县一座战国陵墓中,考古工作者挖出了两壶美酒。

　　1. 酒的别名

　　在源远流长的酒史中,酒的称谓也是酒文化的重要内容,其丰富多彩的称谓也是酒文化的一大特色。不同酒在品质、成分、功能、品牌等方面各有特征,加上历代人们对饮酒的不同态度和感受,使酒形成了多种多样的名称。

　　(1)扫愁帚、钓诗钩

　　宋代大文豪苏轼在《洞庭春色》中写道:"要当立名字,未用问升斗。应呼钓诗钩,亦号扫愁帚",以"钓诗钩"作为酒的名字,以"扫愁帚"作为酒的号,后来人们便用"扫愁帚""钓诗钩"作为酒的代称。

　　(2)欢伯

　　汉代焦延寿的《易林·坎之兑》有"酒为欢伯,除忧来乐"的诗句,认为酒可以扫除人们的忧愁,给人们带来快乐,所以称谓"欢伯"。金代元好问在《望月轩》诗中也写道:"三人成邂逅,又复得欢伯。"意谓三人不期而遇,就像饮美酒一样。

(3)黄流

"黄流"的称谓源于《诗·大雅·旱麓》中"瑟彼玉瓒,黄流在中"的句子,黄流即为酒的意思。

(4)曲生、曲秀才

因酿酒用曲,所以将酒称为"曲生""曲秀才",这是对酒的拟人称呼。《开天传信记》中的神话故事讲,唐代道士叶法善与一群官员相聚,大家正想喝酒时,进来一少年,自称曲秀才。少年高声谈论,许久站起,如风一般不见人影。叶法善以为是妖魅,等少年又来时,用小剑刺他。少年化为酒瓶,美酒盈瓶,其味甚佳,坐客皆醉。后来人们以"曲生"或"曲秀才"作为酒的名称。

(5)般若汤

般若汤是佛教徒称酒的隐语。据说唐代长庆年间,有一游僧到一寺庙诵经,寺里的侍者沽回酒来,被寺僧掷向柏树,瓶碎。游僧说:"我诵《般若经》,要喝一杯酒,便声音嘹亮。"游僧将瓶拼合,收回泼出的酒,几口入肚。般若汤之名由此而来。原中国佛教协会主席赵朴初先生曾题词"香醇般若汤"。

(6)天禄

"天禄"的称呼出自《汉书·食货志》(下),"酒者,天之美禄,帝王所以颐养天下,享祀祈福,扶衰养疾"。相传隋朝末年,王世充曾对诸臣说,"酒能辅和气,宜封天禄大夫"。由此可见,古代人对酒有很美好的评价,同时也把酒看成是有人性的。

(7)家酿、香醪

家酿是指用自己家里的粮食精工酿造,以供自用的好酒,非一般酒肆沽到的酒所能比。韩驹的诗句"不知如蜜有香醪",其中的"香醪"是一种甜酒的别名,口味甜美,与绍兴黄酒中"善酿""古越醇"一类的含糖量颇高的酒类似。

(8)酒兵

"酒兵"意指酒就像士兵能够克敌制胜一样,予人解愁。古人说,酒犹兵也,兵可千日而不用,不可一日而不备。酒可千日而不饮,不可一饮而不醉。

(9)青州从事、平原督邮

"青州从事"和"平原督邮"是对好酒和劣酒的不同称呼。刘义庆在《世说新语》中,将好酒称"青州从事",劣酒称"平原督邮"。因为青州境内有齐郡,齐与脐同音,凡好酒都是酒力下沉到脐部的,从事又是美职;而劣酒则不下肚,至横膈膜为止,平原有鬲县,与膈同音,督邮又是贱职,故以此为喻。

(10)黄醅

唐朝诗人白居易的《尝黄醅新酎忆微之》有"世间好物黄醅酒,天下闲人白侍郎"的诗句。宋朝诗人陆游的《山园杂赋》有"赖有黄醅法,终年任醉醒"的诗句。这说明在唐宋时期,"黄醅"是人们对酒的称谓之一。

（11）黄醅

苏曼殊的《断鸿零雁记》有"惜吾两人不能痛饮，否则将此蟹煮之，复入村沽黄醅无量，尔我举匏樽以消幽恨"的句子，以"黄醅"称谓酒。

（12）红友、玉友

古人以"红友"指称黄酒，以"玉友"指称白酒，嗜酒者、善饮者视酒为亲密朋友，反映了饮酒者的一种情感寄托。

（13）圣人、清圣、浊贤

传说东汉末年，朝廷禁酒，有人偷饮而不敢直呼其名，便用隐语称酒为"清圣""浊贤"。一次，曹操派人唤尚书侍郎徐邈进朝议事，可是徐邈在家喝酒大醉，就倚仗酒劲儿说："回禀丞相，臣正与圣人议事，不得功夫。"来人一听"圣人"，不便细问，便糊里糊涂地复命去了，曹操也没有再追问。事后，徐邈与友人谈起此事时说："不想'圣人'二字竟救了我的命。"从此，"圣人"便成了酒的别名。在《三国志·徐邈传》中，左渡辽将军鲜于辅称白酒或浊酒为贤人，称清酒为圣人。

除此之外，酒有玉液、流霞、绿醽、金波、杯中物等美丽的别名。《抱朴子》喻美酒为"金浆玉醴"，绍兴人喻酒为"福水"等。酒的别称也有不少是根据饮酒的害处取名的，如人们称酒为"黄汤""迷魂汤""祸泉"等，带有贬义。还有的用人名作酒之代名词，如"杜康"。此外，还有"白堕"，大概源于"刘白堕"为善于酿酒而嗜酒的人。还有一些地方根据盛酒的器皿称谓酒，如有的地方称酒为"单碗"，源于过去人们用大粗碗盛酒，一桌一碗，同桌之人轮流饮用。

2. 酒的起源传说

（1）上天造酒说

自古以来，我国就有酒是天上"酒星"所造的说法。素有"诗仙"之称的李白，在《月下独酌·其二》一诗中写道"天若不爱酒，酒星不在天"；东汉末年以"座上客常满，樽中酒不空"自诩的孔融，在《与曹操论酒禁书》中写道"天垂酒星之耀，地列酒泉之郡"；经常喝得大醉，被誉为"鬼才"的诗人李贺，在《秦王饮酒》一诗中写道"龙头泻酒邀酒星"。此外，如"吾爱李太白，身是酒星魄""仰酒旗之景曜""拟酒旗于元象""囚酒星于天岳"等，都经常有"酒星"或"酒旗"这样的词句。窦苹所撰写的《酒谱》，也有酒是"酒星之作也"的话。

记载酒旗星的发现，最早见于《周礼》一书，酒旗星是我国古代二十八宿之一。后《晋书·天文志》也有相关记载："轩辕右角南三星曰酒旗。酒官之旗也。主宴飨饮食。"酒旗星的发现和记载是我国古代天文学的成就之一。在当时科学仪器极其简陋的情况下，我们的祖先能在浩渺的星河中观察到这几颗并不很明亮的星座，并留下关于酒旗星的种种记载，这是一种奇迹。酒旗行星的发现和记载，说明我们的祖先有丰富的想象力，也证明酒在当时的社会活动与日常生活中占有相当重要的位置。

（2）猿猴造酒说

猿猴会"造酒"，在我国的许多典籍中都有记载。明代文人李日华在他的著述中写道："黄山多猿猱，春夏采杂花果于石洼中，酝酿成酒，香气溢发，闻数百步。野樵深入者或得偷饮之，不可多，多即减酒痕，觉之，众猱伺得人，必嚲死之。"清代文人李调元在他的著作中记叙道:"琼州多猿……尝于石岩深处得猿酒,盖猿以稻米杂百花所造,一石六斗有五六升许,味最辣,然极难得。"清代的另一本笔记小说也讲道:"粤西平乐等府,山中多猿,善采百花酿酒。樵子入山,得其巢穴者,其酒多至数石。饮之,香美异常,名曰猿酒。"这些不同记载,都说明在猿猴的聚居处,多有类似酒的东西发现。酒是一种发酵食品,它是由一种叫酵母菌的微生物分解糖类产生的。酵母菌是一种分布极其广泛的菌类,在广袤的大自然中有各种水果,尤其在一些含糖分较高的水果中,这种酵母菌更容易繁衍滋长。含糖的水果,是猿猴的重要食品。当野果成熟坠落后,由于受到果皮上或空气中酵母菌的作用而生成酒,这是一种自然现象。猿猴在水果成熟的季节,收贮大量水果于"石洼中",堆积的水果受自然界中酵母菌的作用而发酵,在石洼中将"酒"的液体析出。猿猴居然能在不自觉中"造"出酒来,这既合乎逻辑又合乎情理。

猿猴嗜酒,被人所利用。唐人李肇所撰《国史补》一书记载,猿猴是十分机敏的动物,它们居于深山野林中,很难活捉到它们。经过细致的观察,人们发现并掌握了猿猴的一个致命弱点,那就是"嗜酒"。于是,人们在猿猴出没的地方,摆上香甜浓郁的美酒。猿猴闻香而至,先是在酒缸前踌躇不前,接着便用指蘸酒吮尝,在没有发现什么可疑后,终于经受不住香甜美酒的诱惑,开怀畅饮起来,直到酩酊大醉,乖乖地被人捉住。这种捕捉猿猴的方法并非我国独有,东南亚一带的群众和非洲的土著民族捕捉猿猴或大猩猩,也都采用类似的方法。这说明猿猴是经常和酒联系在一起的。

(3)仪狄造酒说

相传夏禹时期的仪狄发明了酿酒。公元前2世纪,史书《吕氏春秋》云"仪狄作酒"。汉代刘向编辑的《战国策》则陈述道,夏禹的女儿令仪狄监造酿酒,仪狄经过努力,酿出味道很好的酒,献给夏禹品尝。夏禹喝了之后,觉得的确很好。可是夏禹又认为喝酒误事,后世一定会有因为饮酒无度而误国的君王,从此疏远了他。这段记载流传于世,人们对夏禹倍加尊崇,推他为廉洁开明的君主,因为"禹恶旨酒",而仪狄则被刻画成专门谄媚进奉的小人。

仪狄是不是酒的始作者呢?古籍中谈到帝尧、帝舜都是酒量很大的君王。黄帝、尧、舜,都早于夏禹,早于夏禹的尧舜都善饮酒,说明酒早于夏禹就存在了。也有部分史籍中提到仪狄"作酒而美""始作酒醪",认为他是首先研发出酒醪的人,而后才是杜康发明了酒。也有史籍提到"酒之所兴,肇自上皇,成于仪狄",意思是说,自上古三皇五帝的时候,就有各种各样造酒的方法流行于民间,是仪狄将这些造酒的方法归纳总结出来,使之流传于后世的。有学者认为,用粮食酿酒是一件程序、工艺都很复杂的事,单凭个人力量是难以完成的。有可能仪狄是位善酿美酒的匠人、大师,或是监督酿酒的官员,他总结了前人的经验,完善了酿造方法,终于酿出了质地优良的美酒。郭沫若也持这样的观点:"相传禹臣仪狄开始造酒,这是指比原始社会时代的酒更甘美浓烈的旨酒。"

(4)杜康造酒说

魏武帝乐府曰:"何以解忧,惟有杜康。"自此之后,世人便认为酒就是杜康所创的。杜康是如何造酒的呢?有一种说法是杜康"有饭不尽,委之空桑,郁结成味,久蓄气芳,本出于此,不由其方"。意思是说杜康将未吃完的剩饭,放置在桑园的树洞里,剩饭在洞中发酵后,有芳香的气味传出。这种酒的做法启发了杜康,他便与其岳父一起研究,终于酿制出了醴醆这种能醉人的甜酒。古籍中如《世本》《吕氏春秋》《战国策》《说文解字》等书,对杜康都有过记载。清乾隆十九年(1754 年)重修的《白水县志》,对杜康也有过较详细的记载。当时杜康为了逃避寒浞追杀,逃到了白水县,并在河边取水造酒。1976 年,白水县人在杜康泉附近建立了一家现代化酒厂,定名为"杜康酒厂",用该泉之水酿酒,取名"杜康酒",曾获得全国酒类大赛的铜奖。清道光十八年(1838 年)重修的《伊阳县志》和道光二十年(1840 年)修的《汝州全志》,也都有过关于杜康的记载。《伊阳县志》中《水》条里,有"杜水河"一语,释曰"俗传杜康造酒于此"。《汝州全志》说:"杜康叭"在城北五十里处的地方。今天,这里倒是有一个叫"杜康仙庄"的小村,人们说这里就是杜康叭。"叭",本义是指石头的破裂声,而杜康仙庄一带的土壤又正是由山石风化而成的,从地隙中涌出许多股清冽的泉水,汇入傍村流过的小河中,人们说这段河就是杜水河。令人感到有趣的是在傍村这段河道中,生长着一种长约一厘米的小虾,全身橙黄,蜷腰横行,为别处所罕见。此外,生长在这段河套上的鸭子生的蛋,蛋黄泛红,远较他处的颜色深。此地村民由于饮用这段河水,竟没有患胃病的人。在距杜康仙庄北约十多公里的伊川县境内,有一眼名叫"上皇古泉"的泉眼,相传也是杜康取过水的泉眼。如今在伊川县和汝阳县,已分别建立了颇具规模的杜康酒厂,产品都叫杜康酒。

3. 酒的定义

酒是人类生活中最重要、最富有色彩的饮料之一,它几乎是同人类一起产生的。自古以来,酒被赋予了无数美丽的传说和故事。但是酒究竟是什么呢?

1992 年版的《汉语大词典》对"酒"的词义解释为四个方面:

①酒是一种饮料名,是用粮食、水果等含淀粉或糖的物质发酵制成的含乙醇的饮料。

②酒,有饮酒的意思。

③酒,有酒席、酒筵的意思。人们说吃酒,是赴宴的意思。

④酒,也作为姓氏。

1999 年版的《辞海》对酒的定义则明确从自然构成角度阐释为:"酒,用高粱、大麦、米、葡萄或其他水果发酵制成的饮料。如白酒、黄酒、啤酒、葡萄酒。"

由此,我们可以把"酒"理解为经发酵酿制而成的、含有酒精的一种饮料。

4. 酒的典籍

我国历史上记载酒的书籍也非常多。除各种诗文对酒的渲染之外,各种百科知识式的书籍都有不少对酒的记载。

(1)秦汉时期

进入秦代,黄酒、药酒、葡萄酒等品种都有了发展,一批名优酒开始出现。随着我国酿酒技术不断提高,酿酒工艺和理论也得到发展,产生了许多关于酒的专著。东汉许慎的《说文解字》记载了 10 多种关于曲的名称;北魏贾思勰的《齐民要术》有专卷记述造曲和酿酒,介绍了 12 种造曲方法。这表明当时我国的酒曲无论是品种还是技术均已达到较为成熟的地步。此外,崔浩的《食经》、曹操的《上九酿酒法奏》、南朝宋时期的《酒录》《酒令》《酒诫》等都记述了与酒有关的信息。同时,酒逐渐成为文学艺术的主题,产生了以酒为题的诗词歌赋,人们借酒抒发对人生的感悟、对社会的忧思、对历史的感慨。

（2）唐宋元时期

清朝的《古今图书集成》有专门的篇章介绍酒类书籍，在"酒乘·酒"篇中收录的李琎的《甘露经》《酒谱》，胡节还的《醉乡小略》《白酒方》，刘炫的《酒孝经》《贞元饮略》，侯台的《酒肆》等都涉及酒。这一时期，李白、杜甫、白居易、杜牧等与酒关系密切的文化名人辈出，使中国酒文化进入了灿烂的黄金时期。

宋代名酒品类增多，酿酒技术文献不仅数量众多，而且内容丰富，具有较高的理论水平。张能臣的《酒名记》记载了各种名酒的特点。朱肱的《北山酒经》一书介绍酒的制法有 13 种之多，是我国古代酿酒史上一部学术水平较高、较具权威性及指导价值的专著。

蒸馏烧酒在宋代处于萌芽状态，在元代迅速占领了北方大部分市场，成为人们的主要饮用酒。名酒品类更多，宋柏仁的《酒小史》列有高邮五加皮、处州金盘露、山西太原酒、成都剑南烧春、关中桑落酒等。忽思慧的《饮膳正要》、韩奕的《易牙遗意》、朱德润的《轧赖机酒赋》、周权的《葡萄酒》等书籍就出自这一时期。

（3）明清时期

明清时期的酒文献进一步增加，出现了《本草纲目》这样对酒进行集大成式介绍的书籍。此外，还有元怀山人的《酒史》，袁宏道的《觞政》，沈沈的《酒概》，周履靖的《清莲觞咏》《狂夫酒语》，顾炎武的《日知录·酒禁》，田艺蘅的《醉乡律令》，黄周星的《酒部汇考》，俞敦培的《酒令丛钞》，周亮工的《闽小记》，梁章钜的《浪迹丛读、续读、三读》，徐炬的《酒谱》，冯时化的《酒史》，高濂的《遵生八笺》，方以智的《物理小识》，谢肇淛的《五杂俎》，夏树芳的《酒颠》，陈继儒的《酒颠补》，屠本峻的《文字饮》，宋应星的《天工开物》等。

5.酒的分类

依据不同的标准和需要，可以对白酒进行不同的分类。按照 2009 年 6 月 1 日开始实施的国标 GB/T 17204—2008《饮料酒分类》（GB/T 17204—1998 的替代标准），饮料酒是指酒精度在 0.5% Vol 以上的酒精饮料，包括各种发酵酒、蒸馏酒及配制酒，以及酒精度低于 0.5% Vol 的无醇啤酒。该标准将饮料酒分为发酵酒（包括啤酒、葡萄酒、果酒发酵型、黄酒、奶酒等）、蒸馏酒（包括中国白酒、白兰地、威士忌、伏特加、朗姆酒、杜松子酒、蒸馏型奶酒等）、配制酒（植物类配制酒、动物类配制酒、动植物类配制酒等）三大类。

二、白酒及其分类

1.白酒起源的观点

关于白酒起源，不同学者通过对各种文献的分析概括，围绕白酒起源的相关问题提出了以下观点。

（1）中国是最早发明蒸馏技术的国家

蒸馏技术来源于炼丹术，应用到制酒活动中，产生了蒸馏酒。无论是东汉的蒸馏器还是河北青龙的铜制烧锅都与炼丹所用的蒸馏器十分相近。宋代杨万里的"新酒"，制法是"来自太虚中"的"酒经"，喝了就像服丹一样获得"换君仙骨"的效果。"太虚""仙骨"之类，均是道教炼丹家术语，说明"新酒"的酿法，是从所谓"太虚中"道家蒸馏丹药那里传过来的。所以蒸馏酒技术的出现，应该是来自丹药蒸馏法。

（2）液态蒸馏酒起源于汉，固态蒸馏酒起源于唐

我国的酿酒技术在汉代已经十分成熟，加之古代人们对"酒""药""露"这三种饮料在概念的运用上，在相当长的历史时期内并不是截然分开的。汉代有以"酒"为"药"或"酒"统"百药"之说。上海市博物馆收藏的汉代青铜蒸馏器以及四川彭县（现彭州市）、新都先后两次出土的东汉"酿酒"作坊的画像砖都充分说明了液态蒸馏酒的产生应该起源于汉代。

大量的文史资料显示，在唐代固态蒸馏酒技术开始普及。比如李时珍的《本草纲目》葡萄酒纲目中有"用浓酒和糟入甑，蒸令气上，用器承取滴露"的描述；文人的作品和文献都提到"烧酒"一词；近几年来出土的隋唐文物，只有 15～20 毫升的小酒杯。小型酒器的出现说明了高度酒的产生。贾思勰的《齐民要术》（公元 533—544 年）记载了 47 种造酒方法，这些都为固态酿酒技术和蒸馏技术的产生创造了充足的条件。唐开元年间（公元 713—741 年），陈藏器的《本草拾遗》有"甑（蒸）气水""以器承取"的记载，充分说明了固态蒸馏酒技术的出现。

（3）中国白酒传统的大曲发酵、甑桶蒸馏技术发展成熟于宋元时期

从河北青龙出土的金代铜烧酒锅可以看出蒸馏酒的专用设备已经产生，同时也明显区别于炼丹蒸馏设备。《宋史》记载的："太平兴国七年（公元 982 年），泸州自春至秋，酤成鬻，谓之小酒，其价自五钱至卅钱，有二十三等。凡酝用秫、糯、粟、黍、麦及曲法酒式，皆从水土所宜。"说明了北宋蒸馏酒的繁荣。《宋史》所指的"腊酒蒸鬻，候夏而出"正是今日大曲酒的传统方法。宋代杨万里《诚斋集》中《新酒歌》提到饮酒后的反应，展现了酒的浓烈。北宋田锡写的《曲本草》记载蒸馏而得的美酒，度数较高，饮少量便醉。更典型的是近年来发现的江西李渡烧酒作坊遗址，完整展现了 800 年前以稻谷为原料的固态小曲烧酒作坊。明代李时珍在《本草纲目》中描述的元时始创的烧酒"用浓酒和糟入甑，蒸令汽上……"说明了甑桶蒸馏技术的成熟，以及"近时惟以糯米或粳米，或黍或秫，或大麦，蒸熟，和曲酿瓮中七日，以甑蒸取"。这些典型固态发酵工艺的形成，都说明了宋元时期中国特有的固态双边发酵技术和固态甑桶蒸馏技术日臻成熟。

（4）中国白酒是重要的世界非物质文化遗产

中国白酒的蒸馏技术和酿造方法是中华民族的伟大发明。甑桶蒸馏和固态双边发酵在世界蒸馏酒中具备了独特的地位。甑桶蒸馏技术应用已有千年，没有甑桶蒸馏技术就没有中国白酒。固态双边发酵同样是中国白酒的特有技术，对微生物的利用没有任何酒种可比拟。甑桶蒸馏、固态双边发酵是中国白酒最重要的特色。

不同的专家和学者提出了不同的观点，这些观点都有一定的依据和道理，虽然仍然存在诸多分歧。不过有一点是肯定的，这就是蒸馏酒起源和固态蒸馏酒的起源研究才刚刚开始，界定蒸馏酒和固态蒸馏酒产生更准确的时代，还需要不断收集更加完整和权威的史料来进行科学论证。

2.白酒的定义

白酒是以粮谷为主要原料，以大曲、小曲或麸曲及酒母等为糖化发酵剂，经蒸煮、糖化、发酵、蒸馏而制成的蒸馏酒。

中国很早就利用酒曲及酒药酿酒，但在蒸馏器出现以前还只能酿造酒度较低的果酒或

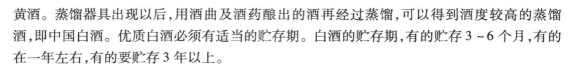

黄酒。蒸馏器具出现以后,用酒曲及酒药酿出的酒再经过蒸馏,可以得到酒度较高的蒸馏酒,即中国白酒。优质白酒必须有适当的贮存期。白酒的贮存期,有的贮存3～6个月,有的在一年左右,有的要贮存3年以上。

3. 白酒的分类

中国白酒的酒液清澈透明,质地纯净、无混浊,口味芳香浓郁、醇和柔绵、刺激性较强,饮后余香,回味悠久。中国各地区均有生产,以四川、贵州、江苏、河南、山西等地产品最为著名。不同地区的名酒各有其独特风格。新的国家标准按照糖化发酵剂、生产工艺、香型几种方式对白酒进行分类。在日常生活中,人们还根据实际需要,采用不同的标准对白酒进行分类,如按照酒精度、原材料以及产品档次等进行分类。

(1)按糖化发酵剂分类

按糖化发酵剂的不同进行分类,可以分为以大曲(麦曲)为糖化发酵剂酿制的大曲酒,大曲酒具有曲香馥郁、口味醇厚、饮后回甜等特点;以小曲(米曲)为糖化发酵剂酿制的小曲酒,小曲法白酒具有清雅的香气和醇甜的口感,但不如大曲酒香气馥郁,适合在气温较高的地区生产;以麸曲为糖化剂,加酒母发酵酿制的麸曲酒,麸曲法白酒的酒质不如大曲白酒及小曲白酒,但出酒率高,节约粮食,生产周期短;以大曲、小曲或麸曲等为发酵剂酿制的或以糖化酶为糖化剂,加酿酒酵母等发酵剂酿制的混合曲酒。

(2)按生产工艺分类

进行生产工艺细分,可以将白酒划分为固态法白酒、液态法白酒和固液法白酒。固态法白酒是以粮谷为原料,采用固态(或半固态)糖化、发酵、蒸馏,经陈酿、勾兑而成,未添加食用酒精及非白酒发酵产生的呈香呈味物质,具有其固有风格特征的白酒。液态法白酒是以含淀粉、糖类物质为原料,采用液态糖化、发酵、蒸馏所得的基酒(或食用酒精),可调香或串香,勾调而成的白酒,俗称大路货白酒,如桂林三花酒和广东玉冰烧酒、四川沱牌曲酒等。固液法白酒是以固态法白酒(不低于30%)、液态法白酒、食品添加剂勾调而成的白酒。

(3)按香型分类

按香型分类,根据国家标准,将白酒划分为浓香型白酒、清香型白酒、米香型白酒、凤香型白酒、豉香型白酒、芝麻香型白酒、特香型白酒、浓酱兼香型白酒、老白干香型白酒、酱香型白酒10类。

①浓香型白酒。浓香型白酒是以粮谷为原料,经传统固态法发酵、蒸馏、陈酿、勾兑而成的,未添加食用酒精及非白酒发酵产生的呈香呈味物质,具有以己酸乙酯为主体复合香的白酒。浓香型白酒是我国白酒的第一大系,目前市场上销售的白酒中,浓香型白酒占70%以上。浓香型白酒以高粱、大米等谷物为原料,以大麦和豌豆或小麦制成的中、高温大曲为糖化发酵剂(有的用麸曲和产酯酵母为糖化发酵剂),采用混蒸续渣、酒糟配料、老窖发酵、缓火蒸馏、贮存、勾兑等工艺酿造而成。浓香型又称泸香型、五粮液香型、窖香型,以四川泸州老窖特曲酒为典型代表。自20世纪70年代以来,泸州老窖酒厂将"成品酒勾调技术""人工培养老窖窖泥""加速新窖老熟""微机勾兑技术"等新的酿造技艺通过各种形式向全国传播、推广,推动了全国浓香型白酒生产的发展。浓香型白酒的品种和产量均属全国大曲酒之首,中国名酒中,除了泸州老窖特曲之外,剑南春、洋河大曲、古井贡酒、五粮液都是浓香型白酒

中的优秀代表。

②清香型白酒。清香型白酒是以粮谷为原料,经传统固态方法发酵、蒸馏、陈酿、勾兑而成的,未添加食用酒精及非白酒发酵产生的呈香呈味物质,具有以乙酸乙酯为主体复合香的白酒。以山西省汾阳市杏花村的汾酒为典型代表,又称汾香型。以高粱等谷物为原料,以大麦和豌豆制成的中温大曲为糖化发酵剂(有的用麸曲和酵母为糖化发酵剂),采用清蒸清糟酿造工艺、固态地缸发酵、清蒸流酒,强调"清蒸排杂、清洁卫生"。

③米香型白酒。米香型白酒是以大米为原料,经传统半固态法发酵、蒸馏、陈酿、勾兑而成的,未添加食用酒精及非白酒发酵产生的呈香呈味物质,具有以乳酸乙酯、β-苯乙醇为主体复合香的白酒。米香型白酒也称小曲米香型白酒。以大米为主要原料,以大米制成的小曲为糖化发酵剂,不加辅料,采用固态糖化、液态发酵、液态蒸馏,取酒贮存的工艺酿制而成。以广西壮族自治区桂林市的三花酒为典型代表。全州湘山酒、广东长乐烧等小曲米酒也属于米香型。

④凤香型白酒。凤香型白酒是以粮谷为原料,经传统固态发酵、蒸馏、酒海陈酿、勾兑而成的,未添加食用酒精及非白酒发酵产生的呈香呈味物质,具有以乙酸乙酯和己酸乙酯为主体的复合香气的白酒。以高粱为原料,以大麦和豌豆制成的中温大曲或麸曲和酵母为糖化发酵剂,采用续渣配料、土窖发酵(窖龄不超过一年)、酒海容器贮存等酿造工艺酿制而成。以陕西的西凤酒为典型代表。

⑤豉香型白酒。豉香型白酒是以大米为原料,经蒸煮,用大酒饼作为主要糖化发酵剂,采用边糖化边发酵的工艺,釜式蒸馏,陈肉酝浸勾兑而成,未添加食用酒精及非白酒发酵产生的呈香呈味物质,具有豉香特点的白酒。以广东佛山的豉味玉冰烧为典型代表。

⑥芝麻香型白酒。芝麻香型白酒是以高粱、小麦(麸皮)等为原料,经传统固态法发酵、蒸馏、陈酿、勾兑而成的,未添加食用酒精及非白酒发酵产生的呈香呈味物质,具有芝麻香型风格的白酒。以山东省安丘市的特级景芝白干为典型代表。

⑦特香型白酒。特香型白酒是以大米为主要原料,经传统固态法发酵、蒸馏、陈酿、勾兑而成的,未添加食用酒精及非白酒发酵产生的呈香呈味物质,具有特香型风格的白酒。特香型白酒以大米、高粱为原料,以小麦制成的中温大曲为糖化发酵剂,采用地窖发酵,醅香蒸酒,老酒为底,勾兑调味的酿造工艺酿制而成。以江西省樟树镇的四特酒为典型代表,又称四特香型。

⑧浓酱兼香型白酒。浓酱兼香型白酒是以粮谷为原料,经传统固态法发酵、蒸馏、陈酿、勾兑而成的,未添加食用酒精及非白酒发酵产生的呈香呈味物质,具有浓香兼酱香独特风格的白酒。浓酱兼香型白酒以高粱为原料,以小麦制成的中、高温大曲,或以麸曲和产酯酵母为糖化发酵剂,采用混蒸续精、高温堆积、泥窖发酵、缓慢蒸馏、贮存勾兑的工艺酿制而成。以湖北宜昌的西陵特曲为典型代表。

⑨老白干香型白酒。老白干香型白酒是以粮谷为原料,经传统固态法发酵、蒸馏、陈酿、勾兑而成的,未添加食用酒精及非白酒发酵产生的呈香呈味物质,具有以乳酸乙酯、乙酸乙酯为主体复合香的白酒。老白干香型以高粱为原料,以麸曲和酵母为糖化发酵,采用地池发酵、清蒸原辅料,续糟发酵,老五甑操作法的酿造工艺酿制而成。以衡水老白干为典型代表。

⑩酱香型白酒。酱香型白酒是以粮谷为原料,经传统固态法发酵、蒸馏、陈酿、勾兑而成的,未添加食用酒精及非白酒发酵产生的呈香呈味物质,具有酱香突出、幽雅细腻等特征的白酒。酱香型白酒以高粱为原料,以小麦高温制成的高温大曲或纵曲和产酯酵母为糖化发酵剂,采用高温堆积,一年一周期,二次投料,八次发酵,以酒养糟,七次高温烤酒,多次取酒,长期陈贮的酿造工艺酿制而成。以贵州省仁怀市的茅台酒、泸州古蔺的郎酒为典型代表,又称茅香型。

此外,还有一种划分方法,即除了以上 10 种香型之外,还另设药香型(董香型)和馥郁香型。药香型酒主要分布在贵州,有董酒、董醇、董公寺、朱昌窖、黔北老窖、金沙窖酒、平坝窖酒、福泉等,在四川有中国龙、泡子酒、陆公窖酒等。馥郁香型主要以酒鬼酒为典型代表。

(4)按酒精含量分类

按照传统,白酒的酒精度一般都在 40 度以上,新中国成立以来,白酒行业逐渐开发出低度酒,包括 38 度、37 度等度数的白酒,以满足消费者的需求。根据 GB/T 20822—2007《固液法白酒》国家标准,将酒精度在 41% ~60% Vol 的白酒归为高度酒,酒精度在 18% ~40% Vol 的白酒归为低度酒。

(5)按产品档次分类

按产品档次可以将白酒分为优级、一级、二级产品。

(6)按使用的主要原料分类

人们在生产实践中,探索和掌握了用多种原料酿造白酒的技术。根据酿造原料的不同,可以将白酒分为粮食酒、瓜干酒和代用原料酒。粮食酒是主要用粮食生产的酒,如高粱酒、玉米酒、大米酒等;瓜干酒以地瓜、红薯等做原料酿制,有的地区称红薯酒、白薯酒。此外,人们还用其他一些原料替代粮食和瓜薯酿造白酒,如粉渣酒、豆腐渣酒、高粱糠酒、米糠酒等。

4. 中国白酒与其他蒸馏酒的区别

除了中国之外,世界上还有很多地区也生产蒸馏酒。世界各国的蒸馏酒各有特色,一般把世界各国的蒸馏酒分为六大类,即白兰地、威士忌、老姆酒(朗姆酒)、伏特加、金酒、中国白酒。也有的另列一类"其他蒸馏酒",如墨西哥的龙舌兰酒、利口酒及北欧的烈酒等。也有的简单将蒸馏酒分为三大类,即法国科涅克白兰地、英国苏格兰威士忌、中国贵州茅台酒。

(1)世界蒸馏酒生产的原料和工艺特点

①白兰地。白兰地是以新鲜水果或者果汁为原料,经发酵、蒸馏、陈酿、调配而成的蒸馏酒。一般以葡萄或其他水果为原料,经发酵、蒸馏、橡木桶贮存、调配而成。白兰地包括葡萄白兰地(有葡萄原汁白兰地和葡萄皮渣白兰地之分)、水果白兰地和调配白兰地。葡萄原汁白兰地是以葡萄汁、浆为原料,经发酵、蒸馏、在橡木桶中陈酿、调配而成的;葡萄皮渣白兰地是以发酵后的葡萄皮渣为原料,经蒸馏、在橡木桶中陈酿、调配而成;水果白兰地是以新鲜水果为原料,经全部或部分发酵或用食用酒精浸泡、蒸馏而制成的,在白兰地名称前应冠以水果名称;调配白兰地是以葡萄(水果)原汁或葡萄(水果)皮渣白兰地为基酒,加入一定量食用酒精调配而成的白兰地。白兰地以法国科涅克最有名,常见的科涅克白兰地有轩尼诗、马爹利、人头马等。

②威士忌。威士忌是以麦芽、谷物为原料,经糖化、发酵、蒸馏、陈酿、调配而成的蒸馏

酒。威士忌又分为麦芽威士忌、谷物威士忌和调配威士忌。麦芽威士忌是全部以大麦麦芽为原料，经糖化、发酵、蒸馏，在橡木桶陈酿至少两年的威士忌；谷物威士忌是以各种谷物（如黑麦、小麦、玉米、青稞、燕麦）为原料，经糖化、发酵、蒸馏，在橡木桶陈酿至少两年的威士忌；调配威士忌是用各种单体威士忌（如麦芽威士忌、谷物威士忌）按一定比例混合，调配而成的威士忌。威士忌酒精含量为 40% ~42% Vol。以英国苏格兰威士忌最负盛名。

③伏特加。伏特加又称俄德克。以谷物、薯类、糖蜜及其他可食用农作物为原料，经发酵、蒸馏制成食用酒精，再经过特殊工艺精制加工制成的蒸馏酒。伏特加源于俄罗斯和波兰，主要以小麦、大麦、马铃薯、糖蜜为原料，经糖化、发酵、蒸馏为食用酒精，以此为酒基，经桦木炭脱臭、除杂，使酒精中所含有的甲醇、醛类、杂醇油和高级脂肪酸等成分除去，使酒味清爽，增强醇和感。成品无色、晶莹透明，具有洁净的醇香，味柔和、甘爽，无异味。

④朗姆酒。朗姆酒是以甘蔗汁或糖蜜为原料，经发酵、蒸馏、陈酿、调配而成的蒸馏酒。朗姆酒的生产特点是以甘蔗糖蜜或蔗汁为原料，生香酵母（产酯酵母）或加入丁酸菌等共同发酵，采用间歇式或连续式蒸馏。成品酒酒精含量为 40% ~43% Vol。朗姆酒可分为传统型朗姆酒、芳香型朗姆酒和清淡型朗姆酒。著名产地为西印度群岛的牙买加、古巴、海地、多米尼加及圭亚那等加勒比海国家。

⑤金酒。金酒因使用杜松子等香料，有杜松子的幽雅香气，故又称杜松子酒。金酒起源于荷兰，发展于英国，是以粮谷等为原料，经糖化、发酵、蒸馏后，用杜松子浸泡或串香复蒸馏后制成的。金酒以食用酒精为酒基，加入杜松子及其他香料共同蒸馏而制成。也有的采取单独制备香料，配入食用酒精制成。酒精含量为 35% Vol 以上。

⑥奶酒（蒸馏型）。奶酒是以牛奶、乳清或乳清粉等为主要原料，经发酵、蒸馏等工艺酿制而成的蒸馏酒。

（2）中国传统白酒具有独特的工艺特点

中国传统白酒采用独特的原料，固态糖化发酵、开放式生产、自然微生物接种制曲、甑桶蒸馏、陶坛或酒海贮存陈酿等一系列独特的工艺和设备酿造，与世界其他国家的蒸馏酒相比，具有鲜明的风味特征。

①原料广泛并有特色。中国白酒酿造用原料十分广泛，以高粱、糯米、大米、玉米、小麦、大麦、豌豆等为主要原料，以稻壳、玉米蕊、高粱糠等为填充料，采用固态或半固态法酿造、蒸馏而成。不同的原料成分不同，成品酒的风味也就千姿百态。

②采用间歇式、开放式生产，并用多菌种混合发酵。传统的固态法白酒生产，主要是手工操作，生产的主要环节除从原料蒸煮到灭菌的过程外，其他过程都是开放式的操作，各种微生物通过空气、水、工具、场地等渠道进入酒醅，与曲中的微生物一同参与发酵，产生丰富的芳香成分。

③采用配糟、双边发酵。中国白酒生产大多采用配糟来调节酒醅淀粉浓度、酸度，浓香型白酒使用"万年糟"，更有利于芳香物质的积聚和形成。固态法酿酒，采用低温蒸煮、低温糖化发酵，而且糖化与发酵同时进行（即双边发酵），有利于多种微生物共酵和酶的共同作用，使微量成分更加丰富。

④独特的发酵设备。中国白酒香型种类繁多，酱香型白酒发酵窖池是条石砌壁、黄泥作

底,有利于酱香和窖底香物质的形成;清香型白酒采用地缸发酵,减少杂菌感染,利于"一清到底";浓香型白酒是泥窖发酵,利于己酸菌等窖泥功能菌的栖息和繁衍,对"窖香"形成十分关键。

⑤自然接种培养的糖化发酵剂。中国白酒传统使用的糖化发酵剂是大曲和小曲,采用自然接种培养,广泛摄取空气、工具、场地、水中的微生物,在不同的培养基上集结,盛衰交替,优胜劣汰,最终保留着特有的微生物群体,对淀粉质原料的糖化发酵和香味成分的形成,起着十分关键的作用。由于制作工艺,特别是培菌温度的差异,对曲中微生物的种类、数量及比例关系起着决定性的作用,造成各种香型白酒微量成分和风格的差异。

⑥酿造工艺独特多样。中国白酒的酿造工艺有多种。酱香型酒以高粱为原料,采用高温制曲、高温润料、高温堆积、高温流酒、长期贮存的"四高一长工艺";清香型白酒采用清蒸二次清、高温润糁、低温发酵的"一清到底"工艺;浓香型酒则以单粮或多粮为原料,采用混蒸混烧、百年老窖、万年糟、发酵期长的工艺。

⑦固态甑桶蒸馏。我国传统白酒采用固态发酵、固态蒸馏,并使用独创的甑桶设备。在蒸馏过程中,甑桶内的物料发生一系列极其复杂的理化变化,酒、汽进行激烈的热交换,起着蒸发、浓缩、分离的作用。固态发酵酒醅中成分相当复杂,除含水和酒精外,酸、酯、醇、醛、酮等芳香成分众多,沸点相差悬殊。通过独特的甑桶蒸馏,使酒精成分得到浓缩,并馏出微量芳香组分,使酒具有独特的香和味。

(3)中国白酒与世界其他蒸馏酒香味成分差异明显

中国白酒除酒精含量高外,还有香味成分中酸高、酯高、醛酮高、高级醇低的特征。首先,在组成上,白酒中的脂肪酸乙酯含量占首位;其次是酸类或高级醇互有上下;第三是含羰基的化合物等成分。这是与其他蒸馏酒的主要差异。

酸类:中国白酒酸含量比其他蒸馏酒要高得多,乙酸占总酸量的 30% ~ 80%,乳酸占50%以上。除乳酸高外,以含 6 个碳以下的低级脂肪酸为主。而其他蒸馏酒主要含乙酸,以含 7 个碳以上的辛酸、癸酸、月桂酸为多。

酯类:酯类在我国白酒的香气形成中具有特别重要的作用。乳酸乙酯、乙酸乙酯、己酸乙酯是白酒中的三大主要酯,其含量占总酯的 90% 以上。在其他蒸馏酒中,除乙酸乙酯外,含有较多的是辛酸乙酯、癸酸乙酯、月桂酸乙酯及乙酸异戊酯。这些乙酯在白酒中只有极少量存在。

羰基化合物:羰基化合物主要是醛,其次是酮。白酒中的醛含量比其他蒸馏酒多。其中乙缩醛和乙醛占总醛的 90% 以上。这是我国白酒与其他蒸馏酒的又一个明显差异。

芳香族化合物:在白酒香味成分中,脂肪族化合物含量较多,占有重要地位。苯环类芳香族化合物在酱香型白酒中较突出。白酒中的芳香族化合物来自原料和工艺过程;而白兰地、威士忌、老姆酒来源于贮酒的木桶,其中最多的是丁子香酚,还有单宁等多酚类、香草醛、丁香醛等芳香类物质。

三、白酒产业及其对社会经济发展的作用

作为我国的传统产业,酿酒产业是我国食品工业的重要组成部分,与广大人民的生活息

息相关。长期以来,酿酒产业在扩大就业、繁荣市场、服务三农、促进区域经济建设和带动相关产业发展等方面都发挥了重要作用。

1.中国白酒产业发展状况

中国酿酒业已有数千年的发展历史。白酒作为我国特有的酒种,在世界烈性酒类产品中独树一帜。改革开放以来,我国白酒得到了突飞猛进的发展,既满足了市场和消费需求,提高了人民群众生活水平,也为国家的经济建设做出了突出贡献。总体看,新中国成立以来,我国白酒产业的发展经历了5个阶段。

第一个阶段(1949—1978 年):在 29 年的时间里,白酒的技术改造取得许多突破性的成果,为白酒的快速发展奠定了坚实的基础。第五个五年计划期间白酒产量增长了 69%,"六五"期间增长了 57%;白酒的税收占国家税收的比例相当大,白酒产业成为国民经济的重要支柱。

第二个阶段(20 世纪 80 年代):这期间农业快速发展,粮食出现剩余,加之酿酒行业进入门槛低,白酒产业得到了空前的高速发展。"七五"期间,白酒产量增长了 52%;"八五"期间,白酒产量增长了 50.6%;"九五"初期,白酒产量达到历史高峰,总产量达到 801.3 万吨。但是,产业的高速发展也给白酒行业的良性竞争带来了隐患,呈现酒厂多而小、杂乱的现象,迫切需要规范。

第三个阶段(20 世纪 90 年代):"九五"开始以后,为适应国民经济建设的总体要求,提高白酒行业的投入产出比和综合经济效益,国家对白酒行业制定了以调控和调整为基础的产业政策,"九五"期间白酒产量下降 23%。"十五"期间,白酒产量下降 315.3%,1984 年白酒产量占饮料酒产量的 45%。2006 年白酒产量占饮料酒总产量降至8.6%,烈性酒在整个饮料酒中所占的比例日趋合理。

第四个阶段("十一五"期间):白酒业增速迅猛。从 5 年前 73.2 亿元的全行业总利润,到 2010 年年底的 300 亿元,增长达三倍,利润每年增幅四成左右。5 年来,大手笔的品牌传播投入推动了白酒企业的集体崛起。2006—2010 年,白酒行业在电视媒体的广告投入连续四年增长率超过 20%。这些广告投入促进了销售利润的增长,郎酒的"红花郎"系列、汾酒的"青花瓷"系列、古井贡酒的"年份原浆"系列等在市场上逐渐走红。这些定位高端的产品,也直接给企业带来了利润的大幅上涨。与此同时,白酒企业在资本市场上的地位不断变化,2010 年以前,贵州茅台曾长期占据"两市第一高价股"的位置,洋河上市之后,又超过茅台成为新的第一高价股。白酒行业整合态势加剧,洋河收购双沟、泸州老窖收购兰陵,外资对白酒的兴趣逐渐加强,随着领军企业的实力增强,国内白酒行业正打破区域限制,越来越多地出现收购整合。

第五个阶段(2013 年至今):2013 年随着宏观经济形势和政策环境变化,国家政策严格控制"三公"经费、厉行节约,限制了高端白酒消费需求,超高端、高端白酒销售下挫,行业增长放缓,2013 年全国白酒行业产量 1 226.2 万千升,同比增长 6.33%,增速回落达 6.11%。2014 年全国白酒行业产量 1 257.13 万千升,达到了历史最高点,但同比增长仅为 2.52%。

2013—2016 年,我国白酒产量在 1 300 万千升左右,但 2017 年中国白酒产量呈现下滑趋势,2017 年白酒产量在 1 198.1 万千升,比 2016 年少 160.3 万千升,累计下滑 6.9%。这一趋势在近两年得到进一步发展,2018 年 1—12 月全国白酒产量为 871.2 万千升,2019 年全国白酒产量为 785.9 万千升,累计下降 0.8%。

与产量下降同步的是白酒企业经营出现不同程度下滑,整个行业进入调整期。随着白酒从深度调整期逐渐向复苏周期转变,市场更加向优势名酒品牌企业集中,提质增效成为白酒企业面临的发展主题。

2. 中国白酒产业八大板块

中国白酒行业的产区式发展、集团式发展、跨领域发展渐成气候,中国白酒板块发生了较大变化,形成了八大板块,即以五粮液、泸州老窖、郎酒、剑南春、沱牌曲酒、全兴大曲六朵金花为代表的川酒板块;以茅台、习酒为代表的黔酒板块;以双沟、洋河为代表的苏酒板块(目前已整合为苏酒集团);以口子窖、古井贡酒为代表的徽酒板块;以稻花香、枝江为代表的鄂酒板块;以泰山生力源、扳倒井、景芝为代表的鲁酒板块;以红星、牛栏山为代表的京酒板块;以宋河、宝丰为代表的豫酒板块。目前,处于最强势的仍旧是川酒板块。川酒销售收入占全国的 1/3,原酒产量占全国的 50%左右。地处"金三角"的黔酒板块虽然产量不大,但其他经济指标则名列全国行业前茅。

3. 白酒产业对社会经济发展的作用

白酒是我国特有的传统酒种。在漫长的发展过程中,白酒形成了独特的工艺和风格,在世界蒸馏酒中独树一帜。近年来,随着传统产业开发力度的加大和社会对环保、绿色生产要求的提高,白酒产业更是呈现快速发展的趋势,对社会经济发展具有积极作用。

（1）白酒产业是食品工业的重要组成部分之一

白酒工业是历史悠久、工艺独特的中华民族传统产业,白酒虽不是人们日常生活必不可少的消费品,却是我国国民经济中食品工业的主要产品之一。白酒产业是食品工业中的一大行业。在酿酒行业中,各种生产规模的白酒企业有数万家,白酒生产和酿造是个大产业。近年来,白酒产业正在继续依靠科技进步,加大调整产品结构力度,向优质、低度、低粮耗、安全卫生、营养、多品种、多规格、多档次方向健康有序地发展。

（2）白酒产业是地方财政和国家财政的重要支撑之一

白酒产业对国家财政的贡献突出。白酒在我国一直是高税率产品,仅次于烟草,在食品行业中居第二位。1994 年税制改革前,白酒产品税为 35%（扣包装纳税）;1994 年税制改革后,除统一的增值税 17%以外,粮食白酒的消费税为 25%,薯干白酒的消费税为 15%,在酒类产品中,纳税率是最高的;2008 年,国家再次提高了白酒的税收比例。许多白酒企业还是地方产业发展的领头羊和财政收入的支柱,白酒产业在增加国家和地方财政收入中具有重要的作用。2009 年,从严征收白酒消费税,实施《白酒消费税最低计税价格核定管理办法》。

高额的税收为财政带来了强力支撑,有些白酒产区的白酒生产和销售对地方财政盈余情况有重大影响。比如茅台、五粮液、泸州老窖、郎酒、洋河等企业的生产经营情况,对区域经济发展起着重要的影响作用。

（3）白酒产业带动相关产业的发展

白酒酿造和营销形成了一个产业链,带动相关产业的发展。白酒产业能够直接形成农副产品转化升值,可以带动农村和区域经济发展。白酒生产需要粮食,带动了种植业的发展。白酒在酿造过程中产生的酒糟,是深受广大农场和农户欢迎的物美价廉的饲料,促进了养殖业的发展。此外,白酒行业的发展还可以促进运输业、印刷业、制瓶业、陶瓷业、纸箱业、机械行业、设计、科研、教育和广告行业的发展。在一些地方,一个白酒厂就带动了一方经济发展,有效地发挥了"经济龙头"的作用。

第二节　酒与白酒文化

一、文化的定义与分类

1. 文化及其内容

文化一词起源于拉丁文的动词"Colere",意思是耕作土地,后引申为培养一个人的兴趣、精神和智能。英国人类学家爱德华·泰勒在1871年提出的文化概念,将文化定义为"包括知识、信仰、艺术、法律、道德、风俗以及作为一个社会成员所获得的能力与习惯的复杂整体"。文化在汉语中实际是"人文教化"的简称。前提是有"人"才有文化,意即文化是讨论人类社会的专属语。"文"是基础和工具,包括语言和文字;"教化"是这个词的重心所在。作为名词的"教化"是人群精神活动和物质活动的共同规范(同时这一规范在精神活动和物质活动的对象化成果中得到体现),作为动词的"教化"是使规范产生、传承、传播及得到认同。

外国学者把文化分为广义和狭义两种概念。广义地说,文化指的是人类在社会历史发展过程中所创造的物质和精神财富的总和,它包括物质文化、制度文化和心理文化三个方面。物质文化是指人类创造的种种物质文明,包括交通工具、服饰、日常用品等,是一种可见的显性文化;制度文化和心理文化分别指生活制度、家庭制度、社会制度以及思维方式、宗教信仰、审美情趣,它们属于不可见的隐性文化,包括文学、哲学、政治等方面内容。狭义的文化是指人们普遍的社会习惯,如衣食住行、风俗习惯、生活方式、行为规范等。

2. 文化的分类

文化的涵盖面极广,几乎包括了人类社会生活的方方面面,对文化的分类也因此复杂多样。

从地域分,有本土文化和外来文化、城市文化和农村文化、东方文化和西方文化、大陆汉文化和港澳台汉文化;从社会性质角度分,有原始文化、奴隶制文化、封建文化、资本主义文化、社会主义文化等;从宗教信仰分,有佛教文化、道教文化、基督教文化、伊斯兰教文化等;从生产方式分,有游牧文化、农业文化、工业文化、信息文化;从生产工具分,有旧石器文化、新石器文化、青铜文化;从人类把握世界的方式分,有科学文化和人文文化;从结构层次分,有物质文化、制度文化、行为文化、精神文化等;从载体上分,有白酒文化、汽车文化等。此外,根据使用方便或者进行特殊界定的需要,可以分为世界文化、民族文化、精英文化、通俗文化等。

二、白酒文化及其作用

1. 白酒文化的定义

酒文化，一般是指以酒为内容但却超越了酒的物质范畴而上升到精神层面的一种特殊文化形态，是人们对与酒有关的一切事物的主观反映或由于人类参与而形成的对"酒"世界的认识或者"有关酒的世界"。概而言之，酒文化指酒在生产、销售、消费过程中所产生的物质文化和精神文化的总称。

酒是一种文化的载体，酒文化包括酒的制法、品法、影响力、历史等文化现象。既有酒自身的物质特征，如酒体本身的独特风格和意境，充满了独特的美感和文化承载，这是酒本身的本体文化，也有品酒所形成的精神内涵，是制酒饮酒活动过程中形成的特定文化形态，如酒的美妙口感和享受，饮酒过程中形成的酒令、酒歌以及在历史上流传的美好传说等。

白酒文化，是指在白酒生产、营销、消费过程中所产生的物质文化和精神文化。

2. 白酒文化的结构和内容

白酒文化的具体构成包括以下4方面。

（1）白酒物质文化

白酒物质文化，包括与白酒生产、营销、消费活动相关联的物质设施体现出来的文化成分。这些物质载体包括白酒企业的所有生产经营和营销相关的建筑、设施及结构风格，装饰，企业雕塑，各种原料、产品及存放器具，文化娱乐活动场地，办公用品，员工着装样式，白酒营销相关物件，白酒包装、运输与消费相关器具，等等。

（2）白酒精神文化

白酒精神文化，是指与白酒生产、营销、消费活动相关的精神文化成分。包括酒政（国家治理白酒产业的相关制度和规范）、白酒企业文化（企业哲学、经营理念和战略目标、企业管理制度、生产技术和工艺流程）、相关的典故（故事）和传说、诗词歌赋等艺术形式，猜拳和酒令等饮酒助兴游戏，饮酒的心理，等等。

（3）人物文化

白酒人物文化，是指与白酒生产、营销和消费活动相关的某些标杆性人物（其思想观念、言行举止、物质和精神产品中体现出与白酒相关的文化成分）。包括企业领导人、高端技术人才、营销人才、品牌代言人、忠实消费群等人物中，具有独特影响力的人物。

（4）行为文化

白酒行为文化是指白酒生产、营销和消费活动中的相关企业活动、人类活动中包含的文化成分。包括白酒商贸文化、白酒企业的组织行为、白酒行业人才的培养和培训、白酒行业员工行为举止规范、社会各界人士消费白酒产品的行为与礼仪习惯等。

3. 白酒文化的作用

白酒文化在中国源远流长，浸润了日常生活的方方面面。不少文人学士写下了品评鉴赏美酒佳酿的著述，留下了品酒、写诗、作画、养生、宴会、饯行等佳话。酒作为一种特殊的文化载体，在人类交往中占有独特的地位。白酒文化已经渗透到人类社会生活的各个领域，对政治经济、工农业生产、医疗卫生、文学艺术各方面都有着巨大的影响和作用。

（1）有利于总结生产技术，引导消费需求

白酒生产技术由经验型生产到目前利用现代生物技术生产，是不断探索、勇于实践的过程，其本身就是一种文明和进步。生产技术发展与社会需求互为依存、互相作用，消费需求趋势决定生产技术发展方向，生产技术的提高又提供了消费需求实现的可能，因此，积极研讨白酒文化就要不断总结生产技术，引导消费需求。

（2）有利于营造良好的社会发展环境

白酒文化博大精深、包罗万象、无处不在，有精华亦有糟粕，认真总结白酒文化，将其光辉灿烂的一面充分展示于世人，促进社会的发展，同时去掉不符合时代发展需求的部分，消除社会的误解，既有利于为白酒行业发展营造良好的社会环境，又有利于营造良好的社会发展环境。

（3）有利于更好地为消费者服务

多元化的个性需求，多角度、多层次的审美情趣，已是当今消费趋势，这种趋势也毫不例外地表现在白酒消费中，这也是一种文化现象。白酒文化的研究和传播，有利于产品创新，贴近消费者，为消费者提供风格适宜的白酒产品，不断满足消费者的需求，为消费者提供更好、更多的物质和精神享受。

（4）有利于观念突破，促使白酒行业健康快速发展

白酒文化的建设和传播，赋予新内涵、注入新的血液是最好的继承。研究中国白酒文化，并在总结的基础上赋予新的内容，让其有新时代的气息，随着时代步伐一起前进，才能推进白酒行业健康、文明发展，促进白酒产业繁荣。同时，饮酒很大程度上是饮"文化"，有文化，才能够得到消费者的认同。白酒文化的建设和传播可以增进消费者和社会对企业品牌的了解，促进白酒企业的品牌推广。

（5）有利于推动中国白酒国际化进程

总结中国白酒文化就可以清晰地比较与国外蒸馏酒文化的异同，借助中国白酒的文化和历史底蕴，为推动中国白酒国际化进程提供帮助。

第三节 "中国白酒金三角"的白酒文化创新

由于产业发展的需求，加上白酒行业市场竞争的加剧，越来越多的政府机构和白酒企业意识到白酒文化在市场竞争中的作用，纷纷加大对白酒文化建设的投入，这些投入的利弊有待历史和市场的检验。但是，这些文化投入，既有利于推动产业发展、拓展企业的竞争优势和生存发展的空间，也为我们的生活提供了更多文化享受，是有益的探索。

一、构建白酒区域品牌

1. 制定制度促进白酒区域品牌建设

四川省委、省政府大力推动川酒产业的发展,积极研究制定"中国白酒金三角"区域品牌,打造相关规范性制度和文件。2010 年 4 月,四川省经济和信息化委员会、省财政厅联合制定印发了《四川省中国白酒金三角专项资金管理暂行办法》。6 月,启动《"中国白酒金三角"品牌建设中长期规划》和《四川省名优酒保护条例》编制工作。通过政策支持和资金保障促进白酒品牌建设和推广。

2. 开展品牌确认工作

为了推进四川白酒品牌建设,政府机构通过行政措施开展品牌确认工作。2010 年 7—9 月,四川省白酒金三角推进办公开征集"中国白酒金三角"商标标识,四川省质监局启动"中国白酒金三角"地理标志保护产品申报工作。2011 年,在泸州举办的中国白酒金三角酒业博览会上,政府部门向川酒六朵金花授牌,肯定六朵金花的核心骨干作用。

3. 搭台造势推动品牌营销

政府相关机构为川酒品牌营销搭台造势,开展一系列营销和推广活动。2010 年 8 月,四川省政府在上海举行"中国白酒金三角"上海世博会营销活动周,分"酒·城市、酒·生活、酒·生态、酒·文化"4 个主题开展宣传。四川省委、省政府领导亲临现场,对中国白酒金三角核心价值体系进行解读。2011 年 10 月,在第十二届西博会设立中国白酒金三角形象展区,对"中国白酒金三角"地理概念、生产优质白酒的独特气候环境优势、打造"中国白酒金三角"政策措施以及川酒企业进行重点宣传。2012 年 5 月,四川省国酒金三角推进办组织川酒六朵金花及部分二线名酒企业赴英国、法国和西班牙举办"中国白酒金三角——川酒飘香欧洲"营销推广活动。

4. 政策扶持推动品牌提升

2019 年上半年,四川省下发《优质白酒产业振兴发展培育工作 2019 年度工作计划》,明确提出 2019 年发展川酒产业的 5 项重点工作、34 项具体任务,其中"品牌提升"被列为第一项重点。这项工作包括《编制四川名优白酒总体发展规划》、推动白酒产业政策突破、成立四川名优白酒联盟、加强"六朵金花"知识产权保护、"十朵小金花"的评选和宣传年度推广等多项重点任务。在"六朵金花"逐步提价、以高端品类为主体的大势下,部分潜在"小金花",譬如丰谷、小角楼等企业,多以中低端为主体,或将填补"六朵金花"留下的空白,成为川酒角逐中低端的重要中坚力量。地方政府投入大量资源扶持"十朵小金花",打造白酒产业"第二梯队"。

5. 积极拓展国际市场

进入产业调整期以来,白酒行业积极应对市场变化带来的挑战,其中的一条道路是结合"一带一路"建设,努力拓展国际市场。

一方面,力争在国际市场上获得白酒经营的话语权。2017 年 11 月,中国酒业协会在上海举办世界名酒价值论坛,会上评选出了"世界十大烈酒产区",包括宿迁、亳州、遵义、宜宾、泸州、吕梁、苏格兰、干邑、波多黎各、瓜达拉哈拉。其中,中国占了 6 席。2018 年 11 月,在上海举行的"世界名酒价值论坛"上,中国酒业协会发布了"世界十大烈酒产区名牌",包括遵义产区茅台;宜宾产区五粮液;吕梁产区汾酒;泸州产区泸州老窖、郎酒;亳州产区古井贡酒;宿迁产区洋河、双沟;干邑产区马爹利;苏格兰产区芝华士、尊尼获加;波多黎各产区百加得;瓜达拉哈拉产区豪帅快活。

另一方面,中国白酒企业通过举办和参与各种国际名酒节、积极拓展海外华人白酒消费市场等,走向世界,扩大品牌影响力。自2017年以来,泸州老窖连续三年承办国际诗酒文化大会,把中国的酒文化与文学、艺术搭载到同一平台,用全世界听得到、听得懂的语言,讲述中国故事,实现诗与酒的交融。

二、推动硬件设施的文化建设

近年来,很多白酒产区和企业在扩产选址、建筑设计方面提高档次,扩大影响力,将白酒文化融入硬件设施中,使白酒硬件设施文化化。

1. 构建产城结合的文化区域

结合城乡一体、产城一体的要求,四川知名白酒企业和地方政府积极推动产业建设的文化塑造。2010年1月,在泸州启动了打造"中国白酒金三角"暨郎酒二郎镇名酒—名镇建设工程,接着,又在黄舣镇泸州酒业集中发展区隆重举行中国白酒金三角重大项目泸州集中开工仪式。12月,宜宾市(五粮液)举办"中国白酒金三角·酒都宜宾·五粮液文化特色街区"开工仪式。德阳市(剑南春)举办"中国白酒金三角·绵竹酒城建设暨剑南老街"开街仪式。2011年12月,遂宁市(沱牌)举办"中国白酒金三角·遂宁沱牌诗酒文化名镇"建设启动仪式。

2. 发掘窖池文化

发酵窖池的使用年龄(通称为"窖龄"),对酒品的老熟程度和香味水平起着决定性的作用。窖池使用的时间愈长,其形成的微生物环境愈出色,而这个微生物环境是酝酿发酵出优质酒的生化反应基础。这种特殊的、专为酿酒所形成的微生物环境,需要长期不间断地培养,加之特殊的地质、土壤、气候条件等,方能形成真正的"老窖"。泸州老窖的明代酿酒窖池始建于1573年,连续使用至今。到目前为止,对于泸州老窖窖池富含的400多种有益微生物在酿酒过程的具体作用,酒类专家仍然在进行系统的研究。1996年,泸州明代酿酒窖池被列为国家级重点文物予以保护,"国窖"亦因此而得名,这是一种久远的历史文化。

3. 宣传洞藏文化

白酒的存放对存放环境有一定的要求,这为白酒企业提供了洞藏文化宣传的空间。20世纪70年代初,郎酒集团发现两洞穴并启用贮酒,命名天宝洞、地宝洞,将建厂以来的老酒一并编号存入洞穴之中,洞穴总面积达1.42万平方米,洞内贮有土制陶酒坛上万只,贮存基酒数万吨,成为当今世界最大的天然酒库。1999年被载入上海大世界吉尼斯纪录,2007年被列入四川省文物保护单位,有"中国酒坛兵马俑"之称,堪称中华一绝。天宝洞地处东经105.79°,北纬28.03°,是云贵高原典型的喀斯特溶洞,地质年龄1.8亿年。洞内常年恒温18～22 ℃,据说天宝洞和地宝洞内的土陶坛陈放的郎酒,挥发的酒分子凝结于洞壁,日积月累,形成了富集400多种微生物、厚达数厘米的酒苔。适宜的温湿度、微生物群形成了优良的贮酒环境,对酒的有机醇化生香起到稳定醇熟的作用。通过恒温洞藏,挥发掉了有害的物质,促进了有益的微量元素的生长,因而酱香更为细腻、丰满、醇香、厚美。存放白酒的溶洞经过文化赋予,使硬件设施具有浓厚的文化气息,是硬件文化的有益尝试。

4.兴建白酒文化设施

兴建文化设施是创新文化建设的方式之一。山西汾酒集团通过建设反映企业历史文化的文化墙,宣传汾酒文化。该文化墙讲述了6 000年前的龙山遗址中出土的酒具;述说了1 500多年前的北齐时代,汾酒发明了酿酒的干和、蒸馏工艺,使传统的浊酒变成清酒,实现酿酒史上的变革等;阐述汾酒在中华民族漫长的5000年农耕时代从普通饮品到国酒的自然蜕变。这既提高了汾酒的历史地位,也传播了白酒文化。2011年12月,成都市(水井坊)积极筹建"中国白酒金三角·成都水井街酒坊遗址博物馆"。

5.探索白酒酒庄发展模式

精准脱贫、乡村振兴战略的实施,为城乡一体化发展奠定了基础,也促进了百姓消费的升级和转型。在竞争激烈的市场环境下,白酒行业效仿国外红酒的经营模式,开展酒庄建设,希望通过酒庄模式提升白酒消费档次和消费品质。但是由于国内的消费环境和消费习惯与老牌资本主义国家的消费差异很大,基于白酒文化的酒庄经营模式仍然是一条艰难曲折的道路。尤其从整个白酒行业发展的角度看,迫切需要走出一条有自身特色的发展道路。

三、夯实企业内部文化基础

随着白酒企业的快速发展,由于有较好的业绩表现和薪资待遇,一些白酒企业加大夯实企业内部文化建设基础的力度。

1.提高员工进入门槛,调整员工结构

白酒企业意识到员工知识水平对企业发展和品牌形象塑造与传播的重要性,一方面大规模储备人才,另一方面纷纷提高了人才进入的门槛。目前很多企业都到高校引进具有硕士研究生学历甚至博士学位的人才,人才进入的起点是本科学历。甚至引进一些音乐、艺术方面的专门人才。虽然这种做法并不意味着在短期内能够做到人尽其才,才尽其用,有人才高消费的意味,但是采取措施调整人才的学历结构,提高总体的学历水平,确实能够为白酒企业的文化发展带来一定的促进作用。

2.开设培训学院或兴办大学

在提升员工学历水平的同时,一些白酒企业加大人才培养力度,通过多种方式提升员工的素质。比如泸州老窖集团组建泸州老窖商学院,与泸州职业技术学院共建商学院,郎酒集团与泸州职业技术学院合作兴办郎酒学院,五粮液集团与四川轻化工大学合作兴办五粮液白酒学院,中国贵州茅台酒厂(集团)有限责任公司出资举办茅台学院等,为企业经营管理人才和营销人才提供经常性的培训服务。

3.开展各种富有特色的文化活动

白酒企业目前十分注重开展富有特色的员工文化活动。一些企业定期举办文化节活动,开展员工运动会,组织诗歌朗诵会,组织联欢晚会,开展登山步行活动等。通过组织多样化的活动,增强员工的凝聚力,传播企业文化。

四、结盟高校提升企业档次

1.与高校合作开展科研活动

提高白酒的酒品和质量离不开科技内涵的增加和经营管理水平的提升,在市场竞争加剧的环境下,白酒行业加大了校企合作的力度。一方面,纷纷与高校开展科研项目合作,如通过建立博士后工作站,抢占各种香型白酒酿造技术制高点,力争建立企业标准,使之具有市场掌控力和影响力。另一方面,针对营销中存在的问题,与高校合作开展营销项目研究,包括市场调研和促销研究等,如四川四同酒业与泸州职业技术学院教师共同研究酒道展示技艺,助力白酒营销等。

2.校行、校企合作培养人才

为推动白酒从业人员技能提升,充分发挥行业、企业和高校的优势,共同着力人才培养,是提升白酒企业竞争力的重要途径。2019 年 6 月,中国酒业协会与泸州职业技术学院共建"中国酒业学院",并开展国家品酒师培训。很多白酒企业也积极与高校合作,共同培养白酒营销人才,改变了传统的白酒营销人才进入渠道,为企业营销带来强劲的动力。

3.开展助教助学活动

为了扩大企业的社会影响力,白酒企业通过开展多种多样的社会公益活动,搭建企业走向社会、连接社会的平台。一些白酒企业派骨干力量到高校参加人才培养和培训工作。一些白酒企业通过捐资助学活动、企业员工与贫困学生结对帮扶等方式,促进企业员工与社会的互动。

五、推动文化外显

1.塑造企业文化理念

为了推动企业的发展,白酒企业越来越重视文化建设,特别是强调从文化理念着手推进文化建设。茅台集团前董事长袁仁国提出具有茅台特色的企业文化理念。以"酿造高品位的生活"作为企业的使命,以"健康永远,国酒永恒"作为企业愿景,确立了"以人为本,以质求存,恪守诚信,继承创新"的茅台人核心价值观,并提出了包涵历史文化、红色文化、质量文化、健康文化、诚信文化、融合文化、营销文化、责任文化、生态文化、创新文化等内容的国酒文化,试图抢占白酒文化竞争的制高点。

2.构建外显文化

白酒企业在开展生产经营的同时,加大了各种文化活动的投入力度,使生产经营更加具有文化内涵。比如泸州老窖集团连续开展"泸州·高粱红了"文化采风活动,邀请文学大师、艺术名家和酿酒大师共同参与;郎酒集团也组织了类似的文化采风活动,邀请名家大师前来进行文化创作。通过这些活动,既使白酒经营具有文化含义,又构建了新的文化形式,促进白酒企业文化外显,扩大企业的影响力。

3.创造特色的文化产品

白酒企业一直非常重视创造有特色的文化产品进行传播。五粮液创作策划的企业歌曲长期在中央电视台投放;丰谷酒业的《同饮千江月》在电视台反复播放,给电视观众留下了深刻的印象,既给公众送去了精神产品,又扩大了企业的影响力。近年来,白酒企业把这种形式结合网络进一步扩展,取得了较好的效果。比如泸州老窖集团携手歌星周华健,通过制作网络视频传播企业文化,也收到很好的效果。白酒企业还充分利用微信、抖音等新媒体手段,展示企业文化,扩大企业产品和品牌的影响力。

4.探索酒道表演

随着酒类行业的快速发展和人们生活水平的提高,社会各界对酒文化的重视程度也日益提高,对酒道表演的需求也与日俱增,白酒企业积极探索酒道表演。酒道表演是指从博大精深的传统文化中提炼出酒道,以弘扬中国源远流长的酒文化为主而精选独创的节目。酒道表演除了对古人饮酒文化的追溯与再现之外,还加入了音乐、舞蹈、表演、礼仪等现代艺术元素,进一步增加了酒道表演的文化个性和音乐美感,以更加生动、有趣、高雅的形式,展现出酒文化的多样性、广泛性和生动性。白酒企业引入酒道表演,让消费者用正确的方法、合适的器具,在优雅的文化氛围中品鉴美酒,感受中国传统的酒文化,引领科学、文明、健康饮酒。

◎ **思考题**

1.酒的起源有哪些传说?

2.中国白酒的渊源有哪些观点?

3.什么是白酒?

4.中国白酒目前有哪些香型?

5.除了中国白酒外,世界著名的蒸馏酒有哪些?

6.根据中国白酒的发展态势可将其划分为哪些板块?

7.谈谈你对白酒文化构成的理解。

第二章　酒政文化

第一节　酒政及其特殊性

一、白酒酒政的含义及其表现

1.白酒酒政的含义

酒政,简单地讲,是指政府对酒业发展的政策,白酒作为人类利用和改造自然的成果之一,在不同时代呈现出不同的色彩。由最初对社会生活无关紧要的物质成果,演变为影响社会民生的重要产品,乃至成为影响国家财政收入的重要因素,白酒对社会的影响越来越大。而为了充分掌控白酒生产,利用其为统治者或者为社会服务,历朝历代都不同程度、不同范围地对白酒生产经营进行管理。因此,所谓白酒的酒政,就是政府对白酒产业和消费的政策。任何产业都要处于政府的管理之下,关于酒政,我们的界定是政府机关对白酒产业、白酒文化、白酒消费及其发展的态度、政策和法律规定,以及由此带来的对白酒企业经营环境的影响,不仅仅局限于政府的政策法规规定,更接近于白酒经营的宏观环境这一概念,这是一个广义的定义。

2.白酒酒政的表现

白酒酒政涉及与白酒有关的方方面面问题,不仅涉及企业和各种组织,也涉及公众个人的生活。包括四个方面:管理机构、管理态度、管理政策、法规和制度。此外,政府管理权力对其他组织和公众会产生影响力,导致非政府机构采取与政府一致的行为去应对白酒产业的发展,从而使白酒企业外部经营环境发生变化。

（1）管理机构

管理机构是政府开展管理活动的载体。建立什么样的管理机构来对白酒产业及其文化进行管理,赋予这个机构什么级别和权限,不仅仅涉及政府管理的职能分工问题,还涉及政府的关注程度问题。不同的安排和设计,会对白酒产业及其文化产生不同的影响。

（2）管理态度

管理态度是一定时期政府及其机构对白酒产业、白酒文化、白酒消费的看法、观点。这是政府机构对白酒产业及其文化进行管理的心理背景。虽然态度只是柔性的,不具有操作性,但是政府及其机构对白酒产业和文化持积极支持的态度,就会给白酒企业及相关组织带来比较宽松的环境,如果政府及其机构对白酒产业及其文化持消极甚至抵触的态度,就会制约、限制其发展。

（3）管理政策

管理政策是政府及其机构对白酒产业、文化和白酒消费活动的综合管理规定。白酒的管理政策受微观环境的影响,直接进入白酒行业管理的操作层面,具有灵活性和变动性,对白酒企业的生产经营活动、民众的白酒消费活动都可能进行规定和制约,是白酒企业及相关组织必须认真研究和了解的内容。

（4）白酒法规和制度

白酒生产经营涉及民众生活,也涉及国家税收,政府机构通过制定稳定的法规和制度对白酒产业进行规范,为白酒产业提供指引,确保相关企业和组织按照政府希望的方式推进产业发展,开展正常的经营活动。

二、白酒酒政管理的特殊性

白酒作为一种特殊的消费品,其生产和消费与一般消费品有很大差异,因此,白酒酒政与一般的政府产业管理政策相比,也具有特殊性。

1. 涉及粮食安全

白酒源自粮食发酵,而粮食又事关国计民生,所以白酒生产的方式、规模,消费的形式往往直接和间接地与粮食安全和食品安全相关。一方面,大量粮食投入白酒生产,会导致粮食的市场供应减少,影响粮食市场价格;另一方面,白酒生产的质量标准和监管涉及民众食品安全,白酒利润过高往往导致劣质白酒充斥市场,影响民众生活。

2. 涉及社会风气

白酒消费主要不是作为生活必需消费品而存在的,白酒的消费多数是作为消遣娱乐、社交往来的工具,因此,白酒消费的风气也会影响社会风气。比如大肆操办酒席、追捧高价白酒、倒买倒卖名酒等,都会影响社会风气趋向浮华、贪图享乐和唯利是图。

3. 涉及社会治安

白酒消费往往在给消费者带去快乐和兴奋的同时,也带去醉酒和行为失当。过度饮酒常常使人失去理性,饮酒没有节制就容易造成社会治安隐患。有不少治安案件和交通事故都与白酒消费有关。

4. 涉及政府财政收支

白酒不是生活必需消费品,白酒价格的高低不会直接影响老百姓的生活,其属性决定了白酒经营的利润空间相对较大。而且,随着人们消费水平的提高,白酒的价格也会有相应的上升空间。在白酒的销售价格中,税收费用是重要的组成部分之一,政府通过税收来增强财政的收益,进行社会财富的合理分配。

第二节 中国古代的酒政

古代实施过不同形式的酒政,从禁酒、榷酒、税酒、酒税均摊到隔酿法、就厂征收制,不同的法规与制度反映了不同社会条件下统治者和管理者对白酒经营的不同态度。

一、古代酒政的形式

1.禁酒

禁酒,即由政府下令禁止酒的生产、流通和消费。禁酒是围绕统治者和政府管理的中心工作展开的,旨在稳定社会、增加收益和促进发展。在历史上,禁酒表现出多种形态:一种是绝对禁酒,即官私皆禁,整个社会都不允许酒的生产和流通;一种是局部地区禁酒,这在有些朝代如元代较为普遍,主要原因是不同地区,粮食收成不一,为确保社会稳定而采用不同的酒政;一种是禁酒曲而不禁酒,这是一种特殊的方式,即酒曲由官府专营,不允许私人制造,没有酒曲,酿酒自然就无法进行;还有一种禁酒是国家实行专卖,禁止私人酿酒、运酒和卖酒。

在中国历史上,夏禹可能是最早提出禁酒的帝王。相传“帝女令仪狄作酒而美,进之禹,禹饮而甘之,遂疏仪狄,绝旨酒,曰:‘后世必有以酒亡其国者’”(《战国策·魏策二》)。但是,从史料记载及出土的大量酒器来看,夏商两代统治者饮酒的风气十分盛行。夏桀“作瑶台,罢民力,殚民财,为酒池糟堤,纵靡靡之乐,一鼓而牛饮者三千人”。夏桀最后被商汤放逐,可是商代贵族并未吸取教训,饮酒风气丝毫未有收敛,反而愈演愈烈。据说商纣王饮酒七天七夜不歇,酒糟堆成小山丘,酒池里可运舟。夏商的两代末君都是因为嗜酒而惹杀身之祸并导致亡国的。

西周统治者在推翻商代的统治之后,设置了专门的机构负责酿酒,且设有酒正、酒人、大酋等官职和专职酒匠,产业经营从管理到技术已经相当发达。周朝还发布了我国最早的禁酒令《酒诰》,其中说道:不要经常饮酒,只有祭祀时,才能饮酒;对于那些聚众饮酒的人,抓来杀掉。在这种情况下,西周初中期,酗酒的风气有所收敛。这构成了中国禁酒的主导思想之一,成为后世人们引经据典的典范。

西汉前期实行“禁群饮”的制度,相国萧何制定律令规定,“三人以上无故群饮酒,罚金四两。”这大概是西汉初,新王朝刚刚建立,统治者为杜绝反对势力聚众闹事,故制定此规定。禁群饮,实际上是参照《酒诰》而制定的。

历史上禁酒的原因多种多样,但是最重要和最常见的原因,还是白酒生产对粮食生产和经营的影响。由于白酒生产会导致大量的粮食消耗,而粮食又是关系国计民生的重要资源,在生产力不发达的年代,遇到灾荒年间,要能生产出满足全体百姓生存的粮食都很不容易,如果再因为生产酒而耗费大量粮食,就会给国家经济和社会稳定带来冲击,因此,在古代,禁酒与粮食生产有密切的关系。

2. 榷酒

榷酒,与现在酒的专卖类似,即国家垄断酒的生产和销售,实行专营,不允许私人从事与酒有关的行业。由于国家垄断酒的生产和销售,酒价或者利润可以定得较高,一方面可获取高额的收入;另一方面,也可以用此来调节酒的生产和销售。榷酒的内涵是极为丰富的。在历史上,专卖的形式很多,主要有以下几种:

(1)官府专卖

这种榷酒形式,是由官府负责全部过程,实行全程控制,对造曲、酿酒、酒的运输、销售等环节全部掌控。由于独此一家,别无分店,酒价可以定得很高,故往往可以获得丰厚的利润,经营所得收入全归官府。

(2)间接专卖

间接专卖的形式很多,是指官府只承担酒业的某一环节,其余环节则由民间负责的情况。常见的形式是官府垄断酒曲的生产,实行酒曲的专卖,由于酒曲是酿酒的必需原料之一,因此垄断了酒曲的生产就等于垄断了酒的生产。民间向官府的曲院(曲的生产场所)购买酒曲,自行酿酒,所酿的酒再向官府交纳一定的费用。这种政策在宋代的一些大城市,如东京(汴梁)、南京(商丘)和西京(洛阳)曾实行。南宋时实行的专卖,叫"隔槽法",官府只提供场所、酿具、酒曲,酒户自备酿酒原料,向官府交纳一定的费用,进行酿酒,酿酒数量不限,销售自负。

(3)特许商人专卖

特许商人专卖是指官府不生产、不收购、不营销,而由特许的商人或酒户在交纳一定的款项并接受管理的条件下自酿自销或经营购销事宜,非特许的商人则不允许从事酒业的经营。西汉前中期,酿酒业很发达,但并没有实行酒的专卖。自西汉武帝时期开始第一次实行酒的专卖。酒业政策的变化,是汉武帝一系列加强中央集权财经政策的一部分。汉武帝针对当时商人把持盐业、铁业,投机倒把,大发横财,但却"不佐国家之急"的不义之举,下令把盐业和铁业收归国家专营。这些措施为增加国家的财政收入起到了积极的作用,也为实行榷酒准备了重要的前提条件。既然盐和铁可以实行国家专卖,酒这种商品,到了一定的程度,也可以专卖,从而为国家聚敛巨大的财富,使国家财政有更大的游刃余地。在汉武帝末期,由于连年边关战争,耗资巨大,国家财政入不敷出。酒这种几乎像盐、铁一样普遍的物品,由于生产方法相对比较简单,生产周期比较短,投资少,原材料来源丰富,产区分布广泛,酒的销路极广,社会需求量极大,赢利丰厚,其敛财聚宝的经济价值被凸显出来了。

据史料记载,天汉三年(公元前98年)春二月,"初榷酒酤"(《汉书·武帝本纪》)。榷酒的首创,在中国酒政史上,甚至在中国财政史上都是具有重大意义的大事,这是因为榷酒对国家管理具有重大价值。

首先,榷酒为国家扩大了财政收入的来源,而且榷酒比直接向人民征税要高明,更合情理。因为酒是极为普及的物品,但又不是生活必需品。实行专卖,提高销售价格,表面上看,饮酒的人可以根据酒的价格自行决定采购,但酒的价格中实际上包含了饮酒人向国家交纳的费用。对于不饮酒的人来说,则间接地减轻了负担。而且不管是对饮酒的人还是不饮酒的人,因为酒价上涨而不喝酒或者少喝酒并不会导致生存难以为继,所以不会遭到强烈的反对。

其次,榷酒从经济上加强了中央集权。因为当时有资格开设大型酒坊和酒店的人都是大商人和大地主。财富过多地集中在他们手中,对国家并没有什么好处。实行榷酒,使一部分商人、富豪的利益转移到国家手中,在经济上削弱了这些人的特权。这对于调剂贫富差距,无疑是有一定进步意义的。

再次,实行榷酒,由国家对酿酒加强宏观管理,国家可以根据当时粮食的丰歉来决定酿酒与否或酿酒的规模。由于在榷酒期间不允许私人酿酒、卖酒,故比较容易控制酒的生产和销售,从而达到节约粮食的目的。

酒的专卖,在唐代后期、宋代、元代及清朝后期都是主要的酒政形式。北宋和南宋两代酒的专卖是最具特色的。北宋的专卖有多种形式,如承包制形式等。

3. 税酒

税酒是对酒征收的专税,这与一般的税收概念有所不同。由于将酒看作奢侈品,酒税与其他税相比,一般是比较重的。

商鞅辅政时的秦国,实行了“重本抑末”的基本国策。酒作为非生活必需的消费品,自然在限制之中。《商君书·垦令》篇规定:“贵酒肉之价,重其租,令十倍其朴”(意思是加重酒税,让税额比成本高十倍)。《秦律·田律》规定,“百姓居田舍者毋敢酤酒,田啬夫、部佐谨禁御之,有不令者有罪”。秦国的酒政有两点,即禁止百姓酿酒,对酒实行高价重税。其目的是用经济手段和严厉的法律抑制酒的生产和消费,鼓励百姓多种粮食;另一方面,通过重税高价,国家可以获得巨额的收入。

在汉代以前,只有普通的市税,对酒不实行专税,从周公发布《酒诰》到汉武帝的初榷酒之前,统治者并未把管理酒业看作敛聚财赋的重要手段。

唐朝实施了特许税酒制。安史之乱结束后,代宗广德元年(公元763年),唐政府为了应付军费开支和养活皇室及官僚,巧立名目,征收苛捐杂税。据《新唐书·杨炎传》的记载,当时搜刮民财已到了“废者不削,重者不去,新旧仍积,不知其涯”的地步。《新唐书·食货志》记载,为确保国家的财政收入,代宗广德二年(公元764年),再次恢复了税酒政策,“定天下酤户纳税”。杜佑在《通典》中也记载:“至唐代宗广德二年十二月,诏天下州县,各量定酤酒户,随月纳税,除此之外,不问官私,一切禁断。”唐朝的税酒,是对酿酒户和卖酒户进行登记,并对其生产经营规模划分等级,给予这些人从事酒业的特权,未经特许的则无资格从事酒业。大历六年(公元771年)的做法是:酒税一般由地方征收,地方向朝廷进奉,如所谓的“充布绢进奉”,是说地方上可用酒税钱抵充进奉的布绢之数。禁酒的结果无疑会使酿酒业受到很大的摧残,酒的买卖少了,连酒的市税也收不到。

4. 酒税均摊法

唐朝元和六年(公元811年),粮食丰收,粮食多,粮价就下跌。有的地方斗米只值二钱,于是酿酒风行,酒价也下跌。如果再不改变原来“斗酒纳税百五十元”的政策,酒户就将破产。于是,唐政府及时调整了酒政,“罢京师酤肆,以榷酒钱随两税青苗敛之”(《新唐书·食货志》)。《旧志》记载:“榷酒钱除出正酒户外,一切随两税青苗,据贯均率。”这说明当时罢去的是官办的酒店,正酒户(官方核定的酒户,如按额纳税的酒户,他们可以免徭役等)仍然要纳酒税。青苗钱是一种地税附加税,土地越多,纳的青苗钱自然就越多。这样一来,一般的人只要交纳少量的青苗钱,就可以自行酿酒自用,不必作为私酒而被禁止了。这种方式并没有禁止百姓酿酒,同时又很好地调节了市场。这是向全体人民平均分摊的榷酒钱。在推行榷酒随两税青苗敛之的地区,则不再开设官办酒店。这种政策与唐前期的酒类自由经营的政策相仿,但榷酒钱已经转化成地税附加税。这样既可平息民众对官办酒坊或官方认可的酒店的怨恨,有利于粮价的稳定,政府又有一定的财政收入。

5. 就厂征收制

古代中国酿酒业的规模较小,清末开始,洋酒和啤酒开始在国内进行机械化生产,导致酒政出现了一些变化,这就是与西方相同的采用就厂征收等方式。洋酒和啤酒的税收,从向零散的贩卖商征收改为就厂征收,即向制造商征收,是税收制度的一大进步,符合酿酒业规模逐步扩大形势下的市场管理需求。清代后期还开始了对卖酒的征收特许、卖酒牌照税等杂税。就厂征收制和烟酒牌照税的征收与过去的酒政有很大的区别,奠定了现代酒税的基础。

二、古代酒政的影响因素

从夏禹"绝旨酒"开始到周公发布《酒诰》,随着时代的进步,酒的管理制度、措施内容越来越丰富,形式越来越多样化。从中国的历史看,虽然酒政的具体实施形式和程度随时代不同而有所不同,但总体上是根据现实需要,在禁酒、榷酒和税酒之间变来变去。实行不同的酒政,往往涉及酒利在不同社会集团之间的分配问题。有时,经济斗争和政治斗争交织在一起,使酒政更加复杂。同时,由于政权更迭,酒政的连续性时有中断,尤其是酒政作为整个社会经济政策的一部分,其实施的内容和方式往往与整个国家的经济政策有很大的关系,因此,酒政的选择并不是一件率性而为的事。为了确保禁酒的效果,禁酒时,常常伴以严格的惩罚措施。由朝廷发布禁酒令,在国家实行专卖政策、税酒政策或禁酒政策时,对私酿酒实行一定程度的处罚。如发现私酒,轻则罚没酒曲或酿酒工具,重则处以极刑。在有些年代,甚至连百姓家中有酒具也会被惩罚。

从古代酒政的情况分析,除了经济因素之外,主要有以下几方面的因素影响酒政:

1. 官员的意识

官员对饮酒的观念和意识会影响酒政。夏禹"绝旨酒"的举动,可以理解为夏禹自己不饮酒,作为最高统治者,"绝旨酒"的目的主要是表明自己要以身作则,做出表率,不被美酒所诱惑,同时也包含有防止民众过度饮酒的想法。官员以身作则禁酒,自然会带动统治阶层对酒的态度发生相应变化,影响酒政的走向。

2. 社会秩序

社会秩序状况也会影响政府对酒的政策。从社会管理的角度看,酒具有独特的诱惑力,而且饮酒之后会导致人们行为的非理性,因此,沉湎于酒容易导致伤德败性。在古代为了防止民众聚众闹事,常常规定禁群饮,防止人们在饮酒之后言行失控,扰乱社会秩序。因此,禁酒和减少酒的消耗有利于社会稳定。

3. 朝政议事

朝政议事是一项经常性的工作,也是严肃的工作,从治理国家的角度看,达官贵族们沉湎于酒,容易导致严重的社会问题。最高统治者从维护本身的利益出发,禁止百官酒后狂言,议论朝政,在一定阶段也会采取禁酒措施。

4. 军队的战斗力

军队盛行饮酒,将会对战斗力产生不利影响。同时,有研究认为,商代的贵族们因长期用含有锡的青铜器盛酒,造成慢性中毒,致使战斗力下降。

虽然各种原因都会导致禁酒或者影响酒政,但是最根本的原因还是生产力的因素。

首先,酒在一定的历史时期内并不是商品,而只是一般的物品。远古时代,由于粮食生产不稳定,受粮食产量波动的影响,酒的生产和消费一般是一种自发、随意的行为,政府并不会加以过问。在奴隶社会,酒只是作为一种奢侈品而存在,有资格酿酒和饮酒的都是有身份、有地位的上层人物。由于时代的限制,人们在相当长一段时间内没有认识到酒的经济价值和社会价值,这种情况一直延续到汉朝前期。

其次,禁酒的目的主要是减少粮食的消耗,备战备荒,这是历代历朝禁酒的主要目的。每当碰上天灾人祸,粮食紧张之时,朝廷就会发布禁酒令。当粮食丰收时,禁酒令就会放松或者解除。

第三节　近现代的酒政

一、民国时期的酒政

民国时期,由于北洋军阀窃取资产阶级革命的成果,中国社会总体上可以分为北洋军阀时期的北京政府和国民党的南京政府两个阶段,在这两个阶段,酒政有所不同。

1. 北洋政府的公卖制

北洋政府执政初期,一方面沿袭清末旧制,保留了清末的一些税种,一方面参照西方的酒税法制定了一些新的酒政形式,最主要的是"公卖制"。公卖制始于1915年,公卖制的行政管理机构是北京政府的烟酒公卖局和各省的烟酒公卖局。在北洋政府烟酒公卖局之下,逐级设置省专卖局、分局、分栈、支栈、承办商(特许)等环节。

1915年5月,北洋政府公布了全国烟酒公卖和公卖局的暂行简章;6月,拟定各省公卖局章程、稽查章程;8月,续订征收烟酒公卖费规则,与章程相辅而行;同时,招商组织公卖分栈或支栈。具体做法是,实行官督官销,酒类的买卖都须通过公卖分栈或支栈。酒的销售,由公卖局核计成本、利润及各种税,根据产销情况,酌定公卖价格,每月公布,通告各栈执行。各栈按照主管局规定的价格,经营本区域内各酒店的买卖事宜。管内各店须将每月产销酒的数量和种类,先期估计,投栈报明。分栈、支栈接报告后,前往检查,加贴公卖局印照和戳记,填用局制四联凭单,并代征公卖费。公卖费率为酒值的 10% ~ 50% (酒值 + 公卖费 = 公卖价格)。

北洋政府实行的公卖制,政府无须提供资金和场所,不直接经营酒的生产,也不参与酒的收购和运销,受委托特许的商人办理与酒有关的事务。经理人要先向公卖机构缴纳押金,得到批准后,获得特许执照。这实际上仍是一种特许制。1926 年,北洋政府颁发了"机制酒类贩卖税条例"。规定无论在华制造的或国外进口的机制酒,都应照例纳税,从价征收 20%,从营销贩卖商店稽征。次年又规定出厂捐规则,向机制酒的制造商征税 10%。初步建立了产销两税制。北京北洋政府的公卖制,只在国产土酒的产销上实行,而洋酒的啤酒则不受这一制度的限制。进口的酒,只交纳海关正子口税。1926 年才开始对进口的和在中国仿制的洋酒从价征收 20% 的贩卖税。

2. 南京国民政府的酒政

(1) 公卖制

1927 年,南京政府成立,同年 6 月,公布"烟酒公卖暂行条例"。公卖机关的组织结构与北京政府大致相同,规定实行官督商销。公卖费率以定价的 20% 征收,每年修订一次。1927 年发布"各省烟酒公卖招商投标章程",规定当众竞投,认额超过额最高者为得标人,得标者需交纳全年包额的 20% 作为保证金。承包商每月交纳的税款,不得少于认额的 1/12。

1929 年 8 月,南京政府对公卖法进行修订,公布了《烟酒公卖暂行条例》,同时拟定了《烟酒公卖稽查规则》《烟酒公卖罚金规则》,将省级烟酒公卖局改称为烟酒事务局,公卖栈改为稽征所。废除了烟酒公卖支栈,规定烟酒制销商应向分局或稽征所申请登记,并按月将生产或销售烟酒的品种及数量列表呈报。价格由各省规定,公卖费率为酒价的 20%,照最近一年的平均市价征收,每年修订一次。1929 年还制定了《烟酒公卖稽查规则》《烟酒分卖罚金规则》。同时,因机制酒名称范围较窄,改称为洋酒类税,并公布了《洋酒类税暂行章程》。在国内销售的洋酒(包括华人仿制及外国人制造的或进口的洋酒),从价征收 30%。洋酒类税直接征税于贩卖商人,起运地方例不征税。与《洋酒类税暂行章程》相辅的还有《洋酒类税稽查规则》《洋酒类税罚金规则》。

(2) 就厂征收制

1931 年,南京政府借鉴清末的征收方式,公布了《就厂征收洋酒类税章程》,实行就厂征收办法。就厂一次征足,通行全国,不再重征。征税手续由烟酒税处派员驻厂办理,税率为值百征三十。厂商将各种洋酒出厂运销数量逐日据实通知驻厂员查明登记,由驻厂员于每月月终列表呈报查核。每月月终厂商将全月各种洋酒出厂总数及应纳税款数目结算清楚,开列清单,连同应缴税款于次月 5 日前呈送印花烟酒税处核收。

1932 年,南京政府还制定了《征收啤酒税暂行章程》和《征收啤酒税驻厂员办事规则》,啤酒税与洋酒税从此分开。该章程规定,在中国境内设厂制造的啤酒均应按本章程规定完纳啤酒税。啤酒税也由本部印花烟酒税处直接征收,一次征足,不再重征。啤酒税暂定为按值征 20%,有关核查和缴款方法同洋酒类。1933 年 6 月起,又一律改为从量征收,分箱装及桶装两类税率。箱装的每箱纳税银元二元六角,桶装的按每桶净装容量计算,每千克纳税银元七分。

（3）牌照税

1931年，南京政府公布了《烟酒营业牌照税暂行章程》，对所有在华生产及销售的酒类分整卖和零卖两大类征收牌照税。整卖的根据营业规模分为三等：甲等每年批发量在2 000担以上者，每季征收税银32元；乙等批发在1 000～2 000担，每季征收税银24元；丙等批发量在1 000担以下者，每季征收税银16元。零售分为四等，每季交纳税银分别为8元、4元、2元和5角。章程对洋酒类的营业牌照税也做了规定。中央政府征收的烟酒牌照税收入，除由中央留1/10外，其余拨归各省市作为地方收入。1934年7月，各省烟酒牌照完全划归地方，并由各省市经征，烟酒牌照税完全变为地方税收。1942年，国民党中央政府接受地方税，通电废除牌照税，改征普通营业税，取消了牌照税。

1933年，南京政府公布《土酒定额税稽查章程》，国产土酒改办定额税。税率因酒的类别和不同的省而有所区别。1936年又颁布《修正财政部征收啤酒统税暂行章程》，啤酒征税改归统税局办理，由统税局派员驻厂稽征，称为"啤酒统税"。啤酒税为从值征收，税率为20%。次年因从价征收，致使纳税参差不齐，于是又改为从量征收。1937年，抗日战争全面爆发，国民党政府以加强税收，充裕饷源为由，将各省土酒一律加征五成。

（4）国产酒类税

1941年，南京政府公布《国产烟酒税暂行条例》，规定烟酒类税为国家税，实行"统税"原则，即由财政部税务署所属的税务机关征收。烟酒类税均就产地一次征收，行销国内，地方政府一律不得重征任何税捐。统税就是一物一税，一税之后，通行无阻，其他各地不得以任何理由再行征税。统税是出产税，全国采取统一的税率，中外商人同等待遇。国产酒类税的实行，结束了公卖费制。此外，暂行条例还规定了酒类税按照产地核定完税价格征收40%。为配合暂行条例，还由财政部公布《国产烟酒类税稽征暂行规程》，规定了征收程序、酒类的改制征税或免税方法、稽查及处罚规则等。

1942年，开始试行《国产酒类认额摊缴办法》，从广西开始，以后在川康黔赣各省次第推行，这相当于南宋在乡村实行过的包税制。由于实行困难，1945年停止执行。1942年9月，财政部公布了《管理国产酒类制造商暂行办法》。规定重新举办酿户登记，未经登记者不准酿酒。每年每户以12 000千克为最低产量，不满者不准登记。

抗战胜利后，南京政府对一些税收条例进行了修订，主要目的是提高税率。1946年，国民党六届二中全会做出提高奢侈品税率的决定，以"胜利以后，复员建设，需用浩繁，为充裕库收，平衡收支"为理由，将国产酒类税率提高至80%，洋酒、啤酒税率则提高至100%（抗战时洋酒和土酒税率为60%）。1946年8月，民国政府公布《国产烟酒类税条例》，酒类税税率按照产区核定完税价格征80%。

二、新中国成立以后的酒政

新中国成立之前，在当时的解放区曾经实行过酒的专卖。新中国成立后，基本上仍然实行对酒的国家专卖政策。但在不同的历史时期，由于社会经济环境的不同，采取了不同的措施，实行不同的管理模式。

1. 新中国成立初期的酒类专卖

1949—1952 年,我国的酒政承袭了民国时期的一些做法,由财政部税务总局负责酒政管理。1951 年 1 月,中央财政部召开了全国首届专卖会议,明确专卖政策是国家财经政策中的一个组成部分。同年 5 月,中央财政部颁发了《专卖事业暂行条例》,对全国的专卖事业实行统一的监督和管理,规定专卖品定为酒类和卷烟用纸两种。专卖事业的行政管理由中央财政部税务总局负责,组建中国专卖事业总公司对有关企业进行企业管理。以国营、公私合营、特许私营及委托加工四种方式经营专卖品,生产计划由专卖总公司统一制定。零销酒商也可由经过特许的私商承担,其手续是零销酒商向当地专卖机关登记,请领执照及承销手册,"零销酒商,凭执照和承销手册,向指定之专卖处或营业部承销所承销之酒,其容器上必须有商号标志,并粘贴证照,限在指定区域销售,不许运往他区"。

1950 年 12 月 6 日,财政部税务总局、华北酒业专卖总公司出台《关于华北公营及暂许私营酒类征税管理加以修正的指示》,决定"对公营啤酒、黄酒、洋酒、仿洋酒、改制酒、果木酒等均改按从价征税。前列酒类其所用之原料酒精或白酒,应以规定分别征税"。酒精改为从价征收,白酒按固定税额,每千克酒征 2.5 千克小米。1951 年 7 月 28 日,又决定从 1951 年 8 月 16 日起,一律依照《货物税暂行条例》规定的酒类税率从价计征,除白酒和酒精仍在销售地纳税外,其他酒类一律改为在产地纳税。

2. "一五"时期的酒类专卖

1953—1957 年,酒政的特点是酒的专卖在商业部门的领导下进行。为改变专卖行政机关与专卖企业机构在全国范围内不统一的混乱局面,在"一五"时期,商业部拟定了《各级专卖事业行政组织规程(草案)》,报请政务院审查颁发。根据《各级专卖事业行政组织规程(草案)》,各级专卖事业行政机关的设置情况为:中央设专卖事业总管理局,归中央人民政府商业部领导;大区设专卖事业管理处,受大区商业管理局及专卖事业总管理局的双重领导;省(盟)设省(盟)专卖事业管理局,受省(盟)商业厅及大区专卖事业管理处的双重领导;直辖市设专卖事业管理处;专区及省辖市设专区、市专卖事业管理局;县(旗)设县(旗)专卖事业管理局。直辖市、专区及县的专卖事业都受当地政府及上级专卖事业管理机构的双重管理。各级专卖行政机关和各级专卖企业机构合署办公。

为保证专卖事业的严格执行,中国专卖事业公司制定了《商品验收责任制试行办法》,规定酒类的收购单位是负责酒类商品检验和保证酒质的第一关,收购单位必须设专职验收人员,对较大的酒厂设驻厂员,小厂或小酒坊配设巡回检验员,包干负责。中国专卖事业公司还制定了《包装用品管理试行办法》《酒类、卷烟、烟叶、盘纸、铝纸仓库保管制度》。1954 年发布了《关于加强调拨运输工作的指示》,对白酒和黄酒,各大区公司可按地产地销的原则,根据既定的购销计划,结合产销实际情况,研究确定大区内的调拨供应计划,并使省市之间通过合同的约束,完成调拨任务。大区购销计划不能平衡时,上报总公司研究调整,在全国调拨计划内确定大区与大区之间的调拨,双方大区公司根据计划签订具体的供应合同。酒精和国家名酒为计划供应的商品,由总公司掌握,统一分配。商业部门(酒类批发部门)负责对酒类生产的散装酒进行加浆调度。

1953 年 2 月 10 日,财政部税务总局和中国专卖事业总公司对酒类的税收、专卖利润及价格做出了规定。白酒、黄酒和酒精的专卖利润率定为11%，其他酒类为10%；专卖酒类依照商品流通税试行办法规定，应于出厂时纳税；用酒精改制白酒，暂按一道税征收。1954年，规定对旅客携带或邮递进口非商品性酒类由海关代征专卖利润。

3.“大跃进”时期的酒类专卖

1958—1960年，随着商业管理体制的改革和权力的下放，1958年，除了国家名酒和部分啤酒仍实行国家统一计划管理外，其他酒的平衡权都下放到地方，以省（市、区）为单位实行地产地销。许多地方无形中取消了酒的专卖。对于酒精改制白酒，究竟是由生产企业（归原食品工业部管理）配制，还是由销售企业（归商业部管理）配制，曾有反复。1957年，原食品工业部制酒局、供销总局与城市服务部的中国专卖公司先后联合通知一些省市，决定由酒的工业生产部门设立酒精配制白酒的试点，虽然酒质有所改进和提高，但由于配制后的酒，酒度较酒精要低，故运输费用较高，在贮运过程中，酒质出现变质的情况。故1958年，第二商业部糖业烟酒局和轻工业部（原食品工业部）供销局发布了《关于改变酒精配制白酒的方法的联合通知》，改由商业部门进行兑制。

4.国民经济调整时期酒类专卖

1961—1965年，国民经济处于调整时期。1960年下半年起，中央提出了“调整、巩固、充实、提高”的八字方针进行经济调整。国务院于1963年8月22日发布了《关于加强酒类专卖管理工作的通知》，强调继续贯彻执行酒类专卖方针，加强酒类专卖的管理工作，并对酒的生产、销售和行政管理、专卖利润收入和分成办法等做出了具体规定。这一期间，酒类生产和酒类销售各司其职。

①酒类的生产由轻工业部归口统一安排生产，未经省、自治区和直辖市人民委员会批准，任何单位和部门一律不得自行酿造。社队自办的小酒厂和非工业部门办的酒厂，按照1962年12月30日国务院发布的《工商企业登记管理试行办法》进行登记，根据归口管理、统一规划的原则，各地对现有酒厂进行整顿。所有酒厂生产的酒，必须交当地糖业烟酒公司收购。

②酒类销售和酒类行政管理工作，由各级商业部门领导，具体日常工作由糖业烟酒公司负责。各级专卖事业管理局和糖烟酒公司的设置采取一个机构，两块牌子的办法，既负责行政管理，又负责企业经营。在酒的销售方面，批发由糖业烟酒公司经营；零售由国营商店、供销合作社以及经过批准的城乡合作商店、合作小组和其他一些代销点经营，除此以外，任何单位或个人，一律不得私自销售。

5.“文化大革命”时期酒类专卖

在1966—1976年的“文化大革命”期间，多数地区酒类专卖机构被撤销，人员被调走或下放到农村或基层，酒的专卖管理工作处于混乱状态，生产和消费都处于低水平，但在当时“以阶级斗争为纲”的大环境下，酒的生产和销售工作都受较为严格的国家计划控制，酒类的生产和流通秩序较为正常。1966年3月21日，商业部和对外贸易部下达了《关于对旅客携带或邮递进口非商品性酒类免征专卖利润的通知》，决定对旅客携带或邮递进口非商品性酒类免征专卖利润。

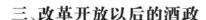

三、改革开放以后的酒政

1977—1990 年,是我国酿酒工业迅速发展的时期。中国酿酒工业在新中国成立后的前30 年,发展较为缓慢。改革开放后,尤其是从 1980 年之后,酿酒工业发展迅速,出现了各行各业办酒的浪潮,酒业的管理面临着许多新的问题,管理难度加大。尤其是在原有的轻工业部管理酒类生产,商业部管理酒类流通的体制下,国家一级的管理机构如何设置、如何运作,还处于探索之中。在这一期间,许多新的管理措施相继出台。

1. 加强酒类专卖事业的管理

1978 年 4 月 5 日,国务院批转了商业部、国家计委、财政部《关于加强酒类专卖管理工作的报告》,报告要求当时已有的酒厂产销全部纳入计划,新增设国营专业酒厂必须经过省级主管部门审查,并同有关部门协商,经过省级工商行政管理局批准,才能组织生产。人民公社以下集体所有制单位办的小酒厂必须坚持不准用粮食酿酒的原则,农场、畜牧场和部队、机关、团体学校等以批准留用的饲料粮和加工副产品下脚料为原料酿酒的车间,须经县级专卖部门和工商行政管理部门审查,批准后方可酿酒。所产的酒不得自行销售,须全部交当地糖业烟酒公司收购。

该报告规定县级以上的商业部门设立糖业烟酒公司,这一机构同时又是专卖管理局,既负责企业管理,又担任专卖管理;县以下的专卖管理工作,可在各县专卖管理局的指导下,由工商行政管理所兼管,税务所协助。

2. 对散装白酒加浆调度做出规定

1987 年,商业部和轻工业部发出《关于由生产单位解决散装白酒酒度的通知》,规定散装白酒的加浆调度工作原则上由生产单位进行,散装白酒出厂前都要经过化验,并定期送卫生防疫部门检验,符合质量标准才能出厂。流通环节均不再用酒精配制白酒。

3. 加强卫生管理

从 20 世纪 80 年代开始,我国的酒类生产开始全面迅速发展,有的生产单位不严格履于登记注册手续和卫生检验工作,致使不符合国家食品卫生标准的酒流入市场。1981 年,国家颁发了国家标准《蒸馏酒及配制酒卫生标准》(GB 2757—81),规定用酒精作配制酒或其他含酒精饮料所用的酒精必须符合蒸馏酒的卫生要求,所用的添加剂必须符合食品添加剂使用卫生标准。1982 年、1986 年和 1990 年,国家有关部门都对酒类卫生的管理工作做出了明确的规定。1990 年 10 月,卫生部修订了《酒类卫生管理办法》。

4. 价格调整

长期以来,受计划经济的影响,酒价和其他商品价格一样,基本保持不变。1981 年国务院决定提高酒价,1982 年,国家物价局、商业部和轻工业部下达了《关于调整部分酒价的通知》,适当降低部分地方名酒的价格。1987 年 7 月之后,名白酒的价格普遍放开。这次调价幅度较大,有的国家级名酒从每 500 克数十元升至百元以上。

5. 酒税征收管理

20 世纪 80 年代,酿酒用粮来源不同、价格不同,有的是日常用粮,有的是饲料用粮,有的是国家统一定价的粮食,而有的则是议价粮。于是,财政部于 1983 年 6 月发布《关于加强酒税征收管理的通知》,规定白酒征税时,瓶装酒可扣除包装部分的费用后再征税(瓶子、瓶盖、瓶盖内塞和商标费用可不计入征税范围),有的酒厂酒的出厂价较低,由商业部门实行价外补贴,对于补贴价款,也应并入销售收入的征税范围。名酒提价以后,审计署审工字〔1989〕36 号文规定:"新老差价作为提价收入,按规定征收专项收入和各种税收。"关于税率,用日常用粮酿酒的按 60% 的税率征税;饲料粮酿酒的按 40% 的税率征收;对用议价粮酿酒的,有一定幅度的减税,减税后的税率不得低于 40%。1984 年财政部规定,对企业用议价粮或加价粮生产的白酒,减按 30% 税率征收工业环节工商税。

1985 年,将白酒的工商税改为产品税,税率为 50%,其中用议价粮酿制的减按 30% 税率征收。同时,各省为维护酒类企业白酒的生产,由全额征税改为扣包装征税,一般每吨粮食白酒扣除 400 元左右,优质酒扣得更多。1992 年,《中华人民共和国税收征收管理法》颁布后,税收的开征、停征以及减税、免税权力集中于国务院。

1994 年税制改革以后,对白酒同时征收增值税和消费税,消费税税率 25%,增值税税率 17%,实际税负为 8% 左右,合计 33%,大体与原议价粮白酒 30% 税率相同,但不准扣除包装费,对价外费用也开始征税,粮食白酒净增值税、消费税税负实际要高于 33%,但允许外购已税白酒和酒精抵扣在上一生产环节已纳的消费税。

1995 年,国税发〔1995〕192 号文件规定对销售除啤酒、黄酒外的其他酒类产品而收取的包装物押金,并入当期销售额征税。1998 年,财税〔1998〕45 号文件和 2006 年颁布的《企业所得税税前扣除办法》规定,对粮食类白酒(含薯类白酒)的广告宣传费一律不得在税前扣除。

四、近年来的中国白酒酒政

(一)近年来的白酒税收规定

2001 年,财税〔2001〕84 号文件规定,对粮食白酒、薯类白酒在原按 25%,15% 征收消费税的同时再按实际销售量每千克征收 0.5 元的定额消费税,同时停止执行外购或委托加工已税酒和酒精生产的酒抵扣上一生产环节已纳消费税的政策。

2002 年,国税发〔2002〕109 号文件提出了酒厂利用关联企业关联交易行为规避消费税问题,要求各地按《中华人民共和国税收征收管理法实施细则》第五十四条规定的计税价格调整方法调整酒类产品消费税计税收入额,补缴消费税。同时提出对"品牌使用费"征税问题。2002 年,国家取消了对白酒上市公司先征后返 18% 的所得税优惠政策。

2006 年,《财政部、国家税务总局关于调整和完善消费税政策的通知》(财税〔2006〕33 号)规定,粮食白酒、薯类白酒的比例税率统一调整为 20%。粮食白酒降 5%,薯类白酒提高 5%。

2009 年,《白酒消费税最低计税价格核定管理办法(试行)》规定,白酒生产企业销售给销售单位的白酒,生产企业消费税计税价格低于销售单位对外销售价格 70% 以下的,消费税最低计税价格由税务机关根据生产规模、白酒品牌、利润水平等情况在销售单位对外销售价格 50%~70% 的范围内自行核定。其中生产规模较大、利润水平较高的企业生产的需要核定消费税最低计税价格的白酒,税务机关核价幅度原则上应选择在销售单位对外销售价格的 60%～70%。同时规定，已核定最低计税价格的白酒，销售单位对外销售价格持续上涨或下降时间达到 3 个月以上、累计上涨或下降幅度在 20%（含）以上的白酒，税务机关重新核定最低计税价格。

自 2017 年 5 月 1 日起，白酒消费税最低计税价格核定比例由 50%～70% 统一调整为60%。已核定最低计税价格的白酒，国税机关应按照调整后的比例重新核定。

（二）近年来关于白酒产业的国家标准

标准化工作是政府公共行政的重要内容，是国家管理产业、企业和社会经济发展的重要手段。从企业角度看，标准化建设有利于稳定和提高产品、工程和服务的质量，促进企业走质量效益型发展道路，增强企业素质，提高企业竞争力。从社会治理的角度看，标准化建设有利于保护人体健康，保障人身和财产安全，保护人类生态环境，合理利用资源，维护消费者权益。制定关于白酒产业相关的国家标准，是政府行使管理职权的重要内容。白酒标准的制定和实施，不仅有利于提高白酒的品质、体现产品特色，而且有助于推动白酒企业的进步。

1. 国际标准化组织与中国国家标准

国际标准化组织（International Organization for Standardization，ISO），总部设于瑞士日内瓦，成员包括 162 个会员国，是一个全球性的非政府组织，是世界上最大的非政府性标准化专门机构。ISO 成立于 1947 年，在 2008 年 10 月的第 31 届国际标准化组织大会上，中国正式成为 ISO 的常任理事国。中国参加 ISO 的国家机构是中国国家技术监督局（CSBTS）。

我国国家标准包括强制性国家标准、推荐性国家标准和国家标准化指导性技术文件。GB 是保障人体健康，人身、财产安全的标准和法律及行政法规规定强制执行的国家标准。GB/T 是推荐性国家标准（"T"在此读"推"），是指生产、交换、使用等方面，通过经济手段或市场调节，自愿采用的国家标准。这类标准任何单位都有权决定是否采用，违反这类标准，不承担经济或法律方面的责任。但是，一经接受并采用，或各方商定同意纳入经济合同中，就成为各方必须共同遵守的技术依据，具有法律上的约束性。GB/Z 是国家标准化指导性技术文件，是指导性国家标准（"Z"在此读"指"）。指导性国标是指生产、交换、使用等方面，由组织（企业）自愿采用的国家标准，不具有强制性，也不具有法律上的约束性，只是相关方约定参照的技术依据。只有 GB 是强制执行的。推荐性国标往往是技术文件，偏重于技术。指导性国家标准，偏重于定性，是管理性的。

2. 1994 年以来通过的与白酒有关的国家标准

与白酒有关的强制性国家标准很多都已废止或被代替，保留下来的更多是推荐性国家标准。这些与白酒有关的国家标准涉及基础标准、产品标准、试验方法标准、原料标准、地理标志产品标准。

（1）基础标准

基础标准是其他标准的基础，也是白酒标准体系中最重要的标准，如表 2-1 所示。

表 2-1　白酒行业基础标准

标准标号	标准名称	发布部门	发布日期	实施日期
GB/T 17204—2008	饮料酒分类	质检总局和标委会	2008-06-25	2009-06-01

续表

标准标号	标准名称	发布部门	发布日期	实施日期
GB/T 15109—2008	白酒工业术语	质检总局和标委会	2008-10-19	2009-06-01
GB/T 191—2008	包装储运图示标志	质检总局和标委会	2008-04-01	2008-10-01
GB/T 10346—2006	白酒检验规则和标志、包装、运输、贮存	质检总局和标委会	2006-07-18	2007-05-01
GB 23350—2009	限制商品过度包装要求食品和化妆品	质检总局和标委会	2009-03-31	2010-04-01
GB 27631—2011	发酵酒精和白酒工业水污染物排放标准	环保部和质检总局	2011-10-27	2012-01-01
GB 2757—2012	食品安全国家标准蒸馏酒及其配制酒	卫生部	2012-08-06	2013-02-01
GB 7718—2011	食品安全国家标准　预包装食品标签通则	卫生部	2011-04-20	2012-04-20
GB 8951—2016	食品安全国家标准　蒸馏酒及其配制酒生产卫生规范	卫生部	2016-12-23	2017-12-23
GB 14881—2013	食品安全国家标准　食品生产通用卫生规范	卫生部	2013-05-24	2014-06-01
GB/T 18916.15—2014	取水定额第15部分:白酒制造	质检总局和标委会	2014-09-30	2015-02-01
GB/T 23544—2009	白酒企业良好生产规范	质检总局和标委会	2009-04-14	2009-12-01
GB/T 24694—2009	玻璃容器　白酒瓶	质检总局和标委会	2009-11-30	2010-05-01

（2）分析检测品评相关标准

涉及白酒分析检测和感官品评的相关标准总共8项,如表2-2所示。

表2-2　白酒分析检测品评相关标准

标准标号	标准名称	发布部门	发布日期	实施日期
GB/T 10345—2007	白酒分析方法	质检总局和标委会	2007-01-02	2007-10-01
GB/T 394.2—2008	酒精通用分析方法	质检总局和标委会	2008-12-31	2009-06-01
GB 5009.225—2016	食品安全国家标准酒中乙醇浓度的测定	卫生部	2016-08-31	2017-03-01
GB 5009.242—2017	食品安全国家标准食品中锰的测定	卫生部	2017-04-06	2017-10-06
GB 5009.266—2016	食品安全国家标准食品中甲醇的测定	卫生部	2016-12-23	2017-06-23

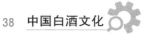

续表

标准标号	标准名称	发布部门	发布日期	实施日期
GB/T 33405—2016	白酒感官品评术语	质检总局和标委会	2016-12-30	2017-07-01
GB/T 33404—2016	白酒感官品评导则	质检总局和标委会	2016-12-30	2017-07-01
GB/T 33406—2016	白酒风味物质阈值测定指南	质检总局和标委会	2016-12-30	2017-07-01

（3）白酒酿造相关原材料标准

酿酒原材料是白酒酿造的基础,涉及白酒酿造原材料的标准总共 8 项,如表 2-3 所示。

表 2-3   白酒酿造相关原料标准

标准标号	标准名称	发布部门	发布日期	实施日期
GB/T 8231—2007	高粱	质检总局和标委会	2007-10-16	2008-05-01
GB 1351—2008	小麦	质检总局和标委会	2008-01-01	2008-05-01
GB 1353—2009	玉米	质检总局和标委会	2009-03-28	2009-09-01
GB 1354—2009	大米	质检总局和标委会	2009-03-28	2009-10-01
GB/T 10460—2008	豌豆	质检总局和标委会	2008-11-04	2009-01-20
GB 1350—2009	稻谷	质检总局和标委会	2009-03-28	2009-07-01
GB 2715—2016	食品安全国家标准粮食	卫生部	2016-12-23	2017-06-23
GB 5749—2006	生活饮用水卫生标准	卫生部和标委会	2006-12-29	2007-07-01

（4）产品标准

白酒产品标准是白酒生产企业和政府监管部门参考和使用的标准,同时也是消费者关注的标准。在推荐性国家标准中,关于香型的产品标准共有 13 项,如表 2-4 所示。

表 2-4   白酒产品标准

标准标号	标准名称	发布部门	发布日期	实施日期
GB/T 26760—2011	酱香型白酒	质检总局和标委会	2011-07-20	2011-12-01
GB/T 10781.1—2006	浓香型白酒	质检总局和标委会	2006-07-18	2007-05-01
GB/T 10781.2—2006	清香型白酒	质检总局和标委会	2006-07-18	2007-05-01
GB/T 10781.3—2006	米香型白酒	质检总局和标委会	2006-07-18	2007-05-01
GB/T 23547—2009	浓酱兼香型白酒	质检总局和标委会	2009-04-14	2009-12-01
GB/T 14867—2007	凤香型白酒	质检总局和标委会	2007-01-19	2007-07-01
GB/T 16289—2007	豉香型白酒	质检总局和标委会	2007-01-19	2007-07-01
GB/T 20823—2007	特香型白酒	质检总局和标委会	2007-01-19	2007-07-01
GB/T 20824—2007	芝麻香型白酒	质检总局和标委会	2007-01-19	2007-07-01

续表

标准标号	标准名称	发布部门	发布日期	实施日期
GB/T 20825—2007	老白干香型白酒	质检总局和标委会	2007-01-19	2007-07-01
GB/T 26761—2011	小曲固态法白酒	质检总局和标委会	2011-07-20	2011-12-01
GB/T 20821—2007	液态法白酒	质检总局和标委会	2007-01-29	2007-07-01
GB/T 20822—2007	固液态法白酒	质检总局和标委会	2007-01-19	2007-07-01
GB 10343—2008	食用酒精	质检总局和标委会	2008-12-29	2009-10-01

（5）白酒相关地理标志产品标准

地理标志产品白酒推荐性国家标准规定白酒地理标志产品的保护范围、术语和定义、要求、试验方法、检验规则及标志、包装、运输、贮存。白酒地理标志产品的制定有利于提高白酒的品质和市场竞争力。关于白酒地理标志产品的标准有 20 项，如表 2-5 所示。

表 2-5　白酒相关地理标志产品标准

标准标号	标准名称	发布部门	发布日期	实施日期
GB/T 17924—2008	地理标志产品　标准通用要求	质检总局和标委会	2008-06-27	2008-10-01
GB/T 19961—2005	地理标志产品　剑南春	质检总局和标委会	2005-11-17	2006-03-01
GB/T 18356—2007	地理标志产品　贵州茅台酒	质检总局和标委会	2007-09-19	2008-05-01
GB/T 18624—2007	地理标志产品　水井坊酒	质检总局和标委会	2007-09-19	2008-05-01
GB/T 19327—2007	地理标志产品　古井贡酒	质检总局和标委会	2007-09-19	2008-05-01
GB/T 19328—2007	地理标志产品　口子窖酒	质检总局和标委会	2007-09-19	2008-05-01
GB/T 19329—2007	地理标志产品　道光廿五贡酒（锦州道光廿五贡酒）	质检总局和标委会	2007-09-19	2008-05-01
GB/T 19331—2007	地理标志产品　互助青稞酒	质检总局和标委会	2007-09-19	2008-05-01
GB/T 19508—2007	地理标志产品　西凤酒	质检总局和标委会	2007-09-19	2008-05-01
GB/T 21261—2007	地理标志产品　玉泉酒	质检总局和标委会	2007-09-19	2008-05-01
GB/T 21263—2007	地理标志产品　牛栏山二锅头酒	质检总局和标委会	2007-09-19	2008-05-01
GB/T 21820—2008	地理标志产品　舍得白酒	质检总局和标委会	2008-05-05	2008-10-01
GB/T 21821—2008	地理标志产品　严东关五加皮酒	质检总局和标委会	2008-05-05	2008-10-01
GB/T 21822—2008	地理标志产品　沱牌白酒	质检总局和标委会	2008-05-05	2008-10-01
GB/T 22041—2008	地理标志产品　国窖 1573白酒	质检总局和标委会	2008-06-25	2008-10-01

续表

标准标号	标准名称	发布部门	发布日期	实施日期
GB/T 22045—2008	地理标志产品　泸州老窖特曲酒	质检总局和标委会	2008-06-25	2008-10-01
GB/T 22046—2008	地理标志产品　洋河大曲酒	质检总局和标委会	2008-06-25	2008-10-01
GB/T 22211—2008	地理标志产品　五粮液酒	质检总局和标委会	2008-07-31	2008-11-01
GB/T 22735—2008	地理标志产品　景芝神酿酒	质检总局和标委会	2008-12-28	2009-06-01
GB/T 22736—2008	地理标志产品　酒鬼酒	质检总局和标委会	2008-12-28	2009-06-01

五、四川省委省政府打造"中国白酒金三角"的战略

2008年,四川省委、省政府提出打造"中国白酒金三角"这一新的白酒产业战略构想,对四川及周边白酒产业发展影响深远。

1."中国白酒金三角"的概念

"中国白酒金三角"的提出,旨在弘扬中国酒文化,打造中国的"波尔多"国际品牌,把中国白酒知名品牌提升为国际区域性品牌。

"中国白酒金三角"首先是一个地域空间概念。该区域位于四川和黔北,即泸(州)—宜(宾)—遵(义)区域,拥有集气候、水源、土壤"三位一体"的天然生态环境,为酿制纯正优质白酒提供了得天独厚、不可复制的环境。主要包括核心区、延伸区和协作区三个部分。

核心区位于北纬27°50′—29°16′、东经103°—105°20′,长江(宜宾—泸州)、岷江(宜宾段)、赤水河流域(遵义仁怀地区)最佳酿酒纬度带。即泸州、宜宾、遵义仁怀地区,包括泸州老窖、五粮液、茅台、郎酒等传统中国名酒。

延伸区位于涪江和岷江流域沿线,成都、德阳、绵阳、遂宁等地区,主要包括水井坊、剑南春、沱牌、丰谷等名酒企业。

协作区位于四川盆地周边山区及高原地带,主要包括巴中和凉山等地,包括江口醇、小角楼等新兴的二线品牌及青稞酒等川酒次区域地区。

"中国白酒金三角"又是一个区域品牌概念,这一地区得天独厚的生态酿酒环境特别适合空气中的微生物和古窖池群中的微生物共同构成微生物群落,这一区域拥有丰富的窖泥资源,孕育形成了享誉全球品牌的条件,在白酒产业和文化名镇的结合发展上具有国内不可复制的独特性与比较优势,具备整体打造知名区域品牌的良好基础条件。

2."中国白酒金三角"提出的由来

"中国白酒金三角"战略基于四川、贵州等我国优质名优白酒主产区,且川黔两省集中五粮液、茅台、郎酒、泸州老窖等中国公认的十七大名酒中的前四强,并独占6席。因此,不管是从产量,还是从质量方面,川黔两省所在地区都具备了成为世界白酒优质产区的条件和基础。

3.“中国白酒金三角”战略思路的主要内容

“中国白酒金三角”战略思路主要分为“企业品牌”“名称名镇建设”“区域发展”三大构想。“企业品牌构想”是指巩固提升五粮液、泸州老窖、郎酒、剑南春、沱牌和水井坊等一线名酒的国际品牌地位,推动二线品牌企业的超常规发展,从整体上形成区域性品牌合力,全面提升川酒品牌国际国内知名度和影响力,大力提升丰谷、高洲、江口醇、小角楼、文君酒、潭酒等企业品牌的知名度和影响力,形成品牌集群效应。

“名城名镇建设构想”是指坚持国际化视野和思维,选择川酒名酒企业所在地,打造具有国际一流水准、承载和凝聚名酒文化的名酒、名城、名镇,积极探索打造“名酒、名企、名城、名镇”,推动产城一体、“两化”互动、城乡统筹发展的新模式、新路径。

“区域发展构想”是指加强相关城市之间的资源整合和战略合作,通过打造川南经济区,将泸州、宜宾酒业集中发展区打造成世界知名的中国白酒集中发展区,辐射带动区外德阳剑南春、遂宁沱牌、成都水井坊等高端酒业发展,并积极争取携手贵州茅台等共同打造“中国白酒金三角”品牌,最终将“中国白酒金三角”打造成中国乃至世界知名的顶级白酒生产基地和中国最具特色的浓香型、酱香型高端白酒生产基地。

4.“中国白酒金三角”的核心价值体系

“中国白酒金三角”的核心价值体系主要包括六个方面。

(1)地理标志产品

“中国白酒金三角”地理标志产品分为三个层次:“中国白酒金三角”区域整体地理标志产品;名酒企业地理标志产品;原料基地的原产地保护(包括糯高粱、玉米、红苕等特色优质农作物地理标志产品)。

(2)川酒文化

川酒文化包括以下三个方面:

特色酒文化模式,包括原料种植、酿酒技术、生产环境、酒与健康、酒史、酒俗酒礼等诸多方面的内容。主要以“酒城”“酒都”等代表性文化为标志。

次区域酒文化品牌,包括酒文化与地方民族文化、民俗文化、旅游文化相结合形成的宜宾酒文化、泸州酒文化、二郎镇酒文化、剑南酒文化,以酒文化与竹、兴文石海、珙县悬棺、红军长征四渡赤水等历史文化结合形成的次区域文化。

现代酒文化产业是指“中国白酒金三角”人文、历史和资源优势与“酒城”“酒都”“酒镇”等地域品牌结合,形成的“老窖封藏大典”“酒博会”“酒圣节”等集旅游、文化、营销为一体的新型酒文化产业。

(3)名酒名镇

以“七镇一城”为代表的中国特色酒文化名镇(街区)主要包括:以典型中国农耕文化为特色的五粮液历史文化街区;以川南民居建筑风格和泸州老窖文化为特色的泸州老窖·黄舣镇;以自然生态风光和赤水河红军文化为特色的郎酒·二郎国际白酒名镇;以盛唐建筑和宫廷酒文化为特色的剑南春·剑南镇;以川西民居风格的老街老巷、酒馆酒亭为特色的水井坊·水井坊街区;以舍得文化为特色的沱牌·沱牌镇;以挖掘大巴山文化、红色文化为特色的江口醇·小角楼·江口镇;集中展现“中国白酒金三角”区域文化特色的世界顶级名酒博览城"中国白酒金三角"世界名酒博览城。

（4）品牌体系

①区域品牌。如"中国酒城""中国酒都"和特色鲜明的"名酒—名企—名镇—名庄"。

②企业品牌。包括"六朵金花"在内的中国品牌和丰谷、小角楼、江口醇、高洲、文君酒等潜力品牌，还包括一批基酒企业品牌。

③产品品牌。包括"五粮液""国窖·1573""青花郎""东方红""水井坊""舍得"等中国顶级品牌，也包括"剑南春""泸州老窖""五粮春""红花郎""全兴""沱牌"等中国知名品牌，还包括"仙潭""江口醇""丰谷""小角楼""金潭玉液"等在内的潜力品牌。

（5）生态环境

区域内长江、赤水河、岷江、大渡河等上游较好的水土保持和生态城镇、生态保护区、酒业生态园、循环经济型酒企业等。

（6）质量体系

包括浓香型、酱香型和兼香型白酒的省、市各级地方质量标准体系，国家质量标准体系中缺少的标准，特别是年份酒界定和鉴定标准以及国际标准。

六、泸州市建设"中国白酒金三角"的主要举措

从 2007 年开始，泸州市委、市政府连续多年以年度一号文件形式出台支持白酒产业发展的政策。坚持每年召开一次高规格酒业专题发展大会，连续多年出台支持酒业发展的措施，重点在资金、项目和人才方面给予酒业发展强有力的引导和扶持。

1. 定位泸州酒业发展目标

2007 年起，泸州市委、市政府确立了优先、重点发展白酒产业的基本发展思路。省委、省政府正式提出"中国白酒金三角"战略后，泸州市确立了把泸州打造成为"中国白酒金三角"核心腹地的奋斗目标。

实现"中国白酒金三角"核心腹地这一目标具有相当有利的条件。首先，从地理位置上看，泸州居于宜宾、泸州、遵义"三角地带"的中间和核心位置，宜宾与遵义之间交流、交往均要途经泸州。其次，从品牌影响力看，中国十七大名酒中，泸州独占两席，泸州是全国唯一拥有两大名酒的城市。再次，从酒种香型看，目前白酒市场主流香型及市场份额仍然保持"浓、酱、清"的分布格局，泸州市是唯一一个同时兼具浓香、酱香两大主流香型中国名酒的地区。截至 2018 年 11 月，泸州市已拥有中国驰名商标 22 个，中华老字号产品 7 个，地理标志保护产品 2 个，地理标志证明商标 6 个，四川省著名商标 63 个，四川名牌 51 个，是全国白酒行业品牌密度最大、品牌层次最高的地区，"中国酒城"名号当之无愧。

2. 推动白酒产业链发展、集群发展

政府积极推动产业链的发展。在前端，持续扩大原粮种植面积，用优质高粱保持酒的品质。在中端，推动窖池建设，酿酒储酒控制质量，以泸州老窖、郎酒集团两大龙头和 26 户酒类"小巨人"为主要载体，培育发展泸州酒业发展的中高端力量。在后端，推动市场营销。同时，按照"规模化、集群化"的发展思路，除了积极发展泸州老窖、郎酒高端名酒品牌外，大力发展仙潭、中华美酒、中华桥、国粹等一系列二线、三线品牌集群。建设泸州酒业集中发展区

和"二郎·名酒名镇"两大核心产业集聚区,积极引导纳溪区大渡口镇、泸县福集镇等传统酒业资源相对富集的乡镇,培育发展"中国酒镇·酒庄""中国龙窖·名优白酒产业园"等特色酒业小区项目。

3. 加强品牌建设

在区域品牌打造方面,泸州市政府按照"酒 + N"的文化建设思路,不断强化城市名片与产品品牌的融合塑造、互动提升。以"中国酒城·醉美泸州"为主题的形象宣传片登陆央视高端媒体。成功举办了"中国白酒金三角酒业博览会"、"诺贝尔"论道中国白酒金三角、泸州老窖"封藏大典"等一系列品牌酒文化拓展活动,举办"中国白酒金三角"品牌峰会,打造国际品牌。在企业品牌建设方面,积极支持鼓励"国窖·1573""泸州老窖""中国郎""红花郎"等高端品牌提升价值。

4. 注重白酒标准和功能建设

经过积极推动,在泸州酒业集中发展区先后建立国家固态酿造技术研究中心、国家酒检中心、中国白酒名酒价格发布指数以及四川中国白酒产品交易中心;推动"泸州酒""泸州糯红高粱"争创申报国家地理标志保护。

第四节　白酒产业发展相关机构

一、白酒生产流通的政府管理机构

(一)国务院直属管理机构

1. 中华人民共和国商务部

中华人民共和国商务部是中华人民共和国设立的主管内外贸易和国际经济合作的部门。商务部作为国家负责商业经济和贸易的部门,对包括白酒企业等在内的所有企业产品的贸易、流通进行管理,其制定的政策规范和约束企业的经营行为,对企业产品的销售和流通有很大影响。

2. 国家税务总局

国家税务总局是国务院主管税收工作的直属机构,正部级。税务系统的机构设置为四级,即国家税务总局,国家税务总局省(自治区、直辖市)级税务局,国家税务总局地(市、州、盟)级税务局,国家税务总局县(市、旗)级税务局。

3. 国家市场监督管理总局

中华人民共和国国家市场监督管理总局是中华人民共和国国务院直属机构。

国家市场监督管理总局负责市场综合监督管理,统一登记市场主体并建立信息公示和共享机制,组织市场监管综合执法工作,承担反垄断统一执法,规范和维护市场秩序,组织实施质量强国战略,负责工业产品质量安全、食品安全、特种设备安全监管,统一管理计量标准、检验检测、认证认可工作等。

4. 中华人民共和国工业和信息化部

根据 2008 年 3 月 11 日公布的国务院机构改革方案,组建中华人民共和国工业和信息化部。工业和信息化部主要职责为:拟定实施行业规划、产业政策和标准;监测工业行业日常运行;推动重大技术装备发展和自主创新;管理通信业;指导推进信息化建设;协调维护国家信息安全等。作为行业管理部门,主要是管规划、管政策、管标准,指导行业发展,但不干预企业生产经营活动。

(二)地方管理机构

1. 各省经济和信息化委员会

各省经济和信息化委员会主要负责工业经济、信息化和无线电管理等工作。在新型工业化发展、企业技术改造推进工作、企业技术创新体系建设、产业园区建设、企业信用制度建设等方面都会对白酒企业的生产经营进行规范和约束,包括过去食品工业协会对白酒企业的行业管理职能。

2. 各市地州商务局

市级商务局主要承担物流管理、市场流通、投资、电子商务、经贸合作方面的职责。各地商务局的工作内容会有所差异,比如由于酒业是泸州发展的重点产业,因此,泸州市商务局与其他地市州的商务局相比,在酒类产业发展方面将承担更多工作。

3. 泸州市酒业发展局

作为一个有泸州老窖和郎酒两大名酒的城市,白酒产业在泸州的社会经济发展中具有重要的影响力。2019 年前,泸州市酒类产业发展管理工作,由泸州市商务局挂泸州市酒类产业发展局的牌子,下设酒类发展科和酒类监督管理科,承担酒类产业发展管理职能。2019 年 1 月,泸州市整合原市商务局以及相关机构承担的酒类产业发展工作等职责,组建并挂牌成立泸州市酒业发展促进局,作为市政府工作部门。市商务局不再挂市酒类产业发展局牌子。

二、白酒生产流通的行业管理机构

1. 中国酒类流通协会

中国酒类商业协会(China National Association for Liquor and Sprits Circulation)于 1995 年 4 月正式成立,2006 年 4 月经民政部批准更名为中国酒类流通协会,是经民政部批准注册的国家一级协会。

中国酒类流通协会以繁荣中国酒类市场,促进酒类商品流通,弘扬中国 5 000 年酒文化为己任。协会会员单位由酒类生产企业、流通企业、酒类批发市场、商场超市、科研单位等组成,涵盖了酒类商品生产、流通、配送、科研等各领域。

中国酒类流通协会宣传贯彻国家酒类流通管理办法、酒业产销政策,加强酒类企业诚信自律,充分发挥桥梁和纽带作用,协调酒类产销企业与政府部门之间的沟通与交流;加强酒类流通的调研与指导工作,传播交流酒类产销和市场信息,举办酒类营销技能培训和大型酒类博览会、酒业高峰论坛、酒业经销商联盟等活动,宣传、推广全国酒类知名品牌;积极开展对外联络与合作,组织酒类企业到国内外进行业务合作、商务考察等活动。中国酒类流通协会标志如图 2-1 所示。

2. 中国酒业协会

中国酒业协会（China Alcoholic Drinks Association, CADA）是由应用生物工程技术和有关技术的酿酒企业及为其服务的相关单位自愿结成的行业性的全国性的非营利性的社会组织。协会宗旨是适应社会主义市场经济需要，推动酿酒行业生产、流通、管理、科技水平的不断提高及国际交往的不断扩大，反映行业情况和意见，维护会员的合法权益，协助政府部门加强行业管理，开展行业协调，全心全意为行业服务，促进行业的健康发展，为国家经济建设做出更大的贡献。协会下设机构有中国酿酒工业协会白酒分会、中国酿酒工业协会啤酒分会、中国酿酒工业协会黄酒分会、中国酿酒工业协会酒精分会、中国酿酒工业协会葡萄酒分会、中国酿酒工业协会果露酒分会、中国酿酒工业协会科教装备专业委员会、中国酿酒工业协会饲料和综合利用委员会、中国酿酒工业协会技术委员会、中国酿酒工业协会市场专业委员会、中国酿酒工业协会啤酒原料专业委员会、中国酿酒工业协会市场专业委员会、中国酿酒工业协会啤酒原料专业委员会。中国酒业协会标志如图 2-2 所示。

图 2-1　中国酒类流通协会标志　　图 2-2　中国酒业协会标志　　图 2-3　中国食品工业协会标志

3. 中国食品工业协会

中国食品工业协会（China National Food Industry Association, CNFIA）是经国务院批准于 1981 年 10 月 29 日成立的全国食品工业的自律性行业管理组织，主要职能和任务综合为统筹、规划、协调、指导、服务。

中国食品工业协会的最高权力机构为会员代表大会，其日常执行机构为理事会。多年来，中国食品工业协会密切联系食品工业企业，在推动我国食品工业持续、稳定、协调发展等方面做了大量卓有成效的工作。

中国食品工业协会内设部门有办公室、统计信息部、科技部、龙头食品企业发展部、市场发展部、综合业务部、战略部。分支机构有啤酒专业委员会、白酒专业委员会、营养指导工作委员会、豆制品专业委员会、大豆及植物蛋白专业委员会、马铃薯食品专业委员会、发酵工程专业委员会、糖果专业委员会、坚果炒货专业委员会、花卉食品专业委员会、食品物流专业委员会、面包糕饼专业委员会、方便面专业委员会。内设机构有科学与法规工作委员会，粽子行业委员会，粉丝行业工作委员会，燕麦产业工作委员会，葡萄酒专家委员会，果酒专家委员会，黄酒专家委员会，调味品专家委员会，肉、禽、水产制品专家委员会。下属机构有中国食品安全报社、中国食品工业杂志社、中国食品工业信息咨询中心、中国食品工业年鉴编辑部、中国食品工业协会技术培训中心。中国食品工业协会标志如图 2-3 所示。

4. 四川省酒类流通协会

四川省酒类流通协会是全省性酒类行业协会,于2012年3月29日成立,是由酒类流通、生产企业,相关企事业单位,社会团体和个人自愿组成的非营利性社会组织,接受四川省业务主管单位——四川省商务厅、社团登记管理机关——四川省民政厅的监督管理。协会宗旨是认真执行国家政策、法规,倡导诚信经营,加强行业自律,维护流通秩序,扩大川酒市场,促进行业健康发展。服务内容涵盖制定酒类行业发展规划,营造公平合理的竞争环境,配合政府部门加强酒类行业监督管理、治理整顿酒类流通市场秩序、打击假冒伪劣产品及侵权行为、深入开展争创"放心酒示范店"活动,开展酒类行业相关国际国内经济技术合作与交流活动,组织企业开拓省外和国际市场,积极搞好川酒文化和名优酒品牌的宣传推广工作等方面。

三、白酒产业人才培养机构

通过对白酒产业发展的历史进行分析,我们发现,白酒的快速发展往往与社会经济的快速发展有密切的关系。近年来,白酒产业取得了快速发展,迫切需要大量人才。但是,目前专门为白酒产业培养人才的机构仍然非常少。这主要是因为我国正处于经济和技术快速发展阶段,新兴产业层出不穷,白酒是传统产业,往往不容易引起人们的关注,这导致白酒产业发展人才紧缺。

1. 四川省高校酿酒技术人才培养情况

白酒产业酿酒技术人才缺乏。目前,白酒企业的酿酒人才主要通过高校培养和企业培养两种方式。高校开设酿酒技术的专业很少,而企业培养也存在两方面的问题:一方面是员工缺乏专业知识支撑,培养时间较长;另一方面是本科院校的酿酒技术人才在经过一定时间的经验积累之后,会上升到高层技术专家和管理者,而中层技术骨干和高技能人才就出现断层,迫切需要相关机构加大人才培养的力度,为白酒产业的省级发展提供更多优秀人才。据统计,四川省高校只有极少数学校在培养酿酒人才,其中,培养酿酒高技能人才的学校就更少。在本科院校中,四川大学开设了相关专业,四川轻化工大学开设了酿酒工程专业,四川大学锦江学院于2011年开设酿酒工程专业。而在专科院校中,只有宜宾职业技术学院和泸州职业技术学院分别于2011年、2012年开设了酿酒技术专业。

2. 四川高校白酒营销人才培养情况

白酒营销人才供给情况严重不适应白酒产业快速发展的需求。一方面是白酒营销从业人员缺乏专业性,另一方面是白酒营销人才的数量完全不能满足企业的需求。在2007年之前,我国几乎所有高校都没有针对性地为白酒产业培养营销人才,白酒企业主要从人才市场上招聘有营销经验的从业人员进行营销人才培养,或者从企业各部门中抽调人员从事营销工作。泸州职业技术学院与白酒产业具有历史渊源,川南师范学堂(泸州职业技术学院的前身)时期,学校的第三任督学就是泸州老窖大曲的传人温筱泉。温筱泉家族祖传酿酒事业,温永盛酒坊在历史上享有盛名。2007年开始,泸州职业技术学院商学院市场营销专业将专业定位为白酒营销,开创了培养专业的白酒营销人才的先河。通过与企业合作开设白酒文化、白酒推销谈判、白酒生产流程、白酒品鉴等课程,提高营销人才的白酒营销素养。目前,该学校已经连续多年为白酒企业培养营销人才,为白酒企业输送了大量营销人才,受到白酒企业的高度关注。白酒企业还在高校投入巨资设立奖学金,奖励品学兼优的人才。

3. 白酒产业未来对人才的需求状况

除了对酿酒技术人才的大量需求之外,白酒行业还需要很多专业的人才,比如会计、物流等方面的人才。但是,面对未来产业升级发展的需要,白酒产业在产品创新和设计、网络营销方面还有更大的人才需求。因此,除了对酿酒技术人才的需求会持续放大之外,白酒产业在产品设计、艺术设计、文化设计、电子商务方面的人才需求也会快速增长。所以,高校应该根据白酒产业发展需求调整专业设置和专业定位,满足白酒产业快速增长的人才需求。

◎**思考题**

1. 广义的酒政包括哪些方面的内容?
2. 中国古代的酒政有哪些具体形式?
3. 制定白酒相关的国家标准具有什么意义?
4. 中国白酒金三角的提出,其含义和意义是什么?

第三章　白酒生产工艺文化

　　白酒生产工艺流程,是白酒生产经营的重要环节,是由一系列核心和关键环节连接而成的一个复杂流程。总体上讲,其包括原料处理、配料、蒸煮、糖化发酵、蒸馏、分级贮存、勾调、检验、灌装、成品、入库等环节。

第一节　白酒生产的原材料

一、主料

1. 原料的要求

　　白酒生产离不开原材料,这些材料与酒质和酒品密切相关,涉及白酒香型、质量和产量的变化。"高粱香、玉米甜、大麦冲、大米净",体现了原材料与白酒品质的密切关系。白酒生产所需的原材料,从外观上看,要求籽粒饱满,较大的有千粒重;从品质看,要求原粮水分在14%以下,同时,为了生产出优质的白酒,要求原料新鲜、无霉变和杂质;从原料的含量看,淀粉或糖分含量要高,含蛋白质适量,单宁含量适当,含脂肪量极少,并含有多种维生素及无机元素。一般而言,果胶质含量越少越好。原料中不得含有过多的含氰化合物、番薯酮、龙葵苷及黄曲霉毒素等有害成分。

　　白酒生产因香型、产地、企业不一样而存在差异,其用原料品种及比例也不一样。比如绵竹剑南春和宜宾五粮液都使用高粱、糯米、小麦、玉米、大米作原料,但是剑南春酿酒所用原料中,小麦、玉米、大米所占比例没有五粮液高,而高粱和糯米所占比例比五粮液高。

2. 常见主料及其成分

　　白酒生产的主料一般有高粱、玉米、大米、糯米、小麦、荞麦、糯米等。高粱、玉米、大米是粮谷原料中用于酿造白酒的主要原料,一般列为国家名优酒的大曲酒,生产都以高粱为主要原料,普通白酒也以高粱为原料配制较好,号称"高粱白酒"。有的生产工艺也会搭配适量的其他粮食。五粮液、剑南春酒、叙府大曲酒等均配用一定量小麦和粳米,同时也使用一定量的糯米;三花酒、玉冰烧、长乐烧等小曲酒均以粳米为原料。

（1）粮谷原料

①高粱。高粱又称红粮,按色泽可分为黑高粱、红高粱、黄高粱、青高粱、白高粱五种。按黏度分为粳、糯高粱两种,北方多产粳高粱,南方多产糯高粱。粳高粱含有一定量的直链淀粉,结构较紧密,蛋白质含量高于糯高粱。糯高粱几乎全含支链淀粉,结构较疏松,适于微生物生长。

通常高粱含水分13%～14%,含淀粉64%～65%,含粗蛋白9.4%～10.5%。此外,高粱中含五碳糖约2.8%,高粱糠皮含五碳糖高达7.6%。这部分五碳糖,在常规化验淀粉时,也表现为粗淀粉,但在实际生产中,很难被酵母发酵而产生酒精。高粱糠皮也可用来酿酒,但由于在磨面时出粉率不同,高粱糠的粗淀粉含量也有很大差异,一般高粱糠的粗淀粉含量在33%～56%。所以考核高粱糠的出酒率,应以淀粉出酒率为准。高粱淀粉开始糊化的温度为62℃,糊化完结的温度为72℃。粳高粱含直链淀粉较多,糯高粱含支链淀粉较多,但糯高粱比粳高粱更容易蒸煮糊化。

高粱籽粒中含3%左右的单宁和色素,微量的单宁及花青素等色素成分,经蒸煮和发酵,其衍生物香兰酸等酚类化合物可赋予白酒特有的香气,但过量的单宁对白酒糖化发酵有阻碍作用,成品酒有苦涩感。用温水浸泡,可除去其中水溶性单宁。高粱颜色的深浅,反映其单宁及色素成分含量的高低。

②玉米。玉米是酿造白酒的常用原料,也称苞米、苞谷、珍珠米等。玉米根据颜色可以分为黄玉米和白玉米,根据黏度可以分为糯玉米和粳玉米。玉米的成分有淀粉、植酸、纤维素等。玉米的粗淀粉含量与高粱接近,某些品种高达65%以上,黄玉米的淀粉含量一般高于白玉米。玉米含粗蛋白9%～11%,含脂肪4.2%～4.3%。玉米的胚体含油率可达15%～40%,因此,用玉米酿酒时,可先分离出胚体榨油,因为过量的油脂会给白酒带来邪杂味。玉米的碳水化合物中,除含有淀粉以外,尚有少量的葡萄糖、蔗糖、糊精、五碳糖及树胶等。其中的五碳糖有甲基戊糖、戊糖及甲基戊糖胶。戊糖胶是生成白酒中糖醛的主要物质。由于五碳糖的存在,常规化验玉米淀粉不比高粱低,而出酒率反不如高粱高。影响玉米原料出酒率的另一个重要原因是玉米的淀粉结构堆积紧密、质地坚硬,较难蒸煮糊化,酿酒时要注意保证蒸煮时间。玉米的胚芽中含有大量脂肪,直接利用带胚芽的玉米生产白酒,酒醅发酵时升酸快、升酸幅度大,脂肪氧化产生的异味成分带入酒中会影响酒质。所以,玉米酿酒必须脱去胚芽。

③大米。我国南方各省生产的小曲酒,多用大米为原料,可得米香型白酒。大米质地纯净,含淀粉高达70%以上,容易蒸煮糊化,是生产小曲酒最好的原料。根据黏度,可以将大米分为粳米和糯米,粳米进一步细分,又可以分为黏度介于糯米和籼米之间的优质粳米和籼米。大米的淀粉含量较高,蛋白质及脂肪含量较少,故有利于低温缓慢发酵,成品酒也较纯净。大米生产白酒可将饭的香味成分带至酒中,使酒质更爽净。

粳米与糯米的成分不同,粳米与糯米含水分相当,粳米的淀粉含量、脂肪含量低于糯米,蛋白质含量、纤维含量和灰分含量都高于糯米,故在酿酒中用法用量也不同。粳米淀粉结构疏松,利于糊化;糯米质软,蒸煮后黏度大,故须与其他原料配合使用,使酿成的酒具有甘甜味。

④麦类。麦类粮食用于白酒酿造的有大麦、小麦和荞麦等。大麦和小麦有时候用于酿酒,但是主要用于制曲。小麦的成分含量因产地、气候及品种而异。小麦中的碳水化合物,除淀粉外,还有少量的蔗糖、葡萄糖、果糖等。小麦蛋白质的组分以麦胶蛋白和麦谷蛋白为主,麦胶蛋白中以氨基酸为多,这些蛋白质可在发酵过程中形成香味成分。但小麦的用量要得当,以免发酵时产生过多的热量;荞麦壳含有较高的单宁,如果去壳不尽就容易使酒呈苦涩味。

（2）薯类原料

甘薯、马铃薯、木薯等,含淀粉极为丰富,是我国白酒和酒精生产的重要原料。这些原料经过一定的工艺处理,也能得到质量较好的白酒。

①甘薯。甘薯又称红薯、红苕。鲜红薯含粗淀粉约 24.6%,其中葡萄糖占 4.17%。红薯干含粗淀粉 70% 左右,其中葡萄糖占 10%。红薯干含粗蛋白 5% ~ 6%,纯蛋白占 2/3,其余为酰氨类甜菜碱等。甘薯约含 3.6% 的果胶质,是白酒中甲醇的主要来源。

②马铃薯。马铃薯又称洋芋、土豆,是富含淀粉的酿酒原料,鲜薯含粗淀粉 25% ~ 28%,薯干片含粗淀粉 70%。马铃薯的淀粉颗粒大,结构疏松,容易蒸煮糊化。用马铃薯酿酒,没有用红薯酿酒所特有的薯干酒味,可积极推广。马铃薯发芽后会产生龙葵素,影响发酵,要注意保存,防止发芽。

③木薯。南方各省盛产野生或栽培的木薯。木薯淀粉含量丰富。木薯含果胶质和氰化物较高,因此,在使用木薯酿酒时,原料要先经过热水浸泡处理,同时应注意蒸煮排杂,防止酒中甲醇、氰化物等有害成分的含量超过国家食品卫生标准。

（3）含糖原料

糖厂的蜂蜜、枣及其他野生果实,含有丰富的糖分,可作为酿酒的原料。废蜜含糖量很高,甘蔗糖蜜含总糖 49% ~ 53%,其中蔗糖占 32% ~ 33%,还原糖占 17% ~ 19%;甜菜糖蜜含总糖 45% 左右,其中主要是蔗糖,还有少量棉籽糖。用含糖原料酿酒时,要选用发酵蔗糖能力强的酵母。

（4）其他代用原料

酿酒常用的代用原料,包括农副产品的下脚料,野生植物或野生植物的果实等,如高粱糠、玉米皮、淀粉渣、柿子、金刚头、蕨根、葛根等。用代用原料酿酒应注意原料的处理,除去过量的单宁、果胶、氰化物等有害物质。温水可除去水溶性单宁;高温可消除大部分的氢氰酸。使用代用原料应注意蒸煮排杂,保证成品酒的卫生指标合格。凡产甲醇、氰化物等超过规定指标的原料,应严禁作饮料酒原料。

二、辅料

1. 辅料的要求

白酒生产过程中,除了利用大量的主料外,还要利用一部分辅助材料。采用辅助材料有很多功效,首先是利用辅料中的某些有效成分。其次是调剂酒醅的淀粉浓度,冲淡或提高酸度,吸收酒精,保持浆水。此外,辅助材料的使用还可以使酒醅具有适当的疏松度和含氧量,并增加界面作用,使蒸馏和发酵顺利进行,有利于酒醅的正常升温。辅料的基本要求是杂质较少、新鲜、无霉变,具有一定的疏松度及吸水能力,少含果胶、多缩戊糖等成分。有些情况下,还要求辅料含有某些有效成分。

2. 常见的辅料

(1)稻壳

稻壳就是稻米谷粒的外壳,又名稻皮、谷壳、糠壳。稻壳因质地坚硬、吸水性差,故使用效果和酒糟质量都不及谷糠。但经粉碎适度的稻壳吸水能力增强,可避免淋浆现象。同时稻壳由于价格低廉,容易获取,因此被广泛用作酒醅发酵和蒸馏的填充料。酿酒过程中,一般使用2~4瓣的粗壳,不用细壳。这是因为细壳中含大米的皮较多,故脂肪含量高,疏松度也较低。稻壳在使用前需要清蒸一段时间,以防止其中含有的多缩戊糖及果胶质在生产过程中会生成糠醛和甲醇。

(2)谷糠

谷糠是小米或黍米的外壳,与稻壳碾米后的细糠不一样。生产白酒所用的是粗谷糠,其用量较少而使发酵界面较大,故在小米产区多以它为优质白酒的辅料,也可与稻壳混用,使用经清蒸的粗谷糠制大曲酒,可赋予成品酒特有的醇香和糟香。细谷糠为小米的糠皮,脂肪含量较高,疏松度也较低,不宜用作辅料。

(3)高粱壳

高粱壳是高粱籽粒的外壳。其吸水性能较差,作辅料时酒醅的入窖水分低于使用其他辅料入窖的酒醅。含单宁量较高,但对酒质无明显的影响。故西凤酒及六曲香酒等均以新鲜的高粱壳为辅料。

(4)玉米芯

玉米芯是玉米穗轴的粉碎物,粉碎度越大,吸水量越大。玉米芯多缩戊糖含量较多,故对酒质不利。

此外,可以用作辅料的还有高粱糠、玉米皮、花生壳、禾谷类秸秆的粉碎物、干酒糟等。高粱糠和玉米皮除了作辅料外,还可以用于制曲;花生壳、秸秆粉碎物作辅料时,须进行清蒸排杂;花生皮作辅料,成品酒甲醇含量较高。

3. 辅料的使用要求

辅料在使用过程中,对数量和使用方法都有一定的要求。为了防止辅料的邪杂味带入酒内,应将辅料清蒸排杂,这在清香型白酒生产中尤为重要。对混蒸续渣的出池酒醅,应先拌入粮粉,再拌入辅料,不得将粮粉与辅料同时拌入,或把粮粉与辅料先行拌和。清蒸清渣或清蒸续渣的出池酒醅,可直接与辅料拌和。

辅料的用量与出酒率及成品酒的质量密切相关,因季节、原辅料的粉碎度、淀粉含量、酒醅酸度和黏度等不同而异。首先,要按季节调整辅料用量。随气温变化酌情增减,冬季适当多用,利于酒醅升温而提高出酒率。其次,要按底醅升温情况调整辅料用量。辅料有助于酒醅的升温,故发酵升温快、顶火温度高的底醅可适当少用辅料。再次,按上排的底醅酸度及淀粉浓度调整辅料用量。上排底醅升温慢而酸度低且淀粉含量高的情况下,可适当加大辅料用量。总体而言,应尽可能地少用辅料,在出酒率正常情况下,不允许擅自增加辅料用量。

三、制曲原料

1. 制曲原料的种类

制曲原料主要有小麦、大麦、豌豆、麸皮等。一般南方以小麦为主,用以生产酱香型及浓香型酒;北方生产清香型白酒,多以大麦和豌豆为原料。

小麦:含水 12.8%,含粗淀粉 61.0%～65.0%,淀粉量最高,含粗蛋白 7.2%～9.8%,含粗脂肪 2.5%～2.9%,含粗纤维 1.2%～1.6%,含灰分 1.7%～2.9%。小麦富含面筋等营养成分,含 20 多种氨基酸,维生素含量也很丰富,黏着力也较强,是各类微生物繁殖、产酶的优良天然物料。

大麦:黏结性能较差,皮壳较多。用以单独制曲,则品温容易速升骤降。与豌豆共用,可使成曲具有良好的曲香味和清香味。

豌豆等豆类:豌豆含水分 10.0%～12.0%,含粗淀粉 45.2%～51.5%,含粗蛋白 25.5%～27.5%,含粗脂肪 3.9%～4.0%,含纤维素 1.3%～1.6%,含灰分 3.0%～3.1%。豆类黏性大,淀粉含量较大。用以单独制曲,则升温慢,降温也慢。一般与大麦混合使用,但用量不宜过多。大麦与豌豆的比例,通常以 3:2 为宜。绿豆、赤豆代替豌豆制曲,可产生特别的清香,但成本较高,故很少使用。其他含脂肪量较高的豆类,会给白酒带来邪味,不宜采用。

麸皮:是制麸曲的主要原料。麸皮含水分 10%～14%,含碳水化合物 48%～57%,含淀粉 19%～22%,含粗蛋白 2%～14%,含粗脂肪 3%～4%,含粗纤维 9%～11%,含灰分 4%～6%。此外,麸皮还含钙 9.5%,含磷 23.5%。麸皮具有营养源种类全面、吸水性强、表面积及疏松度大等优点,具有一定的糖化能力,是各种酶的良好载体。质量较好的麸皮,其碳氮比适中,能充分满足曲霉等生长繁殖和产酶的需要。在用以制麸曲时,有时添加适量的硫酸铵等无机氮源或豆饼粉等有机氮源。

2. 酒曲的分类

酿酒必须要加入酒曲。酒曲可以分为很多种类,按制曲原料分为麦曲(用小麦制作)和米曲(用稻米制作)。用稻米制的曲,种类也很多,如用米粉制成的小曲、用蒸熟的米饭制成的红曲或乌衣红曲、米曲(米曲霉)。按原料是否经过熟化处理,可分为生麦曲和熟麦曲。按曲中的添加物成分来分,又分为药曲(加入中草药)、豆曲(加入豆类,如豌豆、绿豆)等;按曲的形体可分为大曲(草包曲、砖曲、挂曲)、小曲(饼曲)和散曲;按酒曲中微生物的来源,分为传统酒曲(微生物的天然接种)和纯种酒曲(如米曲霉接种的米曲、根霉菌接种的根霉曲、黑曲霉接种的酒曲等)。

3. 不同酒品对酒曲的选择

不同的酒曲用于不同的酒品的生产。大曲主要用于蒸馏酒的酿造;麸曲是现代才发明的用纯种霉菌接种、以麸皮为原料的培养物,可用于代替部分大曲或小曲。目前麸曲法白酒是我国白酒生产的主要操作法之一。其白酒产量占总产量的 70% 以上。麦曲主要用于黄酒的酿造;小曲主要用于黄酒和小曲白酒的酿造;红曲主要用于红曲酒的酿造(红曲酒是黄酒的一个品种)。

四、白酒生产用水

水是白酒生产的主要成分,水质的好坏直接影响酒的产量、质量和风味,好水出好酒。世界名酒的出产地大都有特别优良的水质。酿酒用水的选择,要考虑水源和水质量,既要有清洁充足的水源,又要有优良水质。

总体来讲,白酒生产用水要求水质优良,无色、无味,达到国家生活用水标准(GB 5749—85)。一般要求氯含量30毫克/升以下,硝酸盐低于3毫克/升,重金属含量尽量低;固形物0.4克/升以下,总硬度4.5以下。用于加浆的水则要求更高,普通自来水必须采取过滤、煮沸、离子交换树脂处理、电渗析处理、活性炭吸附等方法处理,才能用于加浆。具体讲,酿酒用水有诸多要求。

1. 水源的选择

酿酒用水一般可采用自来水、井水或矿泉水、地下水,也可采用经过处理的地表水。

(1)自来水

自来水在卫生、质量上均较优,一般情况下,不必处理就可使用,但为了确保酒质,对自来水也要做水质分析,特别要注意自来水中的余氯、硬度、铁、锰、细菌和水温变化等因素。

(2)地下水

地下水是存在于土壤和岩层中的水。地下水清洁,含生物少、水温稳定,含有溶解油等杂质,如溶解钙、铁、锰、铬等,这种用水要经过处理后方能使用。根据地下水层的深浅,把地下水分为潜水、承压水和泉水3种。潜水一般离地面几米到几十米,受降雨和污水的影响大,水质波动大,用于酿酒要进行水质分析;承压水一般离地面几十米或100米以上,经过土壤和沙过滤,水质较清澈,是比较理想的酿酒用水;泉水是从地面流出来的地下水,泉水是否适合酿酒,要看从地面流出之后是否受土壤层污染,如果受到污染,则不宜用于酿酒。

(3)地表水

地表水大多来自雨、雪,地表水水质软,水中含溶解质少,但水中有较多的悬浮物和某些胶体物质。清洁的地表水作为酿酒用水时,只需简单的机械过滤,或使用活性炭后即可使用。城市附近的地表水往往受到严重的污染,不能用作酿酒。

2. 水质的要求

水质对白酒品质有很大的影响。分析酿酒的水质,主要考虑以下指标:

①浊度。浊度是水的浑浊度。微生物、硅酸、铁、锰等化合物和黏土等物质含于水中,使水产生浑浊。浊度过高,会影响酒的透明度和口感。

②色度。色度是指水中含有着色成分而使水呈现出的色彩程度。水中的着色成分多为腐殖质等植物分解生成以及铁、锰等,这些成分会影响酒的色、香、味。

③臭气和异味物质。水中的臭气及异味物质,是产生沉淀物的原因,使酒混浊,也会影响酒的香气。用这种水生产白酒必须脱臭和脱味。对于臭气和异味物质的存在,可以根据原因采用脱气、除杂质、软化、活性炭吸附等方法处理。

④碱度。碱度是指水中含碱成分的多少。水中含有氢氧化物、碳酸盐、重碳酸盐,水的碱度会增大,会引起酒的香味变化。对碱度大的水,可采用软化处理和脱碳处理。

　　⑤硬度。水中含有钙和镁,硬度会增大,用高硬度的水生产白酒,会使酒产生沉淀。对高硬度的水,需要经过软化处理才能用于酿酒。

　　⑥余氯含量。自来水往往用液氯进行消毒杀菌,氯是强氧化剂,会使酒的香味发生变化。因此,生产白酒用水绝对要避免余氯的存在,可使用活性炭吸附除去。

　　⑦微生物含量。微生物是指水中存在的藻类、细菌、霉菌及原生动物等,微生物的存在对酒质有一定的影响,可用氯进行处理。

　　⑧放射性含量。由于放射性元素的存在会对人体产生伤害,因此,放射性指标超标的水绝对不能用于酿酒。

　　3.金属离子的控制

　　水中常常含有一些金属离子。这些金属离子的存在会影响酒质。基本的控制指标是:

　　①镁离子。钙、镁离子较多的水会使酒粗糙,钙在水中的含量应低于45毫克/升。

　　②钾离子。钠离子会使水呈碱性,水中含钠过多,会使酒不柔和,甚至有咸味感,钠在水中的含量应低于10毫克/升。钾离子含量过高,也会使酒粗糙、不柔和。

　　③铁离子、锰离子。铁离子是水中常见的杂质,铁离子会使酒的色泽加深变暗,给酒带来腥味,并会使酒产生浑浊。锰离子与铁离子在水中的含量应低于0.5毫克/升。

　　④铅、砷。铅是重金属,铅和砷离子对人体有很严重的危害作用,在水中的含量应低于0.1毫克/升。

　　⑤汞。汞对人体有很严重的毒害作用,水中的含量应低于0.05毫克/升。

　　⑥硫酸根离子。水中的硫酸根离子会使酒的酸度升高,给酒带来苦味,水中的含量应低于50毫克/升。

　　⑦硝酸根离子。硝酸根离子在水中的含量应低于3毫克/升。

　　⑧亚硝酸根离子。亚硝酸根离子是国际公认的最强致癌物质之一,水中的含量应低于0.5毫克/升。

第二节　酿酒工艺技术

一、制曲工艺

　　酒曲酿酒是中国酿酒的精华所在,酿酒加曲,是因为酒曲上生长有大量的微生物,还有微生物所分泌的酶(淀粉酶、糖化酶和蛋白酶等),酶具有生物催化作用,可以加速将谷物中的淀粉、蛋白质等转变成糖、氨基酸,糖分在酵母菌酶的作用下,分解成乙醇,即酒精。蘖也含有许多这样的酶,其糖化作用可以将蘖本身中的淀粉转变成糖分,在酵母菌的作用下再转变成乙醇。同时,酒曲本身含有淀粉和蛋白质等,也是酿酒原料。

　　酒曲的起源已不可考,最早的文字记载是周朝著作《书经》中的"若作酒醴,尔惟曲蘖"。

北魏时代的《齐民要术》第一次对酒曲的生产技术进行了全面总结,宋代的酒曲生产技术达到极高的水平,中国酒曲的种类和制造技术基本上定型。

1. 原始的酒曲利用

我国最原始的糖化发酵剂可能有几种形式,即曲、蘗,或曲蘗共存的混合物。发霉的谷物称为曲,发芽的谷物称为蘗。人类早期,因谷物储藏不当,受潮后会发霉或发芽,发霉或发芽的谷物就可以发酵成酒。这些发霉或发芽的谷物可能就是最原始的酒曲。在早期,发霉的谷物和发芽的谷物也许是不加区别的,但是自商代起就有了严格的区别。

2. 制曲技术的掌握和提高

随着对酒曲利用频率的增加,人们逐渐学会制造酒曲。我国最原始的曲形应是散曲,即呈松散状态的酒曲,是用被磨碎或压碎的谷物,在一定的温度、湿度和水分含量条件下,微生物(主要是霉菌)生长其上而制成的。例如古代的"黄子曲"、米曲(尤其是红曲)。散曲伴随了我国几千年的制曲史。块曲是具有一定形状的酒曲,其制法是将原料(如面粉)加入适量的水,揉匀后,填入一个模具中,压紧,使其形状固定,然后再在一定的温度、水分和湿度情况下培养微生物。

《四民月令》记载了块曲的制法,这说明在东汉时期,成形的块曲已很普遍。《齐民要术》记载,北魏时代以制蘗技术为代表,我国的酒曲无论在品种上,还是在技术上都达到了比较成熟的水平,我国的酒曲制造技术开始向邻国传播。西汉的饼曲只是块曲的原始形式。北魏时期,块曲的制造便有了专门的曲模,《齐民要术》中称之为"范",有铁制的圆形范,有木制的长方体范,其大小也有所不同。使用曲模,不仅可以减轻劳动强度,提高工作效率,更为重要的是可以统一曲的外形尺寸,制成的酒曲质量均匀。采用长方体的曲模又比圆形的好,曲的堆积更节省空间,更为后来的曲块在曲室中的叠置培菌奠定了基础。用脚踏曲,一方面是减轻劳动强度,更重要的是曲被踏得更为紧密,减少块曲的破碎。

3. 麦曲制造技术的发展

汉代以来,麦曲一直是北方酿酒的主要酒曲品种,后来传播到南方。《齐民要术》所记载的制曲方法一直沿用至今。《齐民要术》总共记载了九例酒曲制法,其中八种是麦曲,有一种是用谷子(粟)制成的。从制作技术及应用上分为神曲、白醪曲、笨曲三大类,其中神曲的糖化发酵力最高,其基本工艺如图3-1所示。

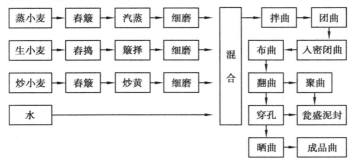

图3-1 神曲的制作工艺

麦曲生产技术的进一步发展,使中草药配料在制曲中得到广泛使用。宋代《北山酒经》

中的十几种酒曲,几乎每种都加为数不等的中草药,多者十六味,最少的也有一味,尤其注重所使用药物的芳香性。用药有道人头、蛇麻、杏仁、白术、川芎、白附子、木香、官桂、防风、天南星、槟榔、丁香、人参、胡椒、桂花、肉豆蔻、生姜、川乌头、甘草、地黄、苍耳、桑叶、茯苓、赤豆、绿豆、辣蓼等。古人在酒曲中使用中草药,最初目的是增进酒的香气,但客观上,一些中草药成分对酒曲中微生物的繁殖还有微妙的作用。用药方式:一种是用药汁拌制曲原料,另一种是将诸味药物研成粉末,加入制曲原料中。此外,曲块堆积方法也得到了改良。北魏时代,酒曲一般是单层排布在地面上的,曲房的利用率低,酒曲的培养温度不会很高,翻曲的间隔时间一般为7天。按现代的观点来看,应属于中温曲。唐末《四时纂要》首次提到了一种改良的堆曲方法,即“竖曲如隔子眼”。采用这种堆曲法,在同一空间内所堆的曲块数量有明显增加,同时使密闭的空间内温度和湿度上升的速度加快,酒曲中微生物的生态环境也就随之发生变化,进而影响微生物的种类及其数量。从原理上来推测,具备了高温曲形成的条件,高温曲对酒的风味会产生显著的作用。宋代后,块曲的种类越来越多,出现了挂曲、草包曲等,这些曲至今仍在一些名酒厂使用。

4. 小曲制造技术

除了北方的麦曲外,最迟在晋代,南方已出现了团状的米曲。晋人嵇含在《南方草木状》中记载了南方的草曲,即米曲,这是关于南方米曲的最早记载。小曲一般是南方所特有,晋代第一次在文献中出现,以后名称繁多,宋代《北山酒经》中共有四例。传统的麦曲完全采用天然接种微生物的方式;小曲的接种在宋代以前,也不例外。《北山酒经》记载了一种人工接种的方式,即“团成饼子,以旧曲末逐个为衣”。也就是说把新制成的曲团在陈曲粉末上滚动一下,陈曲末便粘在新曲团的表面,陈曲末中有大量的根霉孢子,可以在曲团上迅速繁殖,形成生长优势。由于可以人为地选择质量较好的陈曲作为曲种,这就可以择优汰劣。而天然接种的酒曲,微生物的来源主要是水源、原料本身所带入或者制曲场所及用具。性能优良的菌种无法代代相传,酒质也无法恒定。明清时期,小曲中加入种类繁多的中草药成为这一时期的特点,明代《天工开物》中对此有记载。

5. 大曲的分化和发展

元代以来,蒸馏烧酒开始普及,很大一部分麦曲用于烧酒的酿造。从传统的麦曲中分化出一种大曲,在古代文献资料中,大曲的概念并不明确。原料上与黄酒用曲基本相同,但在制法上有一定的特点。到了近现代,大曲与黄酒所用的麦曲便成为两种不同类型的酒曲。明清时期,河南、淮安一带成了我国大曲的主要生产基地。

大曲是指专门用于蒸馏酒酿造所用的麦曲。大曲与黄酒所用的麦曲的主要区别在于制曲原料、曲形和培养温度这3个方面。大曲的原料为豌豆、小麦和大麦。豌豆在原料中占30%~50%;大曲的形体较大,《天工开物》描述当时淮郡所造的曲是砖片。这种曲形延续至今。大曲的生产工艺流程:小麦→润水→堆积→磨碎→加水拌和→装入曲模→踏曲→入制曲室培养→翻曲→堆曲→出曲→入库贮藏→成品曲。曲块成形后,送入曲房,微生物菌体是由多种渠道自然接种的。在密闭的曲房内,微生物开始繁殖,并散发热量,温度的升高又加速水分的蒸发,使整个曲房内温度和湿度都上升。

从培菌过程的操作来说,大曲与黄酒麦曲并无显著差异,翻曲、通风、堆曲等仍是必要的操作步骤。关键的区别是培菌温度,大曲向高温曲方向变化。培养温度可达 50~60 ℃。不同类型的大曲,培养时期的最高温度有所不同。大致有 3 种类型:中温曲、高温曲和超高温曲。中温曲以清香型白酒汾酒所用的大曲为代表,最高温度为50 ℃。中温曲的糖化力、液化力和发酵力最高;高温曲以浓香型白酒所用的大曲为代表,制曲时最高温度大于50 ℃,曲的糖化力、液化力和发酵力均不及中温曲;超高温曲以酱香型白酒所用大曲为代表,如茅台酒所用的大曲,当曲温升至 60~65 ℃时,才开始翻曲,超高温曲的糖化力、液化力和发酵力均最低,故曲的用量最大,茅台酒用曲,曲粮比高达 1∶1。

6. 红曲生产技术

红曲,色泽红艳,在古代除了用于酿酒外,还广泛用于食品色素、防腐剂。红曲中有一些药用成分,可用于治疗高血压、腹泻。红曲的主产地在南方,尤其是浙江、福建、江西等省,以福建的古田最为著名。红曲又分库曲、轻曲和色曲三大类。库曲的单位体积较重,多用于酒厂酿酒;轻曲体轻,一般用于酿酒或用作色素;色曲曲体最轻,色艳红,多用于食品的染色。

古代制红曲,必先造曲母。曲母实际上就是红酒糟,该红酒糟是用红曲酿成的。红曲相当于一级种子,红酒糟是二级种子。曲母的酿法与一般酿酒法相同。现代可以直接采用红曲粉或纯培养的红曲霉菌种接种。著名的福建红曲传统制法:曲种(曲粉+醋)→洗米→蒸饭→摊饭→拌曲→入曲房培养→堆积→平摊→浸曲→堆积→翻拌→第一次喷水→第二次喷水→出曲→晒干→成品曲→包装。

除了红曲外,我国一些地区还有乌衣红曲和黄衣红曲。乌衣红曲中的微生物除了红曲霉菌外,还有黑曲霉菌;黄衣红曲中的微生物不仅有红曲霉,还有黄曲霉菌。这些曲可以酿制各种不同风格的酒。

7. 麸曲和酒母

麸曲是采用纯种霉菌菌种,以麸皮为原料,经人工控制温度和湿度培养成的,主要起糖化作用。酿酒时需要与酵母菌(纯培养酒母)混合进行酒精发酵。麸曲的使用是中国酿酒业的一次重大改革。1955 年确立了以麸曲、酒母为核心的《烟台酿酒操作法》以来,这一方法得到了大力的推广,现在已成为我国白酒生产的主要操作方法之一。其主要优点是麸曲的糖化发酵力强,酿酒原料的利用率比传统酒曲提高 10%~20%;麸曲的生产周期短,便于实现机械化生产。液态法白酒也是在麸曲法的基础上形成的,不少厂家采用多种微生物发酵(如添加生香酵母、己酸菌等)方式弥补麸曲法生产的白酒香气香味欠缺的弊端。麸曲生产的主要方法有盒子曲法、帘子曲法、通风制曲法。制曲工艺分为固体斜面培养、扩大培养、曲种培养和麸曲培养 4 个阶段,实际是逐步扩大培养的过程。

酒母原指含有大量能将糖类发酵成酒精的人工酵母培养液。后来,人们习惯将固态的人工酵母培养物也称为固体酒母。现代酒母虽然从本质上来说与古代的酒母是相同的,但现代酒母是纯种培养的酵母菌,而古代的酒母实际上是用作种子的酒醅。酒母的培养也是一个纯种逐级扩大培养的过程,先采用试管培养,然后是烧瓶培养,再用卡氏罐培养,最后是种子罐培养。《酒经》对酒母的制作进行了介绍。

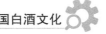

二、白酒的发酵、蒸馏工艺技术

1. 白酒的发酵工艺

（1）基本的发酵工艺

蒸馏酒的发酵工艺来源于黄酒发酵工艺，但由于蒸馏酒本身的特点，也形成了独特的发酵工艺技术。

明代李时珍的《本草纲目》和明末清初《沈氏农书》都记载了当时蒸馏酒的方法，这是一种与黄酒类似的发酵方法，不同的是增加了一道蒸馏工艺。用黄酒发酵常用的一些原料，在酒瓮中发酵7天，然后用甑蒸馏。南方的米烧酒，如著名的桂林三花酒，一直到20世纪上半叶，仍基本上采用上述方式，前期是固态，主要进行扩大培菌与糖化过程，下缸约1天后，加水进行半液态发酵。发酵时间约为7天，其工艺流程如图3-2所示。

图 3-2　蒸馏酒的发酵工艺

"清渣法"的酿造工艺继承了以上的工艺，略有差异的是采用二次发酵，即第一次将发酵成熟的酒醅从缸中挖出，不加新粮，只加少许清蒸辅料，单独蒸酒，蒸馏后的酒糟经冷却，加曲后入缸再次发酵，发酵28天左右，再出缸蒸馏，酒糟作饲料用。发酵容器仍是陶缸。在清代，汾酒可能就是采用这种工艺，汾酒成为清代时期烧酒的佼佼者之一。

（2）混蒸续渣法发酵工艺

续渣法则是后来才形成的。续渣法可视为循环发酵法，此法是酒醅或酒糟经过蒸馏后，一部分仍入窖（或瓮）发酵，同时加入一定数量的新料和酒曲，还有一部分则丢弃不用。初始的目的可能是节约粮食，后发现经过反复发酵的酒质量也较好。采用续渣法的主要优点是原料经过多次发酵，提高了原料的利用率，经过多次发酵，也有利于积累酒香物质。在蒸馏的同时，又对原料加以蒸煮，可把新鲜原料中的香气成分带入酒中。加入谷糠作填充剂，可使酒醅保持疏松，有利于蒸汽流通，在发酵时，谷糠也起到了稀释淀粉浓度，冲淡酸度，吸收酒精，保持浆水的作用。加入谷糠作填充剂的做法最早的文字记载见《沈氏农书》，在明末清初就采用了。

发酵工艺涉及发酵容器，发酵容器的多样性是造成白酒香型多样的主要原因之一。传统的发酵容器主要有陶缸和地窖两大类型。陶缸包括地缸（将缸的大部分埋入地面之下）和置放在室内地面的缸，南方的白酒发酵容器大多采用陶器。但自从出现蒸馏酒后，这种情况开始发生了变化，地窖这种特殊的发酵容器应运而生。地窖发酵就是掘地为窖，将原料堆积其中覆盖密闭，让其自然发酵。四川省的泸州、宜宾等地区，有窖龄达五六百年的老窖。地窖又可分为泥窖、碎石窖和条石窖等多种类型。

2. 蒸馏工艺技术

（1）液态蒸馏和固态蒸馏

最早的蒸馏方式可能是液态蒸馏法，也可能是固态蒸馏法。元代的《饮膳正要》等史书所记载的蒸馏方式都是液态法，这是最为简单的方法。元代时的葡萄烧酒、马奶烧酒都属于液态蒸馏这一类型。固态法蒸馏烧酒的历史演变情况不详，固态法蒸馏的最早记载是南宋的《游宦纪闻》。另外据考古工作者分析，挖掘出来的金代铜烧酒锅是采用固态蒸馏。

（2）冷却和酒液的收集

蒸馏时，酒汽的冷却及蒸馏酒液的收集是重要的操作。我国传统的蒸馏器有两种冷却方式：一种是在蒸馏锅上部的冷凝器（古称天锅、天湖）中冷却，酒液在蒸馏锅内的汇酒槽中汇集，排出后被收集；另一种是把蒸馏出来的酒蒸汽引至蒸馏器外面的冷却器中冷却后被收集，或让蒸馏出来的酒汽在蒸馏器上部内壁自然冷却。

（3）看酒花与分段取酒

我国人民最迟在 16 世纪就懂得在蒸馏时，蒸馏出来的酒的质量是随蒸馏时间发生变化的。由于酒度不同，或由于酒液中其他一些成分的种类含量不同，酒的表面张力也有所不同，这会通过起泡性能的差异而表现出来，起泡就形成酒花。古人通过看酒花就可大致确定烧酒的质量，从而决定馏出物的取舍。在商业上则用酒花的性状来决定酒的价钱。因此酒花成了度量酒度酒质的客观标准。

在古代，没有酒精度的概念，但是由于掌握了看酒花的方法，使分段取酒有了可靠的依据。《本草纲目》所说的"头烧酒"就是蒸馏时首先流出来的酒，"头烧酒"的概念与现在所说的"酒头"稍有不同。古代取酒，一般为二段取酒，头烧酒质量较好，第二段取的酒，质量明显较差。头烧酒和第二次取酒的数量比为 3:1，如《沈氏农书》中的大麦烧酒，头烧酒为 7.5 千克，次酒为 2.5 千克。现代一般分为三段，中间所取的部分作为成品酒，酒头、酒尾不作为成品酒，即所谓的"掐头去尾，中间取酒"。酒头可作为调味酒或重新发酵，酒尾也重新发酵。

民国时期，为了便于民间烧酒作坊统一看酒花的标准，黄海化学工业研究社的方心芳先生创造了一种方法，这套方法规定了酒花的定义、测验方法及单位，并明确了测量时的标准条件，得到了计算公式。

三、白酒酿造过程中的有害物质处理

在白酒生产中，会产生一些有害杂质，有些是原料带入的，有些是在发酵过程中产生的，对于这些有害物质，必须采取措施，降低它们在白酒中的含量。

1. 杂醇油的处理

杂醇油是酒的芳香成分之一，但含量过高，对人们有毒害作用，它的中毒和麻醉作用比乙醇强，能使神经系统充血，头痛，其毒性随分子量增大而加剧。杂醇油在肌体内停留时间较长，其主要成分是异戊醇、戊醇、异丁醇、丙醇等，其中以异丁醇、异戊醇的毒性较大。原料中蛋白质含量多时，酒中杂醇油的含量也高。杂醇油的沸点一般高于乙醇（乙醇沸点为 78 ℃，丙醇为 97 ℃，异戊醇为 131 ℃），在白酒蒸馏时，应掌握温度，进行掐头去尾，减少成品酒的杂醇油含量。

2. 醛类的处理

酒中的醛类是分子大小相应的醇的氧化物,也是白酒发酵过程中产生的。低沸点的醛类有甲醛、乙醛等,高沸点的醛类有糠醛、丁醛、戊醛、己醛等。醛类的毒性大于醇类,其中毒性较大的是甲醛,毒性比甲醇大30倍左右,是一种原生质毒物,能使蛋白质凝固,10克甲醛可致人死亡。在发生急性中毒时,会出现咳嗽、胸痛、灼烧感、头晕、意识丧失及呕吐等现象。糠醛对机体也有毒害,使用谷皮、玉米芯及麸糠作辅料时,蒸馏出的白酒中糠醛及其他醛类含量皆较高。为了降低醛类含量,白酒生产过程中应少用谷糠、稻壳,或对辅料预先进行清蒸处理。在蒸酒时,严格控制温度,掐头去尾,以降低酒中总醛的含量。

3. 甲醇的处理

用果胶质多的原料来酿制白酒,酒中会含有多量的甲醇,甲醇对人体的毒性作用较大,4～10克即可引起严重中毒。尤其是甲醇的氧化物甲酸和甲醛,毒性更大于甲醇,甲酸的毒性比甲醇大6倍,而甲醛的毒性比甲醇大30倍。白酒饮用过多,甲醇在体内有积蓄作用,不易排出体外,它在体内的代谢产物是甲酸和甲醛,所以极少量的甲醇也能引起慢性中毒。发生急性中毒时,会出现头痛、恶心、胃部疼痛、视力模糊等症状,继续发展可出现呼吸困难,呼吸中枢麻痹,昏迷甚至死亡。慢性中毒主要表现为黏膜刺激症状、眩晕、昏睡、头痛、消化障碍、视力模糊和耳鸣等,以致双目失明。甲醇产生的数量与制酒原料有密切关系,为了降低白酒的甲醇含量,在选择原料时,不要使用过熟的或腐败的水果、薯类以及野生植物,应选择含果胶质少的原料来酿酒。使用黄曲作糖化剂比使用黑曲作糖化剂成品酒中的甲醇含量低。利用甲醇在酒精浓度高时易于分离的特点,可通过增加塔板数或提高回流比的方法,提高酒精浓度,把甲醇从酒精中提取出来。

4. 铅的处理

铅是一种毒性很强的重金属,含量0.04克即可引起急性中毒,20克可以致死。铅通过酒引起急性中毒是比较少的,主要是慢性积蓄中毒。如每人每日摄入10毫克铅,短时间就能出现中毒,目前规定每24小时内,进入人体的最高铅量为0.2～0.25毫克。随着进入人体铅量的增加,可出现头痛、头昏、记忆力减退、睡眠不好、手的握力减弱、贫血、腹胀便秘等。白酒含的铅主要是由蒸馏器、冷凝导管、贮酒容器中的铅经溶蚀而来。以上器具的含铅量越高,酒的酸度越高,则器具的铅溶蚀越大。为了降低白酒的含铅量,要尽量使用不含铅的金属来盛酒或制作器具设备。同时要加强生产管理,避免产酸菌的污染,因为酒的酸度越高,铅的溶蚀作用愈大。对于含铅量过高的白酒,可利用生石膏或麸皮进行脱铅处理,使酒中的铅盐凝集而共同析出。在白酒中加入0.2%的生石膏或麸皮,搅拌均匀,静置1小时后再用多层绒布过滤,能除去酒中的铅,但这样处理会使酒的风味受到影响,需再进行调味。

5. 氰化物的处理

白酒中的氰化物主要来自原料,如木薯、野生植物等,在制酒过程中经水解产生氢氰酸。中毒时,轻者流涎、呕吐、腹泻、气促;较重时呼吸困难、全身抽搐、昏迷,在数分钟至2小时内死亡。酿酒时应对原料进行处理,可用水充分浸泡,蒸煮时尽量多排汽挥发。也可将原料晒干,使氰化物大部分消失。也可在原料中加入2%左右的黑曲,保持40%左右的水分,在50℃左右搅拌均匀,堆积保温12小时,然后清蒸45分钟,排出氢氰酸。原料粉碎得细,排除效果较好。

6.黄曲霉毒素的处理

麦类、大米、玉米、花生等由于霉烂变质,会污染上黄曲霉,有些黄曲霉菌会代谢产生出有毒物质,人们食用这些原料制成的食品后,会产生致癌物质,对于发酵食品尤其要引起注意。发酵食品中黄曲霉毒素(以黄曲霉毒素 B1 计)不得超过 5 微克/千克。对原料要采取妥善的管理措施,防止发霉变质,超过黄曲霉毒素允许量的原料不可直接使用。发酵用的菌种应经有关部门鉴定,确认无毒产生才能使用。

7.农药的处理

在生长谷类和薯类农作物的过程中,由于过多施用农药,经吸收后,会残留在果实或块根中。在制酒时,这些有毒物质会进入酒体,因此酿酒应注意采用有机作物作为原料。

第三节　白酒的勾调

一、白酒的勾兑

1.勾兑的概念和意义

白酒的勾兑,主要是通过酒与酒的融合,将酒中各种微量成分以不同的比例兑加在一起,使分子间重新排布和结合,通过相互补充、平衡,烘托出主体香气和形成独自的风格特点。通过勾兑,使酒中的微量成分重新组合,达到恰当的比例,符合出厂的质量标准。

在白酒生产中,不同季节、不同班次、不同窖(缸)生产的酒,质量各异。如果不经过勾兑,每坛分别包装出厂,酒质极不稳定,很难做到质量基本一致,通过勾兑就可发扬长处,弥补缺陷,使酒质更加完美一致。同时,勾兑还可以达到提高酒质的目的,这对生产名优白酒尤为重要。对于液态法酿造的白酒,由于其原酒就是食用酒精,酸、酯、醇、醛等风味物质含量甚微,加浆降度后口味单调、淡薄,不符合我国大多数消费者的饮用习惯,必须人为地补充风味物质,因此,勾兑就显得更加重要。常采用串香、固液结合、串调结合等手段,通过细致的勾兑调味来改善液态法白酒的质量。

在勾兑中常常会出现一些奇特的现象。好酒和差酒之间勾兑,由于能够实现微量成分差异的互补,往往可以使酒味变好;差酒与差酒勾兑,偏多或偏少的一些微量成分得到调整,也可能使酒质变好;不同香型酒的好酒和好酒勾兑,由于香味的性质不一致,勾兑后彼此的微量成分量比关系都受到破坏,以致香味变淡或出现杂味,甚至改变了香型,酒质反而变差。

2.白酒勾兑中各种酒的配比关系

(1)各种糟酒之间的混合比例

各种糟酒有各自的特点,具有不同的香和味,将它们按适当的比例混合,才能使酒质全面,风格完美,否则酒味就会出现不协调。一般而言,优质酒勾兑时各种糟酒比例是"双轮底"酒占 10%,粮糟酒占 65%,红糟酒占 20%,丢糟黄浆水酒占 5%。

（2）老酒和一般酒的比例

老酒是指贮存一年以上的酒。它具有醇、甜、清爽、陈味好的特点,但香味不浓。一般酒是指贮存期较短的酒,这种酒香味较浓,带燥辣。在勾兑组合基础酒时,一般都要添加一定数量的老酒,使之取长补短。

（3）老窖酒和新窖酒之比例

由于人工老窖技术的创造和发展,有些 5 年以下的新窖也能产部分优质合格酒,但与百年老窖酒相比仍有差距。在勾兑时,新窖合格酒的比例占 20% ~30%。相反,在勾兑一般中档曲酒时,也应注意配以部分相同等级的老窖酒,这样才能保证酒质的全面和稳定。

（4）不同发酵期所产的酒之间的比例

发酵期的长短对酒会产生影响。发酵期较长（60 ~90 天）的酒,香浓味醇厚,但香气较差,发酵期短（30 ~40 天）的酒,闻香较好,挥发性香味物质多。若按适宜的比例混合,可提高酒的香气和喷头,一般可在发酵期长的酒中配以 5% ~10% 发酵期短的酒。

（5）不同季节所产酒的配比

由于气温的变化,粮糟入窖温度差异较大,发酵条件不同,产出的酒质也就不同,尤其是夏季和冬季所产之酒,各有各的特点和缺陷。因此勾兑时应注意配合比例,在四川,7—10月（淡季）所产的酒为一类,其余月份产的酒为一类,这两类酒在勾兑时应适当搭配。

（6）全面运用各种酒的配比关系

只注意老酒和新酒、底糟黄水酒之间、新窖酒和老窖酒、不同季节所产酒之间的配比关系是不够的,还要注意各种酒之间综合的比例关系。

3. 白酒勾兑的方法和步骤

（1）选酒

选酒时应注意各种酒之间的配比关系。为便于选择,把合格酒分成香、醇、爽、风格 4 种类型,然后再以这 4 种类型分为带酒、大宗酒、搭酒三类。带酒是具有某种特殊香味的酒,主要是"双轮底"酒和老酒,比例占 15% 左右;大宗酒是一般酒,无独特之处,但香、醇、尾净,风格也初步具备,比例占 80% 左右。搭酒是有一定可取之处,但香味稍杂,使用比例在 5% 以下。

（2）小样勾兑

以大宗酒为基础,先以 1% 的比例,逐渐添加搭酒,边尝边加,直到满意为止,只要不起坏作用,搭酒应尽量多加。搭酒加完后,根据基础酒的情况,确定添加不同香味的带酒。添加比例是 3% ~5%,边加边尝,直到符合基础酒标准为止。在保证质量的前提下,可尽量少用带酒。勾兑后的小样,加浆调到要求的酒度,再行品尝,认为合格后进行理化检验。

（3）正式勾兑（大罐样勾兑）

将小样勾兑确定的大宗酒用酒泵打入勾兑罐内,搅匀后取样尝评,再取出部分样按小样勾兑的比例分别加入搭酒和带酒,混匀,再尝。若变化不大,即可按小样勾兑比例,将带酒和搭酒泵入勾兑罐中,加浆至所需酒度,搅匀,即成调味的基础酒。低度白酒的勾兑难以使主体香的含量与其他的香物质在勾兑后获得平衡、协调、缓冲、烘托的关系,因此比高度酒的勾兑更复杂、难度更大。

4. 白酒勾兑应注意的问题

白酒勾兑必须掌握合格酒的各种情况,先进行小样勾兑,做好原始记录,对带麻味、苦味的酒和丢糟黄浆水酒,不能一概抛弃,要根据情况进行取舍。

二、白酒的调味

1. 白酒调味的概念和意义

白酒的调味类似于精加工或艺术加工,只是用极少量的精华酒,弥补基础酒在香气和口味上的欠缺,使其优雅丰满。与白酒的勾兑相比,勾兑犹如画龙身,调味则是点睛,就是产品质量的一个精加工过程,进而使产品更加完美。大曲酒的勾兑,"四分组合(勾兑)六分调味"。勾兑是"成型",调味是"美化","成型"得体,"美化"就容易了。

2. 调味的原理

白酒的调味原理,是通过添加芳香物质、产生化学反应、平衡酒中的微量成分结构和物质组合,收到好的效果。

(1)添加

通过调味,补充基础酒中没有的芳香物质。调味酒中这类物质在基础酒中得到稀释后,符合它本身的放香阈值(酒中微量芳香物质的放香阈值为十万分之一至百万分之一),因而呈现出愉快的香味,使基础酒协调完美,突出了酒体风格。基础酒中某种芳香物质较少,调味酒在基础酒中增加了该种物质的含量,并达到或超过其芳香阈值,基础酒就会呈现出香味来。

(2)化学反应

利用调味酒中的乙醛与基础酒中的乙醇进行缩合成乙缩醛呈香呈味物质,利用乙醇和有机酸反应生成酯类呈香物质。

(3)平衡作用

平衡是由众多的微量芳香成分相互缓冲、烘托、协调、平衡复合而成的典型风格。加进调味酒就是以需要的气味强度和溶液浓度打破基础酒原有的平衡,重新调整基础酒中微量成分的结构和物质组合,促使平衡向需要方向移动,以排除异杂,增加需要的香味,达到调味的效果。

3. 白酒调味的方法和步骤

(1)确定基础酒的优缺点

通过尝评和色谱分析,弄清基础酒的酒质情况,明确主攻方向是解决哪个问题或哪方面的问题,以便对症下药。

(2)选用调味酒

对基础酒进行评判之后,根据基础酒的质量确定选定哪几种调味酒。选择的调味酒性质要与基础酒相匹配,并能弥补基础酒的缺陷。要求调味效果明显,且调味酒用量少。

(3)小样调味

小样调味有几种方法:一是分别加入各种调味酒,得出不同用量;二是同时加入数种调味酒;三是根据基础酒的缺欠和调味经验,选取不同特点的调味酒,按一定的比例组合成综合调味酒。

(4)大样调味

大样调味是指根据小样调味实验和基础酒的实际总量,计算出调味酒的用量,将调味酒加入基础酒内,搅匀品尝,若符合小样之样品,调味即告完成。若尚有出入,则应在已经加了调味酒的基础上,再次调味,直到满意为止。大样调味调好后,充分搅拌,贮存10天以上,再尝,质量稳定,便可包装出厂。

4.白酒调味中的注意事项

为确保调味工作的顺利进行,要注意调味时使用的器具必须干净,以免其他杂质的存在影响调味。选好和制备好调味酒,不断增加调味酒的种类和提高质量。计量必须准确,调味酒的用量一般不超过千分之三。调味之后最好能存放两周。对低度酒必须进行多次调味,第一次是在加浆澄清以前;第二次是在澄清后;第三次是在通过一段时间贮存以后,最好能在装瓶以前再进行一次细致调味。

三、白酒勾调中的各种调味酒

1.“双轮底”调味酒

“双轮底”发酵,就是将已经发酵成熟的酒醅起到黄水能浸没到的位置为止,再从此位置开始在窖的一角留约一甑或两甑量的酒醅不起,在另一角打黄水坑,将黄水舀完、滴净,然后将这部分酒醅全部平铺于窖底,在面上隔好篾块(或撒一层熟糠),再将入窖的粮糟依次盖在上面,装满后发酵。隔醅篾以下的底醅经两轮发酵,称为“双轮底”。在发酵期满后,将这一部分底醅单独进行蒸馏,产的酒叫作“双轮底”酒。

2.陈酿调味酒

选用生产中正常的窖池(老窖更佳),把发酵期延长到半年或1年,增加酯化陈酿时间,产生特殊的香味。半年发酵的窖一般采用4月入窖,10月开窖(避过夏天高温季节)蒸馏;1年发酵的窖,采用3月或11月装窖,到次年3月或11月开窖蒸馏。这种发酵周期长的酒,具有良好的糟香味,窖香浓郁,后味余长,尤其具有陈酿味,故称陈酿调味酒。

3.老酒调味酒

在贮存3年以上的老酒中选择调味酒,其酒质特别醇和、浓厚,具有独特的风格和特殊的味道,通常带有一种所谓“中药味”,实际上是陈味。用这种酒调味可提高基础酒的风格和陈酿味,去除部分“新酒味”。

4.浓香调味酒

选择好的窖池和季节,在正常生产粮醅入窖发酵15天左右时往窖内灌酒,使糟醅含酒精达到7度左右,按每1立方米窖容积灌50千克己酸菌液(含菌数4亿个/毫升以上),再发酵100天,开窖蒸馏,量质摘酒。

5.人工培养老窖

在老窖的窖泥中栖息有以细菌为主的多种微生物,以香醅为养料来源,以窖泥与酒醅为活动场所,经过微生物的缓慢生化变化,产生了以己酸乙酯为主体的香气成分。人工老窖就是利用老窖泥所存在的大量细菌,接入窖外泥中培养,使细菌在新泥中经短时间达到一定的种类和数量。用这种发酵的香泥涂在新建的窖壁和窖底上,再通过酒醅的发酵作用,产生出来的酒的香气成分相当于几十年窖龄所产酒的质量水平,这就是人工培养老窖。

6. 陈味调味酒

按每甑鲜热粮醅摊晾后,撒入 20 千克高温曲,拌匀后堆积,升温至 65 ℃,再摊晾,按常规工艺下曲入窖发酵,出窖蒸馏,酒液盛于瓦坛内,置发酵窖池一角,密封,窖池照常规下粮糟发酵,经两轮以上发酵后,取出瓦坛,此酒即为陈味调味酒。这种酒酒体浓稠、柔厚,香味突出,回味悠久。

7. 酒头调味酒

取"双轮底"糟或延长发酵期的酒醅蒸馏的酒头,每甑取 0.25 ~ 0.5 千克,混装在瓦坛中。酒头中杂味太重,必须贮存一年以上才能作为调味酒。酒头中主要成分是醛、酯和酚类,甲醇含量也较高。经长期贮存后,酒中的醛类、酚类和一些杂质,一部分挥发,一部分氧化还原。酒头调味酒可以提高基础酒的前香和喷头。

8. 酒尾调味酒

酒尾调味酒选"双轮底"糟或延长发酵期的粮糟的酒尾。每甑取酒尾 30 ~ 40 千克,酒度 15 度左右,装入麻坛,贮存一年以上;每甑取前半截酒尾 25 千克,酒度 20 度,加入质量较好的丢糟黄浆水酒,比例为 1∶1,混合后酒度在 50 度左右密封贮存;将酒尾加入底锅内重蒸,酒度控制在 40 ~ 50 度,贮存一年以上。

9. 特殊调味酒

根据白酒调味的需要,人们还制作出一些特殊的调味酒。

①以己酸乙酯为主要特征的调味酒。它的感官反应是特别香浓甜厚,典型性极强,主要用于解决基础酒中己酸乙酯不足、感官反应为浓香风格差等缺陷。

②乳酸乙酯和己酸乙酯含量多的调味酒。它的感官特征是闷甜,味浓厚。主要用于解决基础酒中乙酸乙酯含量较高,味道清淡等问题。

③己酸乙酯和乙酸乙酯含量高的调味酒。这类酒香而舒适,味净爽。用于解决基础酒中乳酸乙酯含量较多,酯比关系失调,感官反应香而不爽,余香短淡等问题。

④含酸量高的调味酒。用于解决基础酒中酸含量少,味粗糙不柔和等问题。

第四节 白酒的品评

白酒的品评是人们运用感觉器官(视、嗅、味、触)来评定白酒的质量,区分优劣,划分等级,判断白酒的风格特征,又称评酒。白酒的品评是比白酒辨别更难的一项工作,往往需要由经过专业培训的人来完成。

一、白酒品评的理论依据和方法

白酒由乙醇、水和微量成分 3 部分组成,微量成分在白酒的构成成分中虽然含量不高,但决定着白酒的质量和风格特点。对白酒的认识程度取决于对微量成分的认识程度,品评白酒,实际上主要是对微量成分进行判断。

1. 白酒的成分

白酒的主要成分是乙醇和水,约占总重量的 98%,其余 2% 是形成名优白酒独特风格的多种色谱骨架成分和微量香味物质。目前已检出白酒中的香味成分有 180 多种组分。色谱骨架成分是按常规填充色谱所得的成分,含量高于 2~3 毫克/100 毫升的有 20~30 种,含量约占总量的 95%,主要包括有机酸、醇、酯、羰基化合物和芳香族化合物等,各组之间的不同比例是构成白酒香型的基础。酯类是白酒香的主体,酸类是味的主体,并起着重要的协调作用,其中主体香成分的含量比例构成了各种香型白酒的不同风格。酯和酸的总量构成是名酒最大,优质酒次之,普通酒再次之,液态白酒最低。醇类是香与味过渡的桥梁,在酒中起调和作用,醛类主要是协调香气的释放和香气的质量。骨架成分含量设计来源于生产实践中的总结,好的色谱骨架成分含量,成分之间与微量复杂成分之间协调性好,可调范围大,香和味一致性好,风格稳定。这些组分的多少、相互之间的量比关系,是构成白酒丰满协调的酒体的关键成分。色谱骨架成分分析是保证酒质稳定的主要措施。

2. 白酒的品评方法

白酒的感官质量,主要包括色、香、味、格 4 个部分,品评就是通过眼观其色,鼻闻其香,口尝其味,并以综合色、香、味 3 个方面感官的印象,确定其风格,完成尝评的全过程。

(1)辨色

白酒色的鉴别,是用手举杯对光,白布或白纸作底,用肉眼观察酒的色调、透明度及有无悬浮物、沉淀等。正常的白酒(包括低度白酒)应该是无色透明的澄清液体,不浑浊,没有悬浮物及沉淀物。

(2)闻香

执酒杯于鼻下 7~10 厘米,头略低,轻嗅其气味,这是第一印象,应充分重视。第一印象一般较灵敏、准确。嗅一杯,立刻记下一杯的香气情况,避免各杯相互混淆,稍事休息后再进行第二遍嗅香;然后转动酒杯,急速呼吸,用心辨别气味,这样可以对酒的香气做出准确的判断。

(3)尝味

尝评顺序可依香气的排列次序,先从香气较淡的开始,将酒饮入口中,注意酒液入口时要慢而稳,使酒液先接触舌尖,然后两侧,最后到舌根,使酒液铺满舌面,进行味觉的全面判断。除了味的基本情况外,更要注意味的协调及刺激的强弱、柔和、有无杂味、是否愉快等。

(4)判断风格

白酒的风格又称酒体典型性,是指酒色、香、味的综合表现。酒的独特风格,对于名优酒更为重要。评酒就是对酒的典型性及其强弱做出判断。这主要靠平时广泛地接触各种酒类,逐渐积累经验,才能得心应手地得出结论。因此,必须勤学苦练,通过反复大量艰苦地实践和磨炼,才能"明察秋毫",细致准确地鉴别。

3.酒香和酒味的品评原理

(1)酒香的品评原理

嗅觉所凭借的是两片细小的褐色组织,一个在鼻孔的上半部,一个在鼻孔的顶端,都位于鼻腔中的黏膜上。在人体当中,这些嗅觉组织每平方英尺内就有高达1 000万个嗅觉神经。这些神经细胞拖着称为纤毛的细致纤维,就像是钓鱼线般充满着整个黏膜。每一个纤毛上都布满受体及细小的凹陷,而它们的形状与特定香气的分子一致。当气味的分子进入鼻子后,它们就溶解在黏膜当中,然后,全部被纤毛拦截。而当该气味分子被受体捕捉到之后,该纤毛的神经细胞就开始将对应的信号传给大脑。

大脑里最先处理嗅觉神经细胞信号的区域称为嗅觉球。处理结果再通过味觉柄送到负责嗅觉的大脑当中,这些数据再透过类扁桃体的镇定神经细胞分送到整个大脑边缘系统当中。边缘系统是掌管情绪和记忆的中枢,包括丘脑、下视丘、中隔区域、海马体、类扁桃体和脑干等,除了具有稳定情绪的功能外,它可以影响神经、荷尔蒙、体温、胰岛素、食欲、消化、压力及性的表现。

白酒的香气主要是通过人的嗅觉器官来检验。酒类含有芳香气味成分,其气味成分是酿造过程中由微生物发酵产生的代谢产物,如各种酶类等,这些代谢物会对人的嗅觉产生刺激,给人以不同的感受。

(2)酒味的品评原理

舌头之所以能产生各种味觉,是由于舌面上的黏膜分布着众多不同形状的味觉乳头,由舌尖和舌缘的蕈状乳头、舌边缘的叶状乳头、舌面后的轮状乳头所组成。在味觉乳头的四周有味蕾,味蕾是味的感受接收器,也是黏膜上皮层下的神经组织。味蕾的外形很像一个小蒜头,里面由味觉细胞和支持细胞组成。味觉细胞是与神经纤维相连的,味觉神经纤维连成小束,通入大脑味觉中枢。当有味的物质溶液由味孔进入味蕾,刺激味觉细胞使神经兴奋,传到大脑,经过味觉中枢的分析,就产生了各种味觉。

由于舌头上味觉乳头的分布不同,味觉乳头的形状不同,各部位的感受性也就各不相同。在舌头的中央和背面,没有味觉乳头,就不受有味物质的刺激,没有辨别滋味的能力,但对压力、冷、热、光滑、粗糙、发涩等有感觉。舌前2/3的味蕾与面神经相通,舌后1/3的味蕾与舌咽神经相通。软腭、咽部的味蕾与迷走神经相通。味蕾接受的刺激有酸、甜、苦、咸4种,除此之外的味觉都是复合味觉。舌尖的味觉对甜最为敏感;舌根反而对苦的感受性最强;舌的中央和边缘对酸味和咸味敏感;涩味主要由口腔黏膜感受;辣味则是舌面及口腔黏膜受到刺激所产生的痛觉。味蕾的数量随着年龄的增长而变化。一般10个月的婴儿味觉神经纤维已成熟,能辨别出咸、甜、苦、酸。味蕾数量在45岁左右增长到顶点。

酒类含有很多呈味成分,人们对酒的呈味成分的品鉴主要是通过口腔中的舌头来进行,而舌头又依赖于味蕾产生感觉,以此鉴定出酒质优劣,滋味好坏。

4.酒香、酒味的品评方法和术语

(1)酒香的品评方法和术语

品鉴白酒的香气,通常是将白酒杯端在手里,放在鼻子前一定的距离进行初闻,一般置酒杯于鼻下二寸处,头略低,最初不要摇杯,轻嗅其气味,闻酒的香气挥发情况,鉴别酒的香型,检查芳香的浓郁程度。然后轻摇酒杯,将酒杯接近鼻孔进一步细闻,闻酒散发的香气,分析其芳香的细腻性是否纯正,是否有杂味。凡是香气协调、有愉快感、主体香突出、无邪杂气味、溢香性好的酒,一倒出就香气四溢、芳香扑鼻,说明酒中的香气物质较多。在闻的时候,首先要注意先将鼻腔中的空气呼出,而后靠近酒杯慢慢吸气,不能直接对着酒呼气。可以用右手端杯,左手煽风继续闻。一杯酒闻了3次后就应该有准确记录。完成对第一杯的酒味品闻后,应该稍微休息片刻,再开始品闻另一杯。

为了鉴别酒中的特殊香气,可采取以下3种方法来分析其他香气和确定白酒的放香时间、放香效果。其一,是用一小块过滤纸,吸入适量酒液,放在鼻孔处细闻,然后将过滤纸旋转半个小时左右,继续闻其香,确定放香的时间和大小。其二,是在手心中滴入一定数量的酒,握紧手与鼻接近,从大拇指和食指间形成的空隙处,嗅闻它的香气,以此验证香气是否正确。其三,是将少许酒置于手背上,借用体温,使酒样挥发,嗅闻其香气,判断酒香的真伪、留香长短和好坏。

评价酒香的术语繁多,一般用芳香、特殊芳香、芳香悦人、芳香浓郁、香气优雅、窖香浓郁、浓香馥郁、米香清雅、清香悠久、有异香、微香、香短或香不足、香不明显、芳香小、不香、有醛臭、有焦煳味道、有腐败臭、丙酮臭、油臭、杂醇油臭等术语来评价。

(2)酒味的品评方法和术语

对酒的口尝方法:将酒杯送到嘴边,将酒含在口中,一般为4～10毫升,每次含入口中的酒量必须保持一致。先从香味淡的开始尝,由淡而浓,再由浓而淡,反复多次。将暴香味或异香味的酒留到最后尝,防止味觉器官受干扰。将酒沾满口腔,然后吐出或咽下。用舌头抵住前额,将酒气随呼吸从鼻孔排出,以检查酒性是否刺鼻。在用舌头品尝酒的滋味时,要分析嘴里酒的各种味道变化情况,最初甜味,次后酸味和咸味,再后是苦味、涩味。舌面要在口腔中移动,以领略涩味程度。酒液进口应柔和爽口,带甜、酸,无异味,饮后要有余香味,要注意余味时间有多长。酒留在口腔中的时间约10秒钟。用茶水漱口。在初尝以后则可适当加大入口量,以鉴定酒的回味长短、尾味是否干净,是回甜还是后苦,并鉴定有无刺激喉咙等不愉快的感觉。一般而言,贮存时间长的酒,味醇、香,而贮存时间短的酒,相对比较燥辣,挂喉。应根据两次尝味后形成的综合印象来判断优劣,写下评语。

对酒味的评价也有很多术语。酒的口感即酒的刺激性感觉,俗称劲头。酒精是酒的主要成分,口感与酒中的酒精度有密切的关系,但并不完全与酒精度成正比。无论何种酒,都要求酒精与酒中其他成分充分融合、协调。同样是60度的烈性酒,入口的口感有强烈的、温和的、绵软的区别,入口后仍可评出酒性烈、较烈、温和、绵软的口感。不同的白酒,在入口后呈现出不同的感觉。浓淡酒液入口后的感觉,分别会体现出浓厚、淡薄、清淡、平淡等感觉。酒液进入口腔时的感觉,有入口醇正、入口绵甜、入口浓郁,部分白酒酒性热而凶烈,饮后有上头感。白酒在落口咽下酒液时,在舌根、软腭、喉头等部位的感受,有落口干净、落口淡薄、落口微苦、落口稍涩等口感。

5. 酒香与酒味的综合品评

人们对酒香的感受常常是通过对酒香和酒味的综合感受而实现的,在口尝酒液的时候也可以感受酒香。一种情况是当酒进入口腔中时,气味所挥发的分子进入鼻咽后,与呼出的气体一起通过两个鼻孔进入鼻腔,这时,呼气也能感到酒的气味。有气味的分子接触到嗅觉中的嗅膜,溶解于嗅腺分泌液中,借化学作用而刺激人体的嗅细胞,嗅细胞因刺激而发生神经兴奋,传导至大脑中枢,遂发生典型的嗅觉感受。另一种情况是气味和口味的复合感受,即酒经过咽喉时,下咽至食管后,便发生有力的呼气动作,带有酒气味分子的空气,便由鼻咽急速向鼻腔推进。此时,人对酒的气味感觉会特别明显,这就是气味与口味的复合作用。酒的气味不但可以通过咽喉到鼻腔,而且咽下以后还会再返回来,一般称为回味。回味有长短,并可分辨出是否纯净(有无邪、杂气味),有无刺激性。其酒的香气与味道是密切相关的,人们对滋味的感觉,有相当部分依赖于嗅觉。

二、白酒的香型特点和风格

各类型酒都应该有自己独特的风格。酒的风格,即酒的典型性。典型性是品评必不可少的一个项目,对多种酒进行品评时,常常是将属于不同类型的白酒分别编组品评,以便比较。判断某一种酒是否具有应有典型风格并准确给分,首先必须掌握本类酒的特点和要求,并对所评酒的色、香、味有一个综合的确切的认识,通过思考、对比和判断,才能确定。为了对各个酒的优劣、名次做出公正的评价,除了写出评语之外,常常采用评分法。目前我国白酒评分制有 100 分制、40 分制和 20 分制。

白酒的香气应该是主体的香气突出,香气圆润而无杂味。1979 年第三届全国评酒会将白酒划分为酱香型、浓香型、清香型、小曲米香型和其他香型 5 种主要香型。还有的划分为酱香型、浓香型、浓酱兼香型、清香型、米香型、凤香型、豉香型、董香型、芝麻香型、特香型、老白干型。

1. 浓香型白酒的香型特点,风格

浓香型又称泸香型、五粮液香型、窖香型。浓香型白酒香气成分的特点:酯类约占微量成分总量的 60% ,有机酸类占 14% ~16% ,醇类约占 12% ,羰基化合物(不含乙缩醛)占 6% ~8% ,其他类化合物占总量的 1% ~2% 。

浓香型白酒的主体香味成分是己酸乙酯,对浓香型白酒影响较大的是己酸乙酯、乳酸乙酯、乙酸乙酯、丁酸乙酯。浓香型白酒的酒质特点为无色或微黄色,清亮透明,窖香浓郁,口味丰满,入口甜绵爽净,纯正协调,余味悠长。浓香型白酒有以泸州特曲、五粮液、剑南春、全兴大曲、沱牌曲酒为代表的四川派,以洋河、双沟、古井、宋河粮液为代表的纯浓派。

2. 酱香型白酒的香型特点和风格

酱香型亦称茅香型,酱香型白酒香气成分的特点是香味成分复杂,总酸含量高,总醇含量高(尤以正丙醇含量最高),富含高沸点的化合物,是各香型白酒相应组分之冠。杂环化合物数量上居各香型白酒之首,醛酮含量高,除含较多的乙醛、乙缩醛之外,糠醛含量为所有各香型白酒之冠,含氮化合物为各香型白酒之冠。

酱香型白酒的特征香味成分有呋喃化合物、芳香族化合物(含有苯甲醛,4-乙基愈创木酚、酪醇等)、吡嗪类化合物(以川芎嗪为主)。酱香型白酒有茅台酒、天长帝酒、乌江酒等,属大曲酒类。酱香型白酒的酒质特点为无色或微黄色,透明晶亮,酱香突出,优雅细腻,空杯留香,经久不散,幽雅持久,口味醇厚、丰满,回味悠长(茅台酒有"扣杯隔日香"的说法)。2010年,中国酿酒工业协会在成都向四川省古蔺郎酒厂有限公司授牌,认定酱香型郎酒为中国白酒酱香型代表。

3.浓酱兼香型白酒的香型特点和风格

浓酱兼香型又称兼香型、复香型、混合型,是指具有两种以上主体香的白酒,具有一酒多香的风格,一般均有自己独特的生产工艺。浓酱兼香型白酒香味成分的特点是总酸含量较高,总酸、总酯比为1:2.5,小于酱香而大于浓香;庚酸与庚酸乙酯含量较高;总醇含量较高,正丙醇含量尤为突出;高沸点物质较高;四大酯的比例关系从大到小依次为己酸乙酯、乙酸乙酯、乳酸乙酯、丁酸乙酯。兼香型白酒的酒质特点为无色,清亮透明,浓头酱尾,协调适中,醇厚甘绵,酒体丰满,留香悠长。目前兼香型白酒主要有新郎酒、白云边、口子窖、中国玉泉酒等。

2010年,中国酿酒工业协会在成都向四川省古蔺郎酒厂有限公司授牌,认定郎酒集团生产的浓酱兼香型新郎酒为中国白酒浓酱兼香型代表。郎酒利用自身的酱香型原酒和浓香型的资源优势和工艺,勾调出优质的具有独特韵味的浓头酱尾兼香型白酒,郎酒"一树三花",打破了泸酒"两香"双耀的局面,使泸酒同时拥有浓香、酱香、兼香、清香等多种香型,逐步形成泸酒"多香"鼎立的格局。

4.清香型白酒的香型特点和风格

清香型白酒亦称汾香型,其香气成分的特点是酯类化合物占绝对优势,其次是有机酸、醇类、羰基化合物,其他类化合物(如呋喃、吡嗪类)含量极少。总酯含量与总酸含量的比值比浓香型白酒高。乙酸乙酯与乳酸乙酯之比为1:(0.6~0.8)。特征香味组分是乙酸乙酯。清香型白酒酒质特点是无色,清亮透明,无悬浮物,无沉淀,清香纯正,具有以乙酸乙酯为主体的清雅、协调的香气,入口绵甜,香味协调,醇厚爽冽,尾净香长。清香型又称汾香型,以山西汾酒、河南宝丰酒、青稞酒、河南龙兴酒、厦门高粱酒、天长帝酒等为代表。

5.米香型白酒的香型特点和风格

米香型白酒亦称蜜香型、小曲米香型白酒,一般以大米为原料。其香气成分的特点为香味组分总含量较少,总酸含量较低;总醇含量超过了总酯含量;酯类化合物中,乳酸乙酯含量最多,超过了乙酸乙酯的含量;醇类化合物中,异戊醇含量最高,正丙醇和异丁醇的含量也很高,β-苯乙醇的含量高;有机酸中,乳酸含量高;羰基化合物含量较低。米香型白酒酒质特点为无色透明,蜜香清雅,入口绵甜,落口爽净,回味怡畅,具有令人愉快的药香,尾子干净。一些消费者和评酒专家认为,用蜜香表达这种综合的香气较为确切。米香型白酒以桂林象山牌三花酒为代表,冰峪庄园大米原浆酒也属于米香型,属小曲酒类。

6.凤香型白酒的香型特点和风格

凤香型白酒香味成分的特点是香味成分介于浓香型白酒与清香型白酒之间。醇类化合物含量较高;含有较多的乙酸羟胺和丙酸羟胺;乙酸乙酯与己酸乙酯的比例关系对风格特点影响较大;醇酯比值大于清香型和浓香型白酒。

凤香型白酒酒质无色,清澈透明,醇香秀雅,甘润挺爽,诸味谐调,尾净悠长,清而不淡,浓而不酽,融清香、浓香优点于一体。凤香型白酒的代表是西凤酒,景芝也属于凤香型。

7. 豉香型白酒的香型特点和风格

豉香型白酒也称玉冰烧型,也有人叫它后熟香。豉香型白酒香味成分特点是酸酯含量低;β-苯乙醇含量高,为白酒之冠。

豉香型白酒酒质玉洁冰清,晶莹悦目,豉香纯正,诸味协调,入口醇和,余味甘爽,低而不淡。豉香型白酒酿造工艺独特,以大米为原料,采用小曲大酒饼半固态半液态边糖化边发酵,液态蒸馏得到基础酒,也叫"斋酒"。然后再加入肥肉浸泡、贮存、勾兑而成的一种白酒,其典型代表是广东石湾的玉冰烧酒。

8. 董香型

董香型白酒目前唯有董酒,其香味成分特点为三高一低,即丁酸乙酯含量高,高级醇含量高(主要是正丙醇和仲丁醇含量高),总酸含量高(其含量是其他名白酒的23倍,其中又以丁酸含量最高为其主要特征),乳酸乙酯含量低。

董香型酒质无色、透明,既有大曲酒的浓郁芳香,又有小曲酒的柔绵、醇和、回甜的特点,有愉快的药香,诸味协调,回味悠长。

董香型白酒的独特在于其酿造工艺与其他白酒都不相同。它采用小曲小窖制取酒醅,大曲大窖制取香醅,双醅串香工艺生产,经过分级陈酿,科学勾兑,造就董酒的典型风格——酒液清澈透明,香气幽雅舒适,入口醇和浓郁,饮后甘爽味长。"酯香、醇香、百草香"是构成董香型的几个重要方面。

9. 芝麻香型的香型特点和风格

芝麻香型白酒是新中国成立后两大创新香型之一(芝麻香型与兼香型)。芝麻香型白酒香味成分的特点是丁二酸二乙酯、β-苯乙醇和川芎嗪含量较高。特征香味组分是3-甲硫基丙醇。

芝麻香型白酒是以芝麻香为主体,兼有浓、清、酱三种香型之所长,故有"一品三味"之美誉,是中国"十一大香型"中最年轻的一个成员,同时也是酿造技术难度最大,酿造条件要求最高,对环境要求最严格的一个香型。1957年,芝麻香白酒在山东景芝酒厂被发现。1984年,景芝芝麻香型白酒投放市场后,受到普遍欢迎。芝麻香型白酒酒质无色透明,香气袭人,芝麻香味突出,清洌可口,酒味醇和,余香悠长。

10. 特香型的香型特点和风格

特香型白酒香味成分的特点是富含奇数碳脂肪酸乙酯,包括丙、戊、庚和壬酸乙酯,其含量为各类白酒之冠;含有多量的正丙醇。正丙醇的含量与丙酸乙酯及丙酸之间具有极好的相关性;高级脂肪酸乙酯的含量超过其他白酒近一倍,相应的脂肪酸含量也较高。

1988年,白酒专家沈怡芳亲自到四特酒厂进行了考察,认为四特酒既不像浓香型,也不像酱香、清香、米香,是个"四不像"的酒。1988年3月8日,在北京召开了四特酒质量汇报会。与会专家对四特酒从色、香、味、型各个方面进行了品评。对四特酒的香型,专家们争议颇多。有的认为四特酒清香、优雅,可以名为优雅型;有的认为应该叫清雅型;还有的认为四特酒产于江西,干脆就叫赣型。最后,中国首席白酒专家周恒刚先生提议叫特型,获得了到场大多数专家的初步认同。特香型白酒的酒质特点为无色透明,闻香清雅,饮后浓郁,醇甜绵软,酒体协调,恰到好处。

11.老白干香型特点和风格

老白干香型是2004年正式列入中国白酒的第十一大香型,老白干白酒的重要香气成分有13种,分别为4-乙基愈创木酚、乙酸-2-苯乙酯、丁酸、3-甲基丁醇(异戊醇)、β-苯乙醇、2-乙酰基-5-甲基呋喃、苯丙酸乙酯、γ-壬内酯、3-甲基丁酸(异戊酸)、香兰素、乙酸乙酯、1,1-二乙氧基-3-甲基丁烷和(2,2-二乙氧基乙基)-苯等物质。

老白干香型以衡水老白干为代表。其特点是香气清雅,自然协调,绵柔醇调,回味悠长。其生产所用大曲也独具特色:纯小麦中温曲,原料不用润料,不添加母曲,曲坯成型时水分含量低(30%~32%);以架子曲生产为主,辅以少量地面曲。

第五节　白酒的贮存、包装、入库和发货

一、白酒的贮存

1.白酒贮存的含义及意义

白酒贮存是指将经过发酵、蒸馏等环节产出的新酒,存放一段时间,使之成为成品的过程。经过贮存的酒,再销售或作为勾调的基础酒。白酒贮存是白酒销售或者勾调之前的一个环节。

贮存是保证蒸馏酒产品质量的至关重要的生产工序之一。经过发酵、蒸馏而得的称为新酒。新酒必须经过一段贮存期,才能够成为成品。这是因为刚蒸出来的白酒具有辛辣刺激感,并含有某些硫化物等异味。经过一段贮存期后,刺激性和辛辣感会明显减轻,口味变得醇和、柔顺,香气风味都得以改善,这也被称为老熟。

2.白酒贮存的要求

白酒的贮存有时间要求,一般而言,贮存的时间越长,效果越好。但是从生产经营角度看,贮存的时间过长,资金压力大,成本过高,不划算。不同白酒的贮存期,按其香型及质量档次而异。如优质白酒最长要求在3年以上,普通白酒最短也应贮存3个月。

白酒贮存的基本要求:

①贮存容器应符合食品卫生要求,不能使用镀锌、聚氯乙烯、聚苯乙烯容器以及其他会与酒产生反应的材料制作的贮存器。选用容器的材料和内壁涂料应无毒、无异味杂味,防止影响酒质。使用贮存器之前要使用符合食品生产要求规定的消毒剂,按照消毒剂使用说明书对贮酒设备进行清洗消毒。

②单独存放。白酒产品不得与有毒、有害、有腐蚀性或有异味的物品混合存放。

③选择良好的贮存环境。应将白酒贮存于阴凉、干燥、通风的环境中,防止白酒受环境温度和其他条件的影响而变质。配备防高温、防火种、防静电、防雷电、防盗的设施,确保贮存安全。

二、白酒的包装

除了专门生产基酒和销售散酒的企业外,一般的白酒企业都要将自己生产的白酒进行分瓶包装,以便直接供应生活消费市场。白酒的包装包括制瓶、洗瓶、灌瓶、压盖、验酒、贴标、制盒、装盒、装箱、捆箱等过程。

1.制瓶

现代白酒一般采用陶瓷或者玻璃制品装盛,因此,在包装白酒之前,要制作一定材质、一定容量、一定形状的酒瓶。随着专业化分工的深入和规模经济的发展,一些小型白酒企业并不自己生产酒瓶,而是直接向制瓶企业购买或者定制酒瓶。一些大型白酒企业将制瓶环节外包给其他企业,以便降低管理成本。但是不管是采购、定制还是生产外包,白酒生产企业都要选择与自己的企业文化、产品质量、市场定位相吻合的酒瓶进行灌装。

2.洗瓶

洗瓶是灌装白酒之前的一个环节,企业购置的或者自己生产的酒瓶,在运输和存放过程中可能会沾染细菌或者其他杂质,因此需要通过洗瓶确保白酒卫生。过去洗瓶采用人工方式,现在更多地采用机器洗瓶,机器洗瓶效率更高、效果更好。洗瓶之后要吹干,并及时罐装封盖,防止再次污染。

3.灌瓶

灌瓶即白酒灌装,在流水线上,依次将白酒注入瓶中。灌酒操作人员在灌酒前或搬运其他物品之前必须洗手,确保灌装过程的卫生洁净。灌装前后要对灌装生产线清洗消毒,要对生产灌装车间环境卫生和洁净度做好控制。

4.压盖

在灌装之后,是压盖密封。这个过程一般主要是通过机械手进行操作的,在压盖过程中,操作人员要及时发现压盖中明显不合格的产品,抽出不合格产品,防止次品进入流通环节。

5.验酒

验酒是质检人员对灌瓶压盖的酒进行检验,发现灌瓶和压盖中出现的不合格产品,比如灌装的酒过多和过少,酒中是否有沉淀等,同时,验酒也可以发现压盖不密闭或者封盖有缺损和刮伤等瑕疵,通过验酒确保产品具有良好的内外观形象。

6.贴标

贴标是指白酒包装人员在灌装压盖的酒瓶上贴上酒标,这是白酒装盒之前的最后一个环节。酒标是酒产品的标志,也是产品的身份,酒标的粘贴状况也体现出一个企业的管理水平。为了贴标更加平整、美观,这个环节现在也越来越多采用机械自动化体系来实现,手工贴标已逐渐退出历史舞台。但是不管采用什么方式贴标,都要保证贴标要正、用胶适中、题面平整。

7.制盒与装盒

贴标之后,就是白酒装盒。对于生产品牌酒的企业而言,一般都会定制或者自己设厂印制包装盒。包装盒纸板传送到包装台上,人工将包装盒扶正,潜入防撞泡沫或者其他填充材料,将酒瓶放入酒盒内,然后封盖贴上封口标签。

8.装箱

装箱是指将装盒之后的白酒放入运输包装箱内,以方便运输。目前的白酒运输包装箱有多种款式,有的是六瓶装,有的是四瓶装,但多数情况下是六瓶装。箱内同时附有手提袋,每个手提袋能够装两瓶白酒。有些企业采用厚皮纸做手提袋,有些企业采用布袋做手提袋。现在先进的生产包装线已经能够采用自动化包装线进行机械装箱。

9.捆箱

捆箱是指运输包装箱里装满白酒之后,进行捆扎。目前一般采用透明胶进行封口式的捆扎,而不再像过去用塑料带捆扎。一些企业注重运输包装箱的形象,还会印制专门的、带企业宣传标识的封口胶进行捆扎。现在已经有一些企业采用自动化捆箱设备进行捆箱,而不再采用人工方式进行捆箱。

三、白酒的入库和发货

1.入库前的检验

白酒捆箱之后,还需要进行检验,经检验合格的产品方可入库、销售。生产车间包装出来的成品,经质检员检查外观质量,并填写“质量检查记录”,符合企业内控标准要求后,由车间通知化验人员到车间取样检查。化验人员接到生产车间通知后,应立即到生产车间,检查产品外观质量,确定符合内控标准要求后,方可按规定抽样。抽样应具有随机性和代表性。成品取样应在产品包装完毕后,开包取样,每批取样量为足够二次复验及留样复验的量,做到每批产品检验一次,每罐产品抽取一次样品。化验员抽样后,应立即按《成品检验操作规程》及时进行检验,做到生产一批抽检一批,化验发现不合格品,规定允许复检的,应再抽检一次,规定不允许复检的和复检不合格的按《不合格品控制程序》进行处理。化验完毕后,化验员要立即填写“成品检验记录”和“成品检验报告书”,记录要复核,报告要质技负责人签章,检验报告要及时报送有关部门和人员。

2.产品入库和发货

产品包装后经检验合格,就入成品库,入库产品应遵循先进先出的原则,确保产品流出有序。白酒应按规定条件贮存,运输车应清洁卫生。入库之前,与库管人员办理入库手续,至此,产品生产的工艺流程基本结束,进入销售发货阶段。

◎ **思考题**

1.水是白酒生产的主要成分,水质的好坏直接影响酒的产量、质量和风味。白酒生产用水的要求有哪些?

2.酒曲酿酒是中国酿酒的精华所在,我国最原始的酒曲是怎么得来的?

3.制曲原料主要有小麦、大麦、豌豆、麸皮等。一般南方制曲以什么材料为主?

4.第一次对酒曲的生产技术进行了全面总结的著作是哪部?

5.白酒的贮存有哪些具体要求?

第四章　白酒器具与包装文化

　　酒之器具随着酒的产生而产生,并随着社会的进步而不断发展。在我国漫长的历史长河中,酒器在经济、科技、文化、艺术的作用下,求新求变。中国的酒器有其传统的独特风格与造型,酒器的发展过程成为中华文化发展宝贵的历史见证之一。酒器是指与酿酒产业和酒文化有关的器具总称,包括造酒酿酒之器、盛酒之器、温酒之器、冰酒之器、贮酒之器和饮用之器等。这些器具有时承担着装盛功能,有时又承担着包装的功能,有时还承担着美化生活的功能。从白酒器具的角度看,器具与装盛和包装是紧密关联的。

第一节　器具与包装

一、器具与包装的关系

　　1. 器具的含义及其类型

　　(1)器具的含义

　　器具,简单地讲就是器与具,器物用品。凡是人类生活中可资利用以装盛的物件都可成为器具。作为名词概念,器和具具有同等意义,所以通常将两个词合并在一起表示一个意思。

　　(2)器具的类型与功能

　　由于器具是人类生活中可资利用的物件,因此,器具具有从不同侧面满足人们生产、生活、消遣、娱乐需求的功能。一般可以将器具分为生产器具和生活器具。生产器具包括人们用以开展生产建设活动的一切用具,包括机器、设备、工具等;而生活器具则是指与人类日常生活相关的用具,包括家具、生活用品、玩具等。

　　2. 包装的含义及内容

　　(1)包装的含义和分类

　　包装包括两方面含义:从名词意义上讲,包装是盛装商品的容器、材料及辅助物品,即包装物;从动词意义上讲,包装是实施盛装和封缄、包扎等的技术活动。本书讲的器具与包装是从名词意义上讲的。

　　名词意义上的包装也有狭义和广义两种含义。狭义的包装是指为在流通过程中保护产品、方便储运、促进销售,按一定的技术方法所用的容器、材料和辅助物等的总体名称。广义的包装是指一切事物的外部形式包装。我国国家标准(GB/T 4122.1—2008)规定包装的定义是:"为在流通过程中保护产品,方便储运,促进销售,按一定技术方法而采用的容器、材料及辅助物等的总体名称。"

　　(2)包装的要素和功能

　　包装是一个系统,涉及包装活动、包装对象、包装材料、造型、结构、防护技术、视觉传达等内容。一般意义上的商品包装包括商标或品牌、形状、颜色、图案和材料等要素。商标或品牌是包装中最主要的构成要素之一,一般在包装整体上占据突出的位置;包装形状则是根据商品形状和营销的要求而确定的;包装颜色和图案是包装中最具销售刺激作用的构成元素,突出商品特性的色调组合和画面,不仅能够加强品牌特征,而且对顾客有强烈的感召力;包装材料的选择涉及经营成本和顾客的外观感受,也影响着商品的市场竞争力;产品标签包括所包装的内容和产品所包含的主要成分、品牌标志、产品质量等级、生产厂家、生产日期、使用有效期、使用方法等信息。

　　包装的最基本功能主要体现在保护商品免受日晒、雨淋、风吹、灰尘沾染等自然因素的侵袭,防止挥发、泄漏、溶化、玷污、碰撞、挤压、散失以及盗窃等损失。同时,包装还给流通环节贮、运、调、销带来方便,如装卸、盘点、码垛、发货、收货、转运、销售计数等。随着社会的发展,包装的功能还越来越多地体现在美化商品、吸引顾客、促进销售,实现商品价值和使用价值,增加商品价值等方面。

　　(3)包装的分类

　　由于包装对象千差万别,因此包装也千姿百态。可以按照不同标准对包装进行分类。按产品经营方式可分为内销产品包装、出口产品包装、特殊产品包装;按包装在流通过程中的作用可分为单件包装、中包装和外包装等;按包装制品材料可分为纸制品包装、塑料制品包装、金属包装、竹木器包装、玻璃容器包装和复合材料包装等;按包装使用次数可分为一次用包装、多次用包装和周转包装等;按包装容器的软硬程度可分为硬包装、半硬包装和软包装等;按产品种类可分为食品包装、药品包装、机电产品设备包装、危险品包装等;按包装本身的功能可分为运输包装、贮藏包装和销售包装等;按包装技术方法可分为防震包装、防湿包装、防锈包装、防霉包装、真空包装等;按包装结构形式可分为贴体包装、泡罩包装、热收缩包装、可携带包装、托盘包装、组合包装等。

　　3.器具与包装的区别和紧密联系

　　(1)器具与包装的区分

　　器具与包装是有严格区分的概念。首先,器具与包装具有理论区分。器具是指为人类所用的所有物件,而包装仅仅是这些物件中的一种,可见器具的外延要宽阔得多。其次,器具与包装具有实践区分。包装虽然也是一种器具,但是这种器具承担着对人类使用的某些物品的保护、装饰、规范功能。从物的使用价值角度看,一种物件定性为包装器具之后,其使用价值就与其他被包装、保护的物件明显区分开来,成为附属物。第三,包装是一个新概念。包装概念的出现,让一部分器具从原有的器具概念中分离出来,使之形成一个相对独立的概念和概念体系,即从包装物的角度研究器具。

（2）器具与包装的紧密关系

人类自从开始使用工具以来,就与各种工作和生活器具打交道,也开始与各种包装打交道。器具与包装有明显的区分,同时又有千丝万缕的关系。而且这种关系始终是若即若离,在较长时间内难以完全区分的。有些时候,一种器具就是包装;有些时候一种器具先是被包装物,后又承担包装的功能;有些时候,包装的角色处于不断的变化过程中。

（3）包装器物的复杂发展史

从远古的原始社会、农耕时代,到科学技术十分发达的现代社会,随着人类的进化、商品的出现、生产的发展和科学技术的进步,包装器物逐渐发展,发生一次次重大突破。在距今一万年左右的原始社会后期,人们以植物藤蔓等制作最原始的篮、筐,用火煅烧石头,泥土制成泥壶、泥碗和泥灌等,用来盛装、保存食物、饮料及其他物品,使器物的包装功能,如运输、贮存与保管功能得到初步完善。

约在公元前 5000 年,人类开始进入青铜器时代。4 000 多年前的中国夏代,中国人已能冶炼铜器,商周时期青铜冶炼技术进一步发展。春秋战国时期,人们掌握了铸铁炼钢技术和制漆涂漆技术,铁制容器、涂漆木制容器大量出现。公元前 3000 年,古埃及开始吹制玻璃容器。

汉朝蔡伦发明了造纸术,公元 61 年,造纸术经高丽传至日本,13 世纪传入欧洲,德国建造了第一个较大的造纸厂。11 世纪中叶,毕昇发明了活字印刷术。15 世纪,欧洲开始出现了活版印刷,包装印刷及包装装潢业开始发展。16 世纪,欧洲陶瓷工业开始发展,美国建立了玻璃工厂,开始生产各种玻璃容器。至此,以陶瓷、玻璃、木材、金属等为主要材料的包装工业开始蓬勃发展起来。

16 世纪以来,由于工业生产的迅速发展,特别是 19 世纪的欧洲产业革命,极大地推动了包装工业的发展。18 世纪末,法国科学家发明了灭菌法包装贮存食品,导致 19 世纪初出现了玻璃食品罐头和马口铁食品罐头,使食品包装学得到迅速发展。1800 年,机制木箱出现;1814 年,英国出现了第一台长网纸机;1818 年,镀锡金属罐出现;1856 年,美国发明了瓦楞纸;1860 年,欧洲制成制袋机;1868 年,美国发明了第一种合成塑料袋——赛璐珞;1890 年,美国铁路货场运输委员会开始承认瓦楞纸箱正式作为运输包装容器。

进入 20 世纪,新材料、新技术不断出现,聚乙烯、纸、玻璃、铝箔、各种塑料、复合材料等包装材料被广泛应用,无菌包装、防震包装、防盗包装、保险包装、组合包装、复合包装等技术日益成熟,从多方面强化了包装的功能。

20 世纪中后期开始,包装成为商品生产和流通过程中不可缺少的重要环节。目前,电子技术、激光技术、微波技术广泛应用于包装工业,包装设计实现了计算机辅助设计,包装生产也实现了机械化与自动化生产。

二、酒的器具与包装

1. 酒器具的含义及种类

（1）酒器具的含义

酒器具，就是人们在酒的酿造、运输、饮用活动过程中使用的器具。包括酿造、装盛和存放、温煮、饮用的器具，如酿酒器、蒸馏器、酒桶、酒壶、酒杯等。

酒是一种特殊的液体，先人有了液体的酒，为了要饮用它，就必须有一种载体、容器用来盛酒。早期的人在生活中长期利用野兽的角，作取水饮水之用，同时也用作盛酒、饮酒，经过长期的生活实践，渐渐地，人们改进了酒的载体。同时，为了满足饮酒的需求，人们也开始制作一些器具用于酿酒，这就使酒器变得越来越丰富。近代考古发现出土的陶器制品中，有专用的酒器，系属龙山文化晚期，而该时期与夏禹时代仪狄造酒传说的时期极为相近，这可说明中国酒器早在上古时代已与酒同时存在了。

（2）白酒酒器具的种类

由于有悠久的酿酒历史和饮酒历史，白酒器具纷繁复杂，形成了一部白酒器具的历史。多姿多彩的白酒器具，可以按照不同的标准进行划分。根据功能划分，我们可以把不同的酒器划分为酿酒器具、盛酒器具（装盛和存放）、温酒器具、饮酒器具（分酒器、酒杯、酒勺、酒提）等，其中饮酒器具不仅包括用于饮用的器具，还包括饮用过程中开展游戏活动的器具等；根据材质，可以分为天然材料酒器（竹、木、兽角、葫芦）、陶制酒器、青铜酒器、漆制酒器、瓷制酒器、象牙制酒器、玉制酒器、金银酒器、玻璃酒器、锡制品酒器、不锈钢酒器、铝制品酒器、塑料酒器、纸质酒器等。

2. 酒包装的含义及种类

（1）酒包装的含义

酒包装是盛装酒的容器、材料及辅助物品。包括酒壶、酒坛、酒缸、酒桶、酒筒、酒瓶、酒盒、酒箱等，都十分注重艺术设计。

（2）酒包装的种类

按照包装贴近产品的距离远近，可以分为内包装、中包装、外包装、携带包装、运输包装等，如酒瓶、酒布袋、酒盒、酒提携纸袋、包装箱等；按照包装的风格，可以分为常规包装和异形包装（目前一些企业推出的白酒产品大量设计异形包装）；按照包装的顾客针对性，可以分为定制（酒）包装盒、一般包装；按照包装材质，可以分为陶瓷包装、玻璃包装、塑料包装、金属（易拉罐、不锈钢等）包装、纸板包装、纸包装、木质包装、布料包装等；按照包装的色彩，可以分为单色包装、双色包装和多色包装。

3. 酒器具与酒包装的关系

酒器具与酒包装具有紧密的联系，有时候难以严格区分。如同所有的器具和包装的发展历史一样，酒包装也是在酒器具发展多年以后逐渐分离出来的。酒包装作为酒器具之一，长期主要承担贮存的功能。酒包装在 21 世纪快速地发展起来。首先，包装的材料在质量和品种上迅速发展；其次，包装越来越讲究形式多样、装饰美观和提高档次，包装设计在包装费用中所占比例迅速提升。

酒包装是现代产业发展的产物,虽然古代酒的装盛也会考虑到美观问题,但是从严格的意义上讲,这些承担酒包装某些功能的物件,没有现代市场经济环境的支撑,也没有现代酒装的概念,对美观的追求不是出于市场竞争的需求而产生的。其存在主要还是承担装盛的功能,基于营销和品牌宣传方面的装饰、美化功能考虑较少。

第二节　中国古代的酒器具与包装

一、中国古代酒器具的类型

1.中国古代的酿酒器具

　　中国古代的酿酒器具,与农耕时代的生产方式紧密结合,甚至绝大多数农耕时代的酿酒器具一直沿用到现代,最终成为一直沿袭使用着的具有文物性质的器具。而一些酿酒的发酵池,如泸州老窖百年窖池,几百年来一直持续使用,成为"活文物"。早期的酿酒器具,首见于距今7 235～7 355年的磁山文化时期。有关专家统计,在磁山文化遗址中发现的"粮食堆积为100立方米,折合重量5万千克",还发现了一些型制类似于后世酒器的陶器。因此,有人认为在磁山文化时期,谷物酿酒的可能性是很大的。

　　老官台文化遗址及西安半坡遗址出土的距今六七千年前的陶器,其中的陶罐、陶盆据考古研究认为是用以煮食或酿造酒的用具。这种用陶器发酵酿酒的方法,一些居民家庭直到20世纪七八十年代仍然在采用。

　　1979年,考古工作者在山东莒县陵阴河大汶口文化墓葬中发掘到大量的酒器。尤其引人注意的是,其中有一组合酒器,包括酿造发酵所用的大陶樽(图4-1)、滤酒所用的漏缸,贮酒所用的陶瓮,用于煮熟物料所用的炊具陶鼎,还有各种类型的饮酒器具100多件。考古人员分析,墓主生前可能是一职业酿酒者。在发掘到的陶缸壁上还发现刻有一幅图,据分析是滤酒图。

图4-1　大汶口陶樽

　　我国古代酿酒器具中,蒸馏器具有鲜明的民族特征。其主要结构可分为四大部分:釜体部分,用于加热,产生蒸汽;甑体部分,用于酒醅的装载(在早期的蒸馏器中,可能釜体和甑体是连在一起的,这较适合于液态蒸馏);冷凝部分,在古代称为天锅,用来盛冷水,酒汽在盛水锅的另一侧被冷凝;酒液收集部分,位于天锅的底部,根据天锅的形状不同,酒液的收集位置也有所不同。如果天锅是凹形,则酒液汇集器在天锅的正中部位之下方;如果天锅是凸形(穹状顶),则酒液汇集器在甑体的环形边缘的内侧。

　　我国古代蒸馏器的基本结构和特点可从东汉的青铜蒸馏器得到反映,这一器形结构一直延续至今。东汉的蒸馏器为青铜所制,高53.9厘米,从器形结构来看分为甑体和釜体两部分。甑体有贮料室和凝露室,还有一导流管。上海博物馆的研究人员用该蒸馏器蒸出了酒度为20.4~26.6度的酒。

元代朱德润在《轧赖机酒赋》中描述的一种蒸馏器,据分析,正好与金代的蒸馏烧锅结构相同。广西地区用来蒸馏小曲酒的"土甑",酒蒸汽引出蒸馏器后在另外的冷却器中冷却。这实际上是由天锅、甑体和地锅所组成的蒸馏器。天锅置于最顶部,甑体内置酒醅,地锅内盛水。

蒸馏器并不一定是用于酿酒的器具,但是这一工艺与酿酒有密切的关系,所以通过对蒸馏器的进一步研究,可以窥见中国古代的酿酒发展情况。宋代的蒸馏器下部是加热用的炉,上面有一盛药物的密闭容器,在下部加热炉的作用下,上面密闭容器内的物质挥发成蒸汽。在此容器上有一旁通管,可使内部的蒸汽流入旁边的冷凝罐中。南宋周去非在1178年写成的《岭外代答》中记载了一种广西人升炼"银朱"的用具,这种蒸馏器在顶部安了一根管子;南宋张世南的《游宦纪闻》卷五记载了一例蒸馏器,用于蒸馏花露,可推测花露在器内就冷凝成液态了。这说明在甑内还有冷凝液收集装置,冷却装置可能包括在这套装置中。1975年在河北承德地区青龙县发掘出金代铜制蒸馏器。明清以来的蒸馏器的基本结构与宋金元时代的并没有很大的变化,主要是蒸馏器的容积增大了,适用于固态蒸馏,蒸馏器发展得更加完善。

从近代中国白酒作坊和企业进行白酒蒸馏的情况看,很多采用木质甑子进行蒸馏,整个蒸馏器是由多个部分组成的系统。包括加热部分、盛料部分、排气排液部分、冷凝部分和液体收集部分。

2. 中国古代的温酒器具

温酒器具在古代出土文物中出现并不多。一般来讲有斝(jiǎ)与盉(hé)两种,这两种器皿是一物兼二用,既是温酒酒器,也是盛酒酒器,到后来就把盛酒酒器中的壶,用作温酒之器,但是古代酒壶与现代酒壶并不完全相同。此外,还有泸州出土的麒麟温酒器。明清时期以至新中国成立后,锡制温酒器曾经广为使用。

斝:古代酒器。圆口,有流、柱、鋬(pàn,把手)与三足,供盛酒与温酒用。后借指酒杯。《说文·斗部》说:"斝,玉爵也。夏曰盏,殷曰斝,周曰爵。"古书也称为"散",其形状像爵,但比爵大,有把手,圆口双柱,平底之下有三个尖足;也有侈口,下腹扁圆,三足中空,或呈棱形或呈圆柱形的;还有四尖足、带盖、呈方形而圆其四角的。斝可温酒和饮酒,类似现在的大酒杯,如图4-2所示。

盉:是用水调酒的器具,青铜制,圆口,深腹,三足,有长流、鋬和盖,盛行于殷代和西周初期。当时举行大典礼时,喝酒必须卒爵,不能喝酒的人,就喝掺了白水的酒,叫作"玄酒"。盉的形状

图4-2　商周青铜酒器——斝

一般是大腹、敛口,前面有长流,后面有把手,有盖,下有三足或四足。春秋战国时期的盉呈圈足式,很像后来的茶壶,如图4-3所示。

麒麟温酒器:出土于泸州纳溪区上马镇,原件系汉代青铜器,是国家一级文物精品和泸

州市博物馆镇馆之宝,长35厘米,宽27.5厘米,高26厘米,器物为饮酒时温酒用具,以吉祥物麒麟为基本造型,如图4-4所示。它的腹腔是炉膛,尾部是炉门,饮酒时打开尾部炉门,在炉膛内放木炭,将酒杯盛酒置于麒麟腹部两侧盛水的圆鼓内温酒,酒随水温而升温,前胸和臀部通连,水可循环从口腔喷出。麒麟温酒器构造独特,情趣生动,在我国古代酒器中尚属孤品,是古代巴蜀文明的结晶,令人叹为观止,是中国历史文化名城——泸州的典型性、代表性器物。

图4-3　商周青铜
酒器——人面盉

图4-4　汉代青铜温
酒器——麒麟温酒器

图4-5　汉代青铜温
酒器——麒麟温酒器

3. 中国古代的盛酒器具

我国盛酒器的历史悠久,在几千年前就已经使用相关器具。考古工作者从河南信阳地区的商代墓中出土的青铜卣(yǒu),内装古酒,如图4-5所示。在平山县一座战国中山王陵墓中,挖出的青铜卣也装有古酒。

四川省广汉三星堆遗址出土的埋藏物为公元前4800—前2870年的遗物。该遗址中出土了大量的陶器和青铜酒器,其器形有杯、觚(图4-6)、壶等,其形状之大也为史前文物所少见。文献记载,在大禹祭祀时已有使用漆制酒器。至汉朝,漆器的工艺成就达到鼎盛阶段。同时,我国古代酒器非常考究,不仅名目、型类花式繁多,甚至对饮者也有严格区分,如酒器中的"尊""爵"是一种典礼或君王赐酒于臣下用的酒器,堪称历代王朝的珍品,迄今仍为国宝。据不完全统计,从名称来讲,经发掘出土的文物中,有尊、觚、彝、罍、瓿、卣、盉、壶等。

由于造型独特,表面雕有精致花纹图案,极富艺术性,故酒的器具不仅是盛酒之用,也是艺术饰品,可作陈设欣赏之用。

图4-6　妇好觚(商代酒具)

隋唐五代,萌芽于魏晋南北朝时期的瓷制酒器有了较大的发展,这个时期的酒器种类繁多、做工讲究、样式新颖奇特。唐朝出现了桌子,也出现了配合桌子上使用的酒具,如注子,唐朝称"偏提",其形状有点像今天的酒壶。宋代是陶瓷生产的鼎盛时期,出现了不少精美的酒器。宋人喜欢将酒温热饮用,此时有了注子和注碗配合使用的酒器。

隋唐以后,酒器的使用又迈入了另一阶段,发展到用贵重的金银翠玉玛瑙来镶制酒器,极尽豪华。当时的贵族豪门不但盛行饮酒之风,也要求相得益彰的载酒之器,以示富有与尊贵。古都西安发现的唐代地窖中埋有许多极其珍贵的宝物,其中有镶金牛头的玛瑙酒杯、鎏金舞马御林银壶等,在内蒙古出土有"玛瑙酒盅""提链水晶杯"等,据鉴定为辽金元时期的酒器,都是罕世瑰宝。

到了近代,由于酒的供应普及民间大众,产量大增,盛酒器也随之出现了容量较大的桶、坛、瓶、缸。

4.中国古代的饮酒器具

最早人类利用兽之空角来饮酒,继以用石器来盛饮,为了酿酒及饮酒的方便,逐渐创造了陶器器皿,陶碗是饮用的工具。夏朝大禹以后时期,陶器的制造已有很大的进步。

在龙山文化时期的出土遗物中,发现有冶钢制品,包括酒器,证明夏朝时已有青铜制的酒器。殷商时期,是我国青铜器大发展时期,在商代文化遗址如郑州的商城、黄坡的盘龙城和安阳小屯的殷墟中,都发现了青铜酒器,如瓠、爵、觯、斝、尊、卣、壶、觥、盉等,造型和工艺大致与盛酒器、温酒酒器相类似。商周以后,青铜酒器逐渐走向衰落。

西周时期掌握了玻璃熔制技术,春秋战国时代出现了花纹精美的玻璃珠饰物。秦汉之际,在中国的南方开始流行漆制酒具,用漆涂于木器之上,这种酒器很讲究,美观大方又轻便,型制基本上继承了青铜酒器,有盛酒器具、饮酒器具,成为两汉、魏晋时期的主要饮酒器具类型。在湖北省云梦睡虎地11座秦墓中,出土了漆耳杯1144件,在湖南马王堆汉墓也出土了耳杯90件,光彩夺目、亮丽如新,是漆制酒器的代表。

汉代,人们饮酒一般是席地而坐,酒樽在席地中间,里面放着挹酒的勺,饮酒器具也置于地上,故形体较矮胖。魏晋时期开始流行坐床,酒具变得较为瘦长。汉代出现了玻璃制造的酒具。

从早期的陶制品、青铜制品、瓷制品、贵重金玉制品等酒器发展到隋唐以后,我国瓷器产品出现了多样化,在青瓷发展的基础上,出现了白釉瓷、绿彩黄釉瓷、黑釉瓷等,其中酱黄、乳白、葱绿被称为"唐三彩",有很高的艺术价值,因而唐代出现了著名的"唐三彩酒盅"。陈子昂在《春夜别友人》诗中写道:"银烛吐青烟,金樽对绮筵。"饮酒器具中,漆制耳杯是常见的。唐宋时期全面掌握了玻璃吹制技术,出现了制作精美的玻璃酒壶、酒杯。

唐宋文明的高度发展,在饮酒器具上也得到了充分的体现。唐代诗人王翰有一句名诗"葡萄美酒夜光杯",提到的夜光杯为玉石所制的酒杯,现代已仿制成功。北宋耀州窑出品的倒流瓷壶,壶高19厘米,腹径14.3厘米,它的壶盖是虚设的,不能打开,壶底中央有一小孔,壶底向上,酒从小孔注入。小孔与中心隔水管相通,中心隔水管上孔高于最高酒面,当正置酒壶时,下孔不漏酒。壶嘴下也是隔水管,入酒时酒可不溢出,设计颇为巧妙。宋朝皇宫中所使用的酒壶,能在一壶中倒出两种酒来,被称为鸳鸯转香壶。宋代的九龙公道杯,上面是一只杯,杯中有一条雕刻而成的昂首向上的龙,酒具上绘有八条龙,下面是一块圆盘和空心的底座。斟酒时,如适度,滴酒不漏;如超过一定的限量,酒就会通过"龙身"的虹吸作用,将酒全部吸入底座,设计精巧,独具匠心。

元代瓷制酒器,在唐宋基础上有了进一步提高,酒器丰富多彩,出现了青白釉印高足杯、青花松竹梅高足杯等代表性酒器,工艺相当精致。明代的瓷制酒器以青花、斗彩、祭红酒器最有特色。这时景泰蓝问世,更为华贵。明清时期是瓷制酒器发展的最高峰,当时有以蓝色为主的景泰蓝工艺,驰名中外。清代瓷酒器最具特色的有珐琅彩、素三彩、青花玲珑瓷等。清代后期的瓷器酒器,逐渐走向大规模手工艺生产,如江西景德镇、广州石湾的陶瓷器工厂,规模设施甚大,产品遍销全国各地区,甚至可远销国外。这时期,瓷器除"青花""丰彩""冬青"等彩外,还有"珐琅""粉彩""软彩""硬彩""古铜彩"等品种。明代大量生产玻璃制品销往南洋等地。近代和现代则普遍使用玻璃酒瓶、酒杯和酒器,出现了丰富多彩的景象。

在我国酒器史上,还有一些独特材料和独特造型的酒器,具有很高的艺术价值和收藏价值,如用金、银、象牙、玉石等稀有贵重的材料制成的各种酒器。

5. 中国古代的饮酒作乐器具

随着生产力的发展,饮酒逐渐成为人们消遣娱乐的一种方式,各种饮酒作乐的器具也开始产生。史书说曹植"饮酒不节",东晋孙盛的《晋阳秋》记载,曹植制作了一柄鸭头形状的勺子,把它放在九曲酒池里,他心里想让谁喝酒,鸭头就旋转到那个人的方向;曹植还制作了一柄鹊尾形状的勺子,它的把又长又直,他心中想到哪里,在酒杯上旋转勺子,鹊尾就指向哪里。

唐张鷟的《朝野佥载》也提及"北齐兰陵王有巧思",制作了一个跳舞的胡人男子。兰陵王心中想要劝谁喝酒,胡人就高高捧起酒杯,面向对方,低头作揖劝让。此中机关,连当时的人都"莫知其所由也"。《朝野佥载》还记载,唐初,洛州(今河南省洛阳市)有位县官叫殷文亮,"性巧好酒,刻木为人,衣以缯采",每到聚宴饮酒时,小木人严格按照座次为人敬酒。殷文亮还制作了一个美女机器人,既能唱歌又会吹笙,如果哪位客人酒杯里的酒没有喝干,木制的机器人就不再给他斟酒;如果没有喝尽兴,木制的美女就会连唱带吹地劝人继续饮酒。

二、中国古代的酒包装

1. 古代酒包装形式

由于生产力发展的落后,酒包装主要处于装、盛物品阶段。早期的包装主要是利用一些自然工具,比如树叶、瓜果壳、葫芦、贝壳和一些天然形成的可以装盛液体的植物、石器。后来,逐渐打制一些石器替代天然的物件。再后来,随着对金属、漆器的使用逐渐成熟,装盛酒液的器皿也发生了变化。但是在这个阶段,即使对装盛的物件有一些美化设计,其目的也是居于享受和体现拥有者的身份,而不是现代意义的营销和交换,所以包装主要是藤编植物、树藤、绳索等。

造纸术发明以后,现代酒包装开始真正浮出水面。史料记载,一些酒家、酒店在销售酒的时候,在酒坛上贴上红字标签,以显示所卖物品为酒。在织布技术出现后,一些酒家会在房前屋后挂上写有酒字的旗幡,这便是早期的广告宣传。在这个阶段,酒的包装开始逐渐产生。但是由于农耕经济长期占主体地位,加上政府对酒生产进行一定的管控,绝大多数情况下,酒的生产和销售都是满足当地和周边区域的需求,而不是满足全国范围的顾客需求,我国古代酒的生产和销售规模、范围不可能很大。因此,即使玻璃器皿、瓷器等已经得到充分的运用,酒的包装直到近现代仍然处于发展的初期阶段。

1985 年 10 月,在湖南省沅陵县双桥,考古人员发掘出一座元代夫妇合葬墓。在女棺的随葬品中发现了两张商品包装纸。这两张商品包装纸上有板刻文字和朱色印记,文中还有"请认红字门首高牌为记"这样典型的广告用语,并说明了店铺的详细地址、所售商品的品种、质量和特性。将包装、广告、商标融为一体,且有可视同防伪标记的朱印,这已经具备了现代包装广告的某些主要特征。这是中国目前发现的最早的纸质包装广告,也可能是世界上最早的纸质包装广告。墓葬的发现,让我们有理由相信,酒包装在元代已有了初步的雏形。

2. 古代酒器的容量

古代酒器与现在不一样,从最初因地制宜利用自然包装到后来能够制造装盛的工具,对酒容器的使用经历了由自发选择向自觉选择发展的过程。

不同的酒器有不同的容量,早期酿酒主要是自酿自用或者供身边的人饮用。酒的容器主要体现贮存功能。比如酒坛、酒罐、酒壶等,容量可大可小,但是一般都超出个人饮用量,以便能够满足多人饮用。有少量的盛酒装置要考虑移动和用量问题,一般以能够满足 1~2 人一次饮用为量,比如葫芦、皮囊等。以后发展出类似酒杯的物件,容量又发生了变化。古代人饮酒计量因无随身携带量器,通常以酒器计算,如一爵一升,一觚为二升等,后人有用斤两计算,后来又用酒提子(古时称角)衡量体积,到现在仍有酒坊沽酒时用酒提子计酒,如半斤提、四两提两种。也有以瓶装计算,如一斤瓶装、半斤瓶装等。

图 4-7　民国泸州老窖温永盛商标陶酒罐

3. 古代的酒标

不同人家和酒坊生产的白酒,规格、风味都不同。在古代,人们一般在盛酒器(酒坛)上贴字来区分白酒来自不同的作坊,这应该是现代酒标的起源。不过与现代贴在酒瓶上的标签不同,古代标签要简单得多,标签上的字也很少,有的时候就是一个字:"酒",有的时候会标出酒的品名和酿造者的信息,比如民国时期泸州老窖温永盛陶酒罐(图 4-7)的形状,说明当时的标签所含信息已经相当丰富。

第三节　现代白酒装盛、贮存、饮用器具与包装

一、现代白酒装盛、贮存器具

经济和人口的增长导致白酒消费的需求大幅上升,这促使现代白酒企业开始规模化生产,以满足更大区域消费者的需求,而且白酒产品需要有一定的存放周期。此外,白酒消费

主要集中在夏末春初之间,这些因素都导致白酒生产必须要有一定的贮存量。因此,现代贮存、装盛器材日益多元化。

1. 酒库

酒库是指白酒勾调结束定质包装成箱之后,要存放入库房,等待发往批发商、经销商或消费者手中,这种库房就是酒库。一般的酒库是由企业购置(租用)地下室或者底楼大开间的框架式建筑而设立的。一方面,这种库房要很开阔,能够容纳大量的产品,同时使叉车能够顺利出入,进行装卸;另一方面,这种酒库一般要设立于交通方便的地方,便于车辆出入库房。一般在库房中安置办公桌和座椅供库管人员办公用,由库管人员对产品进出进行登记造册。库房要保持通风,做到防火、防盗、防潮、防虫。作为白酒的酒库,还要求温度不能过高,湿度不能太低,光线不能太强,以免导致酒质发生变化。

2. 藏酒洞

藏酒洞是一种特殊的贮存设施,一般在我国西南地区利用喀斯特地貌下的溶洞作为存放白酒的空间。由于这种溶洞阴暗潮湿、气温低,因此很适宜存放白酒。一般是将生产定质、处于熟化阶段、未经包装的白酒,置入陶瓷酒坛内,再放入洞中,这样有利于酒液中一些有毒有害成分的挥发和酒质的醇化。这种酒往往存放期限较长,用作日后勾调和产品定型之用。

3. 巨型酒罐

巨型酒罐包括固定酒罐和移动酒罐,常用不锈钢材料制造。一般存放经生产出来需要包装或者销售的白酒。这种巨型酒罐往往少则几吨,多则几十吨甚至上百吨。在泸州酒业集中发展区就有很多这样的贮存白酒的酒罐。固定的巨型酒罐一般与管道相连,可以直接连接包装生产线或者贮运车上的移动酒罐。移动酒罐是装置于大型卡车上供运输前往包装生产线或者其他白酒企业的酒罐。移动酒罐的功能主要是大批量地运送成品散装白酒。

4. 输酒管道

输酒管道一般存在于包装生产区和物流运输区,是连接巨型酒罐和运输车辆或包装生产厂区的白酒运输通道。一般用不锈钢材料制造,管道上设置计量控制装置,对白酒的输送进行计量和监控。

5. 酒坛

酒坛是指用陶瓷材料烧制的容器,用于存放成品散装白酒。这种酒罐一般可装几十斤、上百斤乃至上千斤白酒,在散装白酒销售店得到广泛使用。很多大型白酒企业也用这种酒罐存放散装白酒,装酒之后封闭,置入阴暗潮湿低温区域进行存放。

6. 酒提

酒提是用各式材料制作的用于分酒以便销售或饮用的工具。一般在散酒销售商店会采用这种工具,有些家庭也会采用这种工具,以便从大坛子里面舀出白酒转入酒瓶之中。

7. 抽酒器

抽酒器是将酒从大容器中转入小容器或者在各种容器中转酒的工具,用连接两个器具的导管,采用电动或者手动的方式,实现酒液的转移。抽酒器比酒提具有更高的效率,也更加能够确保酒液转移过程中的卫生防护。

8. 酒壶

酒壶是短期存放白酒的工具,用于将少量白酒从一个地方带入另外一个地方。往往由塑料、玻璃、金属等材料制作而成。酒壶介于酒坛和酒瓶之间,是将白酒从大酒坛转入酒瓶的转运工具。一般在日常生活中使用,并不在生产中使用。

9. 酒瓶

多数情况下,酒瓶用优质玻璃制作,容量以一斤装为主,有两斤、一斤半、一斤、半斤、二两五钱几种规格。一般的酒瓶有两个功能,即贮存和运送,但是,酒瓶同时又直接面对消费者。因此,酒瓶既可以看成是白酒贮存用具,也可看成是供消费者饮用的用具,还可以看成是一种包装。正因为酒瓶的多种功能,现代白酒企业越来越重视酒瓶的设计和制作,日益追求艺术化和差异化,出现了很多异形酒瓶。一些企业为了凸显"老酒"的特色,还特意用陶瓷材料烧制酒瓶,营造"酒坛"的风味,大大丰富了酒瓶的品类。

10. 酒杯

酒杯的功能,一般是直接用于饮用,酒杯通常用瓷料和优质玻璃烧制而成。由于酒杯直接与消费者见面,一些企业为了加强对产品的宣传,提升形象,制作了以二两左右作为最低白酒灌装容量的酒杯。这种酒杯在运输过程中承担着贮存、运输的功能,在消费者手中,又承担着饮用和包装的功能。企业往往在这种酒杯上印制精美的企业形象标识图案和文字,这是酒杯功能的延伸和发展。

二、现代白酒饮用器具

白酒的饮用随着时代的变迁而变迁,不断延伸出许多新的酒器。

1. 酒碗

酒碗是自古以来就存在的一种白酒饮用器具,在一些偏远的地区或农村,仍然有许多人习惯用酒碗饮酒。酒碗就是一般的饭碗、小汤碗,只是用作饮酒器具,所以称为酒碗。酒碗的容量一般在三两至半斤之间,视碗本身的容量大小而定。在生产力落后的年代,常见的酒碗是粗碗,即制作工艺粗糙的陶瓷碗,目前这种碗已经很少见,更多地使用做工精细的细瓷碗。这反倒使一些乡村酒店和农家乐可以购置粗碗作为添饭和盛酒的工具,以显示古朴和乡土气息。

2. 酒盅

酒盅一般是用搪瓷、陶瓷或金属制作的容器,这些容器因为用于饮酒而称为酒盅。酒盅一般在四两到六两之间,视盅的容量大小而定。目前已经很少有人使用酒盅饮酒。

3. 酒杯

由于有利于饮食卫生,与酒碗和酒盅相比,酒杯是经济发展、时代进步和饮酒文明的标志之一。白酒的酒杯一般容量为八钱或一两。如果将口杯用作酒杯,就可以容纳一两五至二两白酒。酒杯常见的有落地式和立足式两种,落地式的酒杯整个杯体均可盛酒,而立足式的酒杯,杯足部分不能盛酒。

4. 酒匙

酒匙是用于分添白酒的小汤匙。汤匙从酒碗中舀出酒,添入酒杯中,称为酒匙,可见酒匙并不是天生的用于舀酒的工具。酒匙的使用,方便将酒碗中的酒添入酒杯中而不滴落,承担着分酒的功能。在分酒器出现之后,酒匙正逐渐退出酒席舞台。

5. 分酒器、分酒壶

分酒器和分酒壶是方便消费者在宴席上自斟白酒用的器皿,一般由金属或者透明玻璃制作而成。主客到位之后,服务员将瓶装白酒分别添入三五个分酒器(壶)中,放到酒席上,供消费者在喝完了杯中酒之后自己斟酒。一般一个玻璃分酒壶可以装 3~4 两白酒,一个金属壶可以装 3.5~4.5 两白酒。分酒器(壶)的使用,既方便了消费者,又降低了服务员的工作强度,是目前酒席上很受欢迎的饮酒用具。

6. 骰子和扑克

骰子和扑克本来与酒无关,但是饮酒作乐的食客在酒酣之际,总是希望通过一些游戏活动为饮酒增加乐趣。于是,骰子和扑克作为一种劝酒的工具,被引入酒席之间。食客通过投掷骰子和翻牌确定酒桌上的人谁该喝酒。随着饮酒文明程度的提高,骰子和扑克在酒桌上露面的概率正在降低。

三、现代白酒包装

现代社会,白酒包装从白酒器具中分离的速度呈现出越来越快的趋势,甚至连白酒器具也被赋予越来越多的包装功能,或者转化为白酒包装,使白酒包装家族"人丁兴旺",体系日益庞大。

1. 小酒坛

小酒坛是指用于盛酒的陶瓷制品,小酒坛本来是古代用于装盛白酒的器具,随着经济的发展,逐渐降低了使用率。但是近年来,随着白酒企业开始注重强调白酒的历史文化底蕴,一些企业希望通过陶制酒器彰显产品的古老和久远特性,所以又开始精制陶质小酒坛。这种小酒坛的功能与玻璃酒瓶一样,主要功能是将酒带到消费者的面前,并给消费者一个好的印象。一般小酒坛的容量为一斤,有些企业偶尔也会采用 2 斤或者 5 斤装容量。

为了更好地实现包装功能,现在的小酒坛与古代的小酒坛已经有很大的区别。首先,制作酒坛的材料更加精致,做工更加精细。其次,一般会对坛体形状和表面进行设计和装饰,使坛体更加美观,表面更加光滑、平整和美丽,坛盖的做工也很讲究。此外,有些企业还为坛子设计了木质底座,为坛体制作藤编、竹编或者秸编,一方面美化包装,另一方面也增强坛体与其他物件的缓冲空间,使运输安全更加有保障。

2. 酒瓶

酒瓶是历史悠久且最常见的盛酒器具,与过去不同的是,现在的酒瓶越来越多地体现出其产品展示功能。酒瓶的瓶体设计日趋多样化,酒瓶的材料要求也越来越高。一些企业甚至高薪聘请专家设计酒瓶及其印刷图案,力求给消费者一个很好的印象或者达到彰显酒品的目的。一个很明显的变化是,现在的酒瓶越来越少使用纸质酒标,企业往往直接将酒标的内容设计到整个酒瓶的图案之中,甚至为了营造良好的色彩气氛,将整个酒瓶喷为一个色彩,比如蓝色、青色或者大红色,使瓶体美轮美奂,不再透明。为了使酒瓶看起来更加高雅、高档次,企业还非常精心地设计瓶盖,并在瓶盖上做防伪设计处理。可以说,现在的酒瓶装盛功能已经高度淡化,包装已经成为其主要功能。

3. 填充物

白酒包装的填充物,是指白酒包装盒内,介于白酒瓶和包装盒之间,承担缓冲功能的物品。一般采用发泡塑料或者海绵类柔软的物品作为填充物。目前一个明显趋势是填充物的缓冲保护功能正在向包装功能转化,即填充物的用料越来越考究,填充物的美化和增色功能受到高度重视。

4. 内包装

内包装是白酒瓶与填充物之间的包装,一般采用柔软舒适的布料制作成酒瓶的包装袋,承担内包装的功能。内包装也是近年来白酒包装中兴起的新物件,其功能主要是在外观上提高产品的档次,增强消费者的信任感。

5. 附赠品

附赠品也是近年来白酒包装中的一种新兴物品。附赠品的品种多种多样,常见的有金币、小瓶装酒、酒杯、分酒器、烟灰缸、钥匙链、开刀、指甲刀、笔筒等。附赠品实际上是一种营销手段,通过增加附赠品提高产品的外观档次,美化观感。附赠品并非常规的包装物,属于形象包装的范畴,着眼点是产品的整体形象和档次,或者方便消费者饮用,让消费者产生"物有所值"的感受。

6. 酒盒

酒盒是用于白酒单体包装的最外面一层保护装置。通常用塑料、水晶材料、有机玻璃、纸板等制作,附印精美的装潢和色彩,并将产品形象色、标识图案、产品信息等印制于上面。目前,酒盒已经成为白酒包装设计的一个重点,其受重视程度仅次于酒瓶。

7. 布袋

布袋是白酒企业通过为顾客提供携带白酒方便,为了推广企业或者产品形象而设计的一种包装形式。这种布袋既可以提酒,又可以留作日后购物、装盛物品,是可供多次使用的环保袋。上面一般会印制企业或产品的标识,以便承担起传播企业或产品信息的功能和作用。一般一个布袋的大小可以装下两瓶盒装白酒。在一箱白酒内,提供三个布袋。

8. 纸袋

纸袋跟布袋的功能相似,也是在为顾客提供方便的同时对企业及其产品进行推广。如果设计了布袋,一般不再设计纸袋。

9. 产品证书

产品证书一般是针对价格较高、档次较高的产品设计的一个产品信息卡,以此向消费者证明产品质量和档次,赢得消费者的信任。

10. 包装箱

包装箱是白酒产品最外面一层包装防护措施,目前包装箱的主要功能还是确保运输安全,一般采用瓦楞纸作为包装材料。在包装箱上,一般要印制关于产品的简要信息,比如产品的品名、规格(酒精度、单瓶产品的容量、瓶数)、生产日期、生产厂家等。印刷图案和文字一般采用单一色彩,以红色居多。

11. 酒标

酒标是白酒的标识信息。酒标包含丰富的信息,一般由正标、背标、颈标组成。不同风格的酒标,其内容、位置不尽相同。不同地区的酒标,以不同的内容和形式,反映了不同的酒文化和审美风尚。中国酒文化传统深远,酒企业很多,酒的种类复杂,因此酒标也多姿多彩。酒标对研究酒的历史、灿烂文化、风土人情和酿酒企业的发展有重要的参考价值。尤其值得一提的是,由于经济条件的改善,目前高端白酒有"去酒标"现象,即很多高端白酒都不再制作纸质酒标,而是直接在酒瓶上或者外包装上印制酒的相关信息,这样就导致酒标逐渐消失。

在酒标中,通常包括产品品名、酒精含量、容量、香型、注册商标、配料、认证、获奖、生产企业、生产日期、生产地址、联系电话等信息,如图4-8所示。目前国家对酒标的标注有新的规定,其中很重要的一条就是要求注明产品的原料成分,以便消费者能够更加了解产品的品质。

图4-8 酒标

第四节 现代白酒生产器具

一、原辅料的处理设备

白酒生产原辅料处理,涉及原料和辅料的输送、除杂、粉碎、配料等几个环节,包括一系列相关设备,各种设备功能不同。

1. 原辅料输送设备

目前,对白酒生产原辅料的输送主要采用机械输送方式,也有少数企业采用气流输送的方式。采用机械输送方式使用的物料输送设备主要有斗式提升机、带式输送机、螺旋输送机、刮板输送机等。

2. 原料的除杂设备

原料的除杂是原料利用的一个重要环节,即将原料中的杂质除去。采用振动方式筛去原料中的杂物,这就需要振动筛;除石要用吸式去石方法,需要抽吸机械;消除原料中的铁质,要用永磁滚筒设备除铁。

3. 原料的粉碎设备

清洁的原料要投入使用,还要进行粉碎。白酒原料的粉碎,粉碎方法有湿式粉碎及干式粉碎两种,采用锤式粉碎机、辊式粉碎机及万能磨碎机均可。对干式粉碎,应配置相应的吸尘系统。

4. 配料设备

配料即将白酒生产的各种原料进行配置。一般配料需要的设备有扬机、刮板机等。

二、制曲设备

酒曲有小曲、大曲、麸曲等,根据所制酒曲不同,需要使用不同的制曲工艺和设备。

1. 制小曲

制小曲除利用纯种根霉菌等制作浓缩酒药时采用发酵罐等设备外,传统小曲的制作基本上仍停留在手工操作阶段。

2. 制大曲

不少企业仍采用曲模盒手工制坯方式进行大曲制作,一些大厂采用液压制曲机、弹簧冲压曲砖机及气动式压曲机等设备制大曲,也有企业采用曲架培制大曲,并配有相应的空调装置。

3. 制麸曲

制麸曲目前大多采用深层通风槽进行。

三、发酵设备

发酵设备跟发酵工艺有密切的联系。用液态发酵法生产白酒,基本上采用酒精工业的设备,跟固态及半固态发酵法进行白酒发酵不一样。下面叙述的是固态和半固态发酵所使用的设备。

1. 传统的发酵容器

传统的发酵容器主要有陶缸和地窖两大类型。陶缸包括地缸(将缸的大部分埋入地面之下)和一般置放在室内的缸。南方的白酒发酵容器大多采用陶器。但蒸馏酒出现后,这种情况开始发生了变化,地窖这种特殊容器应运而生。地窖发酵就是掘地为窖,将原料堆积其中,让其自然发酵。四川省的泸州、宜宾等地区,有窖龄达五六百年的老窖。地窖又可分为泥窖、碎石窖和条石窖等多种类型。发酵容器的多样性是造成白酒香型多样的主要原因之一。

2. 新式固态发酵法发酵容器

针对固态发酵法,有的企业以隧道为发酵室,作为固态发酵法发酵容器,安置移动式发酵池,窖池以钢筋混凝土制作,池底安装轮子,可在轨道上移动。发酵室一般长约 42 米、有效宽度约 4 米、高约 3.8 米,并列 4 条隧道,呈拱形,两端装折叠式大门,方便发酵池进出。每条隧道可安置发酵池 11 个。发酵室装有调温设施,有的企业在传统面积为 1 200 平方米的发酵窖室内安装空调设施,提高原料出酒率及产品质量。大曲清香型白酒,目前仍采用地缸发酵的方式,主要设备就是地缸。

3. 新式的半固态发酵法白酒发酵容器

针对半固态发酵法,一般企业采用 50 平方米的发酵罐作为半固态发酵法白酒发酵容器。此外,由于涉及发酵池物料的进出和处理,发酵设备还可能涉及晾机、风机、行车抓斗、地面行车抓斗及刮板输送等设备。少数企业仍采用人工装卸方式,在这种情况下,手推车(叽咕车)是主要装运设备。

四、酒醅出入缸(池)设备

酒醅出入缸(池),是指将酒醅送入发酵缸或发酵池发酵,并在发酵之后挖出来运往生产地点的过程。在传统的操作过程中,酒醅入缸(池),一般会涉及行车(叽咕车、手推车)、钉耙、大铲、扫帚等设备。而酒醅出缸(池)也主要涉及这些设备。这道工序需要工人一铁锨一铁锨挖,劳动强度大,生产效率低,既费工又费力,增加了劳动成本,影响了企业经济效益。现在,有些企业采用机械化操作方式替代手工操作。

五、蒸煮设备

蒸煮设备的采用,与发酵方式也有关系。

1. 半固态发酵法蒸馏设备

采用半固态发酵法,一般采用卧式蒸馏釜或立式蒸馏釜。蒸煮设备与原料的选择也有很大关系,一般以大米为原料的小曲酒的生产,也采用浸米槽(罐)、立式或卧式蒸饭机等设备进行蒸煮。

2. 固态发酵法蒸馏设备

采用固态发酵法,大多使用固定甑、活底甑和转盘甑等蒸馏设备,连续蒸馏机使用很少。冷凝器为列管式,其材质一般为不锈钢。

六、晾渣设备

晾渣设备有翻版晾渣、分机鼓风甑、震动晾渣床等,也有采用地面通风晾渣、地下通风晾渣及轨道翻滚晾渣等方式晾渣的。涉及的设备有晾渣床(排)、鼓风机、轨道翻滚车等。

七、酒过滤器

白酒蒸馏之后,为了确保酿出来的酒无杂质,要采用过滤的方式滤酒,一般采用烧结棒、硅藻过滤器及超滤器等设备滤酒。

八、贮酒器

白酒生产出来之后,要贮存一段时间,以便老熟。贮酒设备多种多样,有大有小。有酒海、陶土坛、陶板池、不锈钢罐、酒泵、金属制的桶,有罐、陶瓷缸、花岗岩石制的池、木箱以及竹荆等编的筐等。其中,木箱和竹筐等主要是对贮酒器起保护作用。

九、勾调主要设备

生产出来的白酒,要进行勾调,使酒质达到一个标准的、稳定的水平。在这个过程中,会使用到气象色谱仪、液相色谱仪、贮酒罐(池)、流量计(包括磅、秤)等设备。

十、包装系统

按照传统的方式,包装系统采用人工方式进行包装。目前,为提高工作效率和工作质量,白酒产业的包装系统革新很快,大规模地采用机械化操作。在洗瓶、灌装、压盖、贴标、装箱、堆垛等环节,都采用机械化操作,甚至开始推进计算机管理,提高包装的自动化程度。

随着科学技术的发展,现代白酒生产设备正在快速更新,其主要表现是大量新型机械设备被设计研发出来,替代过去的人工劳动,尤其是信息技术的应用,数字控制技术正逐渐向白酒酿造、窖池管理、白酒勾调等环节深入发展,这将给白酒企业降低成本、提高质量和效率带来新的契机。但是值得关注的是,机械化生产和信息技术的采用,也必将从根本上变革白酒生产的方式。而作为一门以传统的生产工艺技术支撑起来的、以历史和文化传承为其特色的产业,尤其是一些老牌白酒企业,如果通过现代技术的应用走上规模化发展的道路,是否会给产业发展带来同质化竞争的局面,以致丧失竞争优势? 这是值得研究的。

◎思考题

1. 白酒器具和包装的种类有哪些?

2. 藏酒洞的功能是什么?

3. 酒标由哪些部分组成? 一般含有哪些信息? 对于白酒营销有何意义?

4. 出土于泸州纳溪区上马镇的国家一级文物精品麒麟温酒器有何独特之处?

第五章 白酒商贸文化

生产力的迅速提高,使社会生产能力得到了大幅度的发展,市场开始出现产品过剩,导致市场供需的杠杆逐渐由卖方转向买方。在买方市场的背景下,消费者拥有更多的话语权和选择权,商品贸易也出现了根本性的变化,营销日益成为贸易的重要话题。在多数情况下,离开了营销,生产将难以持续。白酒生产也是如此,现代物流让白酒产品能够辐射更加广泛的区域,也增加了白酒企业之间的竞争,质量、品牌、评优、平台、展会、广告、互联网日益成为白酒商贸的关注对象,围绕这一系列概念展开的白酒商贸活动,呈现出丰富多彩的白酒商贸文化。

第一节 各种与酒有关的评比活动

一、名酒评比活动

我国自古就有名酒这个概念,比如陶渊明在《〈饮酒〉诗序》中有"偶有名酒,无夕不饮"的句子。宋代秦观在《次韵夏侯太冲秀才》中有"或时得名酒,亭午犹中圣"的句子。古时被称为"名酒"的酒也不少,汉武帝喜欢兰生酒,曹操喝缥醪,唐玄宗爱三辰酒,虢国夫人造天圣酒,孙思邈做屠苏酒。在唐代,四川便出现了绵竹剑南春烧酒、泸州荔枝绿、郫县郫筒酒等十分有名的酒。

1.名酒的含义

名酒,顾名思义就是知名的酒、名贵的酒。知名的酒虽然与质量相关,质量好的酒价格也要高些,但是知名的酒不一定贵,而贵的酒不一定有知名度。因此,确切地讲,名酒,应该是知名的酒。名酒有两种含义:一是指知名的酒,即在消费者中知名度高的酒;二是指经过一定认证形成的名酒。这两层含义是相互影响的,在消费者心目中知名的酒,自然质量是有保障的,而且有较大的市场影响力或者市场占有率;而被评为名酒的产品,也逐渐会变得让更多的消费者知晓。

新中国成立以来举行过多次各种级别的评酒活动,在国家级评酒活动中,逐渐形成了"金质奖章"和"国优"两个档次。如1998年第五届全国评酒会评出国家名酒17种,国家优质酒 53 种。获得金质奖章的酒,大都在商标上注"中国名酒"字样,此外还印有金质奖章的图案。国优酒大都在商标上注"国优"字样或印银质奖章图案。"名酒"是指获得金质奖章的国家名酒;"国优"酒是指获得银质奖章的国家优质酒。这两类酒是经过全国评酒会评出的,级别最高。此外还有"省优"和"部优"酒。所谓"省优"是指获得省级质量奖的酒。所谓"部优"是指经某一个部门评出的优质酒。

2. 中国五届名酒评比活动

新中国成立以来,我国有关机构先后进行了 5 次白酒名酒评比活动,这 5 次名酒评比活动对确立白酒企业的声誉和竞争力产生了积极的作用,也对白酒产业的发展产生了深远的影响。

(1)第一届中国名酒评比

第一届中国评酒会于 1952 年在北京举行,由原中国专卖实业公司主持。这次评酒会主要是根据北京试验厂(现北京红星酿酒集团前身)化验分析的结果,共评出四大名白酒:贵州茅台酒、山西汾酒、陕西西凤酒、四川泸州老窖特曲,简称老四大名酒。

(2)第二届中国名酒评比

第二届中国评酒会于 1963 年在北京举行,由原国家轻工业部主持,主持单位是原食品工业部食品工业局。这次的评酒办法在第一届基础上有所改变,即按混合编组大排队的办法进行品评,参评产品采取密码编号、分组淘汰,经过初赛、复赛和决赛,最后按得分多少择优推荐。另外,要求品评由评酒委员独立思考,按酒的色、香、味百分制写评语,首次制定了评酒规则。共评出八大名酒:茅台酒、五粮液、古井贡酒、泸州老窖特曲、全兴大曲酒、西凤酒、汾酒、董酒,简称老八大名酒。

(3)第三届中国名酒评比

第三届中国评酒会于 1979 年在辽宁大连举行,由原国家轻工业部主持,制定了系统的评酒理论标准:一是按香型、生产工艺和糖化剂编组,分为酱香、浓香、清香、谷(米)香及其他香型进行评比;二是按酒的色泽 10 分、香气 25 分、口味 50 分、风格 15 分进行综合考核打分;三是对产品进行密码编号,同一省的酒初评不碰面,上届名酒不参加初评,复评时作为种子酒分别编在各小组进行品评。共评出 8 种名酒:茅台酒、汾酒、五粮液、剑南春、古井贡酒、洋河大曲、董酒、泸州老窖特曲,简称八大名酒。

(4)第四届中国名酒评比

第四届中国评酒会于 1984 年在山西太原举行,评选国家名酒(金质奖)和国家优质酒(银质奖)。评酒办法:一是采用按香型、糖化剂编组,密码编号,分组初评淘汰,再进行复赛,选优进行决赛的办法;二是由于参赛样品较多,考虑到评酒效果和时间,把 30 名评酒委员分成两组,一组评浓香型,另一组评浓香型以外各种香型的酒;三是密码编号。共评出 13 种名酒:茅台酒(飞天牌、大曲酱香型),汾酒(古井亭牌、长城牌、大曲清香型),五粮液(五粮液牌、交杯牌、大曲浓香型),洋河大曲(羊禾牌、大曲浓香型),剑南春(剑南春牌、大曲浓香型),古井贡酒(古井牌、大曲浓型),董酒(董牌、其他香型),西凤酒(西凤牌、其他香型),泸州老窖特曲(泸州牌、大曲浓香型),全兴大曲(全兴牌、大曲浓香型),双沟大曲(双沟牌、大曲浓香型),特制黄鹤楼酒(黄鹤楼牌、大曲清香型),郎酒(郎泉牌、大曲酱香型),简称老十三优名酒。

（5）第五届中国名酒评比

第五届中国评酒会于1989年在安徽合肥举行，由中国食品工业协会主持。评酒标准规定按基层申报的产品香型、酒度、糖化剂分类进行品评。香型分为酱香、清香、浓香、米香和其他香型5类。酒度分为40~55度（含40度和55度），40度以下两档。糖化剂分为大曲、麸曲和小曲3种。酒样密码编号。采用淘汰制，进行初评、复评、终评。评酒采用百分制。对上届获得国家名酒（金质奖）和国家优质酒（银质奖）进行复查认定。从白酒中共评出17种名酒：茅台酒、汾酒、五粮液、洋河大曲、剑南春、古井贡酒、董酒、西凤酒、泸州老窖特曲、全兴大曲酒、双沟大曲、特制黄鹤楼酒、郎酒、武陵酒、宝丰酒、宋河粮液、沱牌曲酒，简称十七大名酒。评出国家优质酒（国家银质奖）53名。

二、白酒品牌价值评比

进入21世纪以来，由于产业发展格局和国家管理模式的变化，新中国成立以来间断进行的名酒评比告一个段落，品牌价值评比活动逐渐受到白酒企业的青睐和关注。

1."中国500最具价值品牌"排行榜

"中国500最具价值品牌"排行榜并非专门针对白酒企业的品牌评比，但是由于其评比本身的国际品牌效应和较大的影响力，以及其非官方独立评审的地位而受到企业的关注。白酒企业也不例外，凡是能够入榜的企业都认为是一大荣耀。

"中国500最具价值品牌"和"中国最具竞争力品牌"是由品牌价值实验室（WBL）、《世界经济学人周刊》发起主办。品牌价值实验室是一家世界级、国际化的品牌和智慧财产权的专业研究机构，在世界品牌研究领域颇具盛名。《世界经济学人周刊》是全球非常具有影响力的华语商业和管理权威杂志。2005—2012年，连续8年成功发布"中国500最具价值品牌"和"中国最具竞争力品牌"排行榜。每年吸引大批高级政经官员、国际组织要员、企业领袖以及中外知名经济学家关注和参与，是目前中国品牌研究领域非常具有权威性和影响力的奖项之一，被誉为中国品牌的"奥斯卡奖"。

2."华樽杯"中国酒类品牌排行榜

"华樽杯"中国酒类品牌排行榜是由中国酒类流通协会和中华品牌战略研究院共同举办的一个全国范围的酒类企业品牌价值评议组织，由于组织评比机构本身是全国性白酒行业协会，加之与中华品牌战略研究院共同进行评比，使其评比具有较高的权威性，受到白酒企业关注。2009—2020年，已连续举办11届评议活动。评议组委会由国内外酒类权威专家、学者等组成，采用国际公认的品牌价值评估体系，从经济指标、品牌实力和品牌状况等方面进行多方面的评测。中国酒类品牌价值评议委员会测评小组根据品牌评测体系：品牌价值＝利润×品牌实力×品牌状况，得出测评报告。

三、其他品牌、荣誉评比活动

除了名酒评比和品牌价值评比会给白酒企业的发展带来影响之外，还有一些品牌、荣誉评比活动虽然不是专门针对白酒企业而开展的，但是也会对提升白酒企业的影响力产生推动作用。

1. 中国非物质文化遗产

2006年9月,中国非物质文化遗产保护中心在中国艺术研究院挂牌成立。该机构是经中央机构编制委员会办公室批准成立的国家级非物质文化遗产保护的专业机构;承担全国非物质文化遗产保护的相关具体工作,履行非物质文化遗产保护工作的政策咨询;组织全国范围内普查工作的开展;指导保护计划的实施;进行非物质文化遗产保护的理论研究。

联合国教科文组织颁布的《保护非物质文化遗产公约》对非物质文化遗产进行了定义,即非物质文化遗产指被各群体、团体、有时为个人视为其文化遗产的各种实践、表演、表现形式、知识体系和技能及其有关的工具、实物、工艺品和文化场所。各个群体和团体随着其所处环境、与自然界的相互关系和历史条件的变化不断使这种代代相传的非物质文化遗产得到创新,同时使他们自己具有一种认同感和历史感,从而促进了文化多样性和激发人类的创造力。非物质文化遗产是各种以非物质形态存在的与群众生活密切相关、世代相承的传统文化表现形式,包括口头传统,传统表演艺术,民俗活动、礼仪与节庆,有关自然界和宇宙的民间传统知识和实践,传统手工艺技能等以及与上述传统文化表现形式相关的文化空间。

图5-1　中国非物质文化遗产标志

在非物质文化遗产认定的实际工作中,认定非遗的标准是由父子(家庭)或师徒或学堂等形式传承三代以上,传承时间超过100年,且要求谱系清楚、明确。中国非物质文化遗产标志如图5-1所示。

2. 全国质量管理奖(全国质量奖)

中国质量协会简称"中国质协",英文缩写CAQ,是由中华人民共和国境内致力于质量管理与质量创新事业的组织和个人自愿参加的、具有法人资格的非营利性、全国性科技社团组织。

中国质量协会按照评审原则、当年质量管理实际水平,适当考虑企业规模,以及国家对中小企业的扶持政策,每年评审一次,确定授奖奖项。质量管理奖评审机构由质量管理奖审定委员会和质量管理奖工作委员会两级机构组成,工作委员会常设办事机构为质量管理奖工作委员会办公室。质量管理奖审定委员会由政府、行业、地区主管质量工作的部门负责人及有权威的质量专家组成,负责研究、确定质量管理奖评审工作的方针、政策,批准质量管理奖评审管理办法及评审标准,审定获奖企业名单。质量管理奖工作委员会由具有理论和实践经验的质量管理专家、质量工作者和评审人员组成,负责实施质量管理奖评审,并向审定委员会提出获奖企业推荐名单。

从2006年起,经全国质量奖工作委员会提议,审定委员会审议通过,全国质量管理奖更名为全国质量奖。全国质量奖标志如图5-2所示。

图5-2　全国质量奖标志

3. 原产地标记注册

国家出入境检验检疫局(国家检验检疫局)设立原产地标记工作小组及其办公室。各地出入境检验检疫局(检验检疫机构)按照相应的模式,负责其辖区内的原产地标记的申请受理、评审、报送注册和监督管理。对已取得国家检验检疫局批准注册的原产地标记,由国家检验检疫局每半年一次公开发布《受保护的原产地标记产品目录》。经注册认证的原产地标记产品,由国家质检总局根据《原产地标记管理规定》及《原产地标记管理规定实施办法》列入《受保护的原产地标记产品目录》,并定期向社会公布,同时,在国际市场上受到 WTO 的《与贸易有关的知识产权协定》(简称《TRLPS 协定》)的保护,从而起到保护知识产权的作用。

原产地标记注册制度是国际上广泛开展的一种旨在维护国家利益、实施贸易保护的做法。原产地标记是产品或某项服务来源地的重要证据之一,是表明产品的生产地、出生地、出土地或生产、加工、制造地以及某项服务来源地的重要标志或符号。特别是对那些因为特定的自然环境中所产生的特殊品质而享有很高声誉的产品。

原产地标记包括原产国标记和地理标志两大类。原产国标记是指用于指示一项产品或服务来源于某个国家或地区的标识、标签、标示、文字、图案以及与产地有关的各种证书等;地理标志是指一个国家、地区或特定地方的地理名称,用于指示一项产品来源于该地,且该产品的质量特征完全或主要取决于该地的地理环境、自然条件、人文背景等因素。用特定地区命名的产品,其原材料全部、部分或主要来自该地区,或来自其他特定地区,其产品的特殊品质、特色和声誉取决于当地的自然环境和人文因素,并在该地采用传统工艺生产。产品的品质、品味、特征、特色和声誉能体现原产地的自然环境和人文因素,并具有稳定的质量、历史悠久、享有盛名;其原产地是公认的,协商一致的,并经确认的。原产地标记如图 5-3 所示。

图 5-3 原产地标记

4. 中华老字号

中华老字号(China Time-honored Brand)是指历史悠久,拥有世代传承的产品、技艺或服务,具有鲜明的中华民族传统文化背景和深厚的文化底蕴,得到社会广泛认同,形成良好信誉的品牌。老字号是数百年商业和手工业竞争中留下的极品,都经历了艰苦奋斗的发家史而最终统领某个行业,其品牌也是人们公认的质量的同义语。现代经济的发展,使老字号显得有些失落,但它仍以自己的特色独树一帜。

图 5-4　中华老字号标志

在 1991 年的认定中,有 1 600 余家老牌企业被授牌。2006 年 4 月,商务部发布了《"中华老字号"认定规范(试行)》"振兴老字号工程"方案,在 3 年内由商务部在全国范围认定 1 000 家"中华老字号",并以中华人民共和国商务部名义授予牌匾和证书。中华老字号标志如图 5-4 所示。

5. 中国驰名商标

中国驰名商标(Well-known Marks of China)是指经过有关机关(国家工商总局商标局、商标评审委员会或人民法院)依照法律程序认定为"驰名商标"的商标。

"驰名商标"(Famous Trademark)又称周知商标,最早出现在 1883 年签订的《保护工业产权巴黎公约》(以下简称《巴黎公约》)。我国于 1984 年加入该公约,成为其第 95 个成员国。根据国家工商总局 2003 年 4 月颁布的《驰名商标认定和保护规定》,其含义可以概括为在中国为相关公众广为知晓并享有较高声誉的商标。对于什么是"相关公众",《驰名商标认定和保护规定》是这样规定的:相关公众包括与使用商标所标示的某类商品或者服务有关的消费者,生产前述商品或者提供服务的其他经营者以及经销渠道中所涉及的销售者和相关人员等。

图 5-5　中国驰名商标标志

对什么叫作"广为知晓"和"享有较高声誉",《驰名商标认定和保护规定》并没有明确的界定。中国驰名商标标志如图 5-5 所示。

6. 四川省著名商标

四川省著名商标是指被相关公众所知悉,在市场上具有较高知名度和信誉度,并依照《四川省著名商标认定和保护条例》规定予以认定的注册商标。省工商行政管理部门负责四川省著名商标的认定、保护和管理工作。被认定的四川省著名商标,由省工商行政管理部门发给四川省著名商标证书,并在省级主要报刊上公告。四川省著名商标的有效期为 3 年,自公告之日起计算。有效期满前 3 个月或者因特殊原因在有效期满后 3 个月内,四川省著名商标权利人可以向省工商行政管理部门申请续展。符合条例规定条件的,省工商行政管理部门予以确认并公告。每次续展有效期为 3 年。逾期未申请续展或经审查不符合条件的,该著名商标失效,由省工商行政管理部门予以公告。

此外,还有一些机构会根据时事的需要组织一些评比活动,比如《华夏酒报》在 2009 年借新中国成立 60 周年之际,举行了"推动中国酒业发展的 60 人 60 企"推选活动。根据对中国酒业的推动力、影响力、代表性、成就表现等 4 个方面,通过读者推荐、确定入选、网络投票、专家意见,经评委会最终评议,授予 6 位已故酒业专家为"推动中国酒业发展的特别贡献人物"荣誉称号;推选 60 人为"推动中国酒业发展的卓越人物";推选 60 个企业为"推动中国酒业发展的优秀企业"。

第二节 与白酒行业相关的展会

一、国际展会

1.世界博览会

世界博览会(World Exhibition or Exposition,简称 World Expo)简称世博会。世博会是一项由主办国政府组织或政府委托有关部门举办的有较大影响和悠久历史的国际性博览活动。参展者向世界各国展示当代的文化、科技和产业上正面影响各种生活范畴的成果。分为两种形式:一种是综合性世博会,另一种是专业性世博会。目前,中国已经组织了一届综合性世博会,一届专业性世博会。

世博会的协调和管理机构是国际展览局,国际展览局标志如图5-6所示。1928 年,根据外交公约,由法国发起成立了政府间国际组织——国际展览局(International Exhibitions Bureau,BIE),总部设在巴黎,专事监督和保障《国际展览会公约》的实施、协调,管理举办世博会并保证世博会水平。

世界博览会并不是专门针对白酒行业开设的展会,但是其国际影响力足以引起白酒企业的重视,所以,历来著名白酒企业都以在展会上获得荣誉而骄傲,大加宣扬。

图 5-6 国际展览局标志

2.中国国际酒业博览会

中国国际酒业博览会简称酒业博览会或酒博会,是由商务部批复、中国酿酒工业协会主办的中国规模最大、专业化水平最高的酒类博览会,是目前中国乃至世界唯一针对酒精、白酒、黄酒、啤酒、葡萄酒、果露酒六大酒种的专业展览会,专门提供酒类产品、酒器具和酒文化展示。中国国际酒业博览会致力于酒类企业高端品牌塑造与推广,打造高附加值产品的专业化酒类品牌展。

中国国际酒业博览会现已成功举办多届,第一届博览会于 2006 年 9 月举办,主题是"创新与品牌"。中国国际酒业技术博览会的目标是打造中国首个国际化的专业酒展,自首次举办以来,就在业界引起轰动,国内外主流品牌积极参展,一举奠定酒类专业品牌展地位。目前,酒博会已成为酒类知名品牌到位率最高的专业展览、酒类市场的风向标和国际交流的重要商贸平台。

3.中国国际酒业技术装备博览会

中国国际酒业技术装备博览会(China International Alcoholic Drinks Expo,CIADE)是中国酿酒工业协会及其六大专业委员会倾力打造的,是目前中国乃至世界唯一针对酒精、白酒、黄酒、啤酒、葡萄酒、果露酒六大酒种的专业装备展览会。该博览会自 2006 年开始举办,每年组织一次,确定不同的主题,展示白酒、啤酒、黄酒、葡萄酒、果露酒、保健酒及酒精领域的最新技术,展示中国制酒设备、原辅料、包装材料与配套件等方面最新的科研成果。中国国际酒业技术装备博览会标志如图5-7所示。

图5-7　中国国际酒业技术装备博览会标志

二、国内展会

1. 全国糖酒商品交易会

全国糖酒商品交易会(以下简称"糖酒会")是由中国糖业酒类集团公司主办的大型全国性商品交易会。糖酒会于1955年举办首届交易会,以后每年春、秋两季各举办一次,春季固定在成都举行,秋季在其他城市流动。糖酒会的参展商为从事酒类、食品饮料、调味品、食品添加剂、食品机械与包装的生产或销售企业。举办糖酒会次数最多的城市是成都,最早举办糖酒会的城市是北京。糖酒会因其规模大、效果显著,因而被业界誉为"天下第一会"。糖酒会上交易的商品很多都是日常消费品,其交易活动直接影响到广大人民群众的日常生活。糖酒会对我国的经济建设和发展,培育大市场,发展大贸易,搞活大流通,加快食品和副食品行业的改革开放步伐,促进企业技术进步、产品的升级换代、创立名牌产品产生了重要的推动作用,已成为全国酒类和食品行业流通环节最大的交易平台,成为行业发展的晴雨表和风向标。

2. 中国白酒金三角酒业博览会

中国白酒金三角酒业博会致力于打造成长江上游白酒经济区,助推中国白酒走向国际市场,吸引世界更多的目光,弘扬中华优秀的文化,展现东方飞扬的神韵,从而承载起千年的酒道,开创出万世的酒业。中国白酒金三角酒业博览会第一届于2008年3月举行,主题是"发挥泸酒产业优势,实现和谐共赢发展"。泸州是一个"酒以城名,城以酒兴"的城市,以酒文化源远流长而著称,酿酒历史达400多年。自2008年至今先后举办了十一届酒业博览会,从最初的中国酒城·泸州酒类博览会到后来的中国白酒金三角酒业博览会,从最初的市级展会到如今的商务部重点支持、省政府主办的重要盛会,泸州酒博会在白酒业界已占据了重要地位,无论规模上还是档次上都发生了质的飞跃。

3. 中国(贵州)国际酒类博览会

2011年起,中华人民共和国商务部和贵州省人民政府共同主办中国(贵州)国际酒类博览会。第一届于2011年8月在贵阳成功举办,主题为"展示全球佳酿、承接产业转移、促进开放开发"。虽然贵州酒博会的历史很短,但却取得了不俗的成绩,贵州着力将酒博会打造成为推动贵州经济社会实现跨越式发展的国际化、市场化、专业化、品牌化、长效化知名展会平台和招商引资平台。

4. 中国(深圳)酒业博览会

2012年8月,由中国国际贸易促进委员会深圳市委员会、香港联合国际展览有限公司联合主办的首届深圳酒博会在深圳会展中心举办,填补了深圳会展业的一大空白,更为国内外名酒企业提供了抢占中国高端酒消费市场的一大捷径和平台。酒博会以"绿色饮酒"为主题,迎合了当代企业营销策略及酒类行业的未来发展,弘扬了中国传统酒文化与促进世界酒文化交流的需要。参展商除了来自全国各地的名优酒企、酒商,还汇聚了国际酒类名庄、进口酒商。深圳酒业博览会不只是交易的权威展会,更是名优酒企论剑、思想交锋的平台。

5. 中国遵义酒博会

中国遵义酒博会由贵州省政府主办,贵州省商务厅、遵义市政府和中国贸易促进会贵州分会共同承办,遵义市委、市政府每年都将酒博会作为推动白酒产业的契机,第一届于2008年9月举办。遵义酒博会旨在打造一个全国知名酒类企业的产业链展览,在原有单纯酒类产品展览的基础上,加大全国酒类企业间的技术交流和酒类产品上游原辅料厂商和下游销售商代理之间的互动,使遵义酒博会真正成为各酒类企业从原料、生产、代理、销售等各个环节上服务的综合平台。

6. 山西(汾阳·杏花村)世界酒文化博览会

山西(汾阳·杏花村)世界酒文化博览会是由中国酒业协会、吕梁市人民政府共同主办的文化搭台,经济、科技、收藏等多种元素唱戏的综合性博览会,是中国酒类行业展会唯一以酒文化为主题的国际展会。首届展会于2017年9月27—30日在山西省汾阳市汾阳会展中心举办,以"相约汾阳,品味世界清香"为主题。第二届在中国汾酒城举办,以"举杯汾阳,品味世界"为主题。作为中国酒类博览会唯一的"世界酒文化博览会",以文化交流、行业交流、品牌交流、工艺交流、文化传承、技艺传承、品牌展示、采购商订货、现场交易为目的。汾阳酒博会每年都将发布权威白酒行业重要指数,引领中国白酒消费文化市场;传承中国酒文化,展示企业品牌文化;复兴中国酒文化在世界范围的影响力;构建中国酒商联通世界的通路;打造成世界酒文化交流、国际合作、行业发展的国际平台。

第三节　白酒行业网站、电视和报刊

一、白酒相关电视台和报刊

1. 中央电视台

中央电视台现为国家副部级事业单位,内设各个副局级中心、频道部门(室)。中国中央电视台简称央视,是中华人民共和国国家电视台。虽然央视并不是专门针对白酒行业的电视台,但是央视是中国的强势媒体,历来受到高度关注。2006年,中央电视台位列"世界品牌500强"榜单第4名,2010年入围"亚洲品牌500强"榜单前十名。2016年"中国500最具价值品牌"分析报告显示,CCTV 位列总榜单第 8 名,品牌价值达 2 018.53 亿元。白酒企业尤其关注在央视投放广告,但是在央视投放广告成本很高,一般的小企业难以企及。孔府宴酒、秦池老窖、郎酒集团等企业都曾经成为央视广告的"标王",至于在央视投放其他广告的企业就数不胜数了。中央电视台标志如图 5-8 所示。

旧　　　　　　　　　　　新

图 5-8　中央电视台标志

2.《酒世界》

《酒世界》杂志是经国家审查批准正式出版的,由辽宁日报报业集团主办的酒饮文化专业期刊,面向国内外公开发行。办刊宗旨是宣传中外酒文化、传播健康科学饮酒、反馈酒友新需求、引领饮酒新时尚。除探讨酒厂和经销商密切关注的业界话题外,该杂志更加针对终端消费者群体,以酒文化作为永恒的话题,以终端消费者作为主要读者对象,具有专业性强、信息量大、内容新颖、图片精美、印刷精良等特点。通过对行业焦点事件的报道,探讨行业发展变化趋势;通过分析总结企业发展背后的思路和方法,力助企业在营销、品牌建设等方面自我提升。

3.《酒海观潮》

《酒海观潮》是由中国酒类商业协会、香港国际名酒文化研究会主办的国内大型酒类专业期刊。办刊宗旨是展现国内外酒类企业家风采及成功企业家典范,塑造国内外酒品牌形象,规范酒市场行为规则,沟通厂家、销售商、消费者之间的信息,服务于消费者、酒行业。除立足香港和珠江三角洲,覆盖中国大陆 31 个省市区外,还辐射中国澳门、中国台湾、新加坡、马来西亚、日本等地,是一本传播范围广,国际性、针对性强的高端行业渠道媒体。杂志致力于探讨酒业能量在商业领域的释放过程,全面报道在企业与品牌、市场与营销的全面促动下,中国酒类行业正在发生的新变化。以独立的立场和独特的视角解读酒业动态,提供时效性与深度兼具的酒业报道,并以对酒业理念和发展趋势的前瞻性报道,掌握酒业市场最新动态,是酒业人士观察市场、把握商机的最佳窗口,也是沟通厂家、销售商、批发商、零售商、材料配套供应商以及酒类爱好者的信息流。

4.《中国酒》

《中国酒》是经中国新闻出版总署批准,由中国酿酒工业协会、消费日报社、中国诗酒文化协会主办的酒行业综合性期刊。杂志宗旨是把握行业方针政策,提供酒业权威信息,洞察市场变化趋势,沟通商企产销关系,切实为中国酒业做点实事。杂志以敏锐的新闻洞察力对行业重大事件进行报道,关注行业风云;以深刻、系统的商业理论剖析行业与市场趋势;及时准确地传达国家酒行业的重大行业政策及相关法规,全面反映中国酒类产品的生产、流通及消费形势,深入研究行业发展中的深层次问题,及时提供酒类市场信息、价格、占有率、用户意见等一手资料,在厂家、商家、消费者之间架起信息沟通的桥梁;提供快捷、准确的营销咨询服务,帮助厂家、商家了解行情,促销产品,把握商机,开拓市场;拓展酿酒行业的电子商务,对厂家、商家、消费者提供全新的商品流通服务。

5.《糖烟酒周刊》

《糖烟酒周刊》原名《华糖商情》,是1993年创办的糖酒食品周刊杂志,也是唯一公开发行的全国唯一糖烟酒信息权威周刊。《糖烟酒周刊》由河北日报报业集团主办,办刊宗旨是满足行业的商务需求。《糖烟酒周刊》涵盖了中国糖烟酒市场的核心经销商群体和优秀生产企业,成为糖烟酒企业招商推广和扩大认知的最佳载体。《糖烟酒周刊》一直潜心做好三项建设:一是内容建设,坚持为读者提供真实、有用的文章和信息;二是网络建设,积极构建多个发行渠道和密集的服务网点,凝聚起数十万稳定并且不断扩大的经销商读者群;三是品牌建设,坚持真实的记录和科学的引导,树立起权威、专业的品牌形象。通过多年的积累,《糖烟酒周刊》已经发展成为中国糖酒行业最大的商务平台。

6.《中国酒业》

《中国酒业》是由中国酿酒工业协会主办的、各酒类行业组织倾力支持的酒类行业专业媒体,2003年创刊,以推动行业整体发展为己任,恪守中正、求是、客观的内容和风格,奠定最具公信力、最具高度的主流话语权和影响力为宗旨。《中国酒业》依托各酒类行业协会和各地方行业组织的信息资源,以服务酿酒企业为己任,致力于促进我国酿酒行业及相关产业的健康发展,力求及时准确地传达国家重大行业政策及相关法规,及时提供酿酒行业及相关配套行业的管理经验、科技动态、市场信息,在推动生产、促进销售等方面发挥了作用。内容涉及白酒、啤酒、葡萄酒、黄酒、酒精等各个酒种,注重酒类生产企业与经销商的有机结合,同时介绍原辅料、添加剂、包装机械等配套企业及产品。《中国酒业》已经成为我国酒类行业影响力最广、发行量最大、涉及酒种最全面的权威期刊,被誉为"中国酒类行业第一刊"。

7.《酿酒科技》

《酿酒科技》由中国酿酒信息中心、贵州省轻工科研所主办。办刊宗旨是以应用技术为主,全面而真实地报道反映中国白酒、葡萄酒、啤酒、酒精等行业的科技进步、科技创新、科技开发、科技应用的动态。《酿酒科技》是面向国内外公开发行的中国酒业学术刊物,同时也是全面报道中国酿酒工业科学技术的专业杂志,主要报道白酒、啤酒、黄酒、葡萄酒、果酒、配制酒以及酒精行业取得的科研成果、研究报告、学术论文和科学实验、技术革新、技术改造、提质降耗、企业创新等方面取得的经验总结,介绍国内外的技术水平和市场动态,推广为酿酒行业服务的高新科技产品,推动酿酒行业的科技进步,在广大读者和中国酿酒行业享有盛誉。

8.《中国白酒》

《中国白酒》杂志是面向白酒行业的权威、实用、专业性的商务期刊,主要关注白酒企业的生产配套采购、产品销售招商、品牌营销策划等,刊网同步为经销商与厂家、厂家与配套单位创造更广的产品市场推广空间,搭建产品互动交易平台,促进我国白酒产业快速发展。

9.《新食品》

《新食品》是中国食品行业的市场导向杂志,由成都市科学技术协会主管、成都市食品技术开发应用协会主办。《新食品》由《中国酒业报导》和《中国食品评介》子刊构成,主要读者包括食品行业生产企业和流通企业(代理商、经销商)的高层决策人员、营销管理人员、市场策划和销售人员,大型卖场和连锁零售企业的采购人员,食品行业相关产业及政府有关决策部门,食品行业组织机构,部分国外食品生产、代理企业等。

新食品产业研究所是新食品杂志社的专业研究机构,不仅为《新食品》杂志内容建设提供后台支持,更立足于分析食品行业的生产力与生产关系,洞悉产业经济与社会商业环境之间的内在联系,为食品产业价值链提供专业、系统的成长研究成果和理论指导。

10.《东方酒业》

《东方酒业》是由美国东方樽公司创办,由中国酒类流通协会协办的一本介绍中国白酒产业状况的月刊。杂志以服务中国名酒品牌,宣传中国酒类文明为己任,以"为行业鼓与呼"为责任和使命,坚持透视与展望并重,关注行业大势,将时尚性、专业性、理论性和可读性有机结合,呈现思想性、实战价值与现代品位三位一体的特征。杂志的办刊宗旨是专注和思考白酒产业及其市场的战略发展问题,集中为中国一、二线名酒企业和品牌、酒界实力派经销商提供高端先进思想和传媒服务,全面展示和传播中国名酒企业领军人物、实力派经销商、行业精英人士的顶峰思想和辉煌业绩。

11.《食品工业科技》

《食品工业科技》杂志创刊于1979年,由国家轻工业联合会(原国家轻工业部)主管,北京市食品工业研究所主办。《食品工业科技》既是反映当前国内外食品工业技术水平的窗口,又是新技术应用推广的桥梁,面向科研、生产,满足各层次需求。

12.《华夏酒报》

《华夏酒报》是经国家新闻出版总署批准,由中国酿酒工业协会、中国酒类流通协会主办,全国公开发行的中国酒业权威主流产业经济类商报。1989年创刊,以"做中国酒业负责任的媒体"为宗旨,内容涵盖酒类生产、流通、营销、配套、消费等整个酒类产业链。以酒情、酒事、酒人为关注重点,内容涵盖生产、流通、营销、配套、消费等整个酒类产业链,发行遍及中国30多个省区市及国外部分国家和地区。以传达行业政策,报道酒市动态,追踪行业热点,交流酝酿科技,传播酒类信息,弘扬中华酒文化为己任,现已发展成为中国酒行业最具权威性、专业性和影响力的主流媒体,被誉为"中国酒业市场风向标"。

二、白酒行业网站

1. 中国酒业新闻网

中国酒业新闻网依托华夏酒报社的采编资源,致力于成为中国酒业的门户网站。目前,中国酒业新闻网已经完成《华夏酒报》电子报、数字报、酒业信息库服务等功能,并为行业交流搭建了酒业博客、酒业论坛等平台,并开通了英文频道。

中国酒业创新联盟(以下简称"联盟")由华夏酒报社牵头发起,是一个以国内有关政府部门、行业管理部门、权威科研机构、著名专家学者和国内外酒类产销企业为主体成立的酒业经济创新发展组织。联盟下设行业管理顾问团、技术专家顾问团、营销专家顾问团、酒文化研究中心、酒业经济发展中心和酒业新闻工作者联谊会等机构。联盟利用《华夏酒报》强大的媒体平台,积极开展广泛交流与合作,使政府、专家、生产与流通企业、媒体能够有机互动,从而促进各成员单位的繁荣与发展。

2. 中国白酒门户

中国白酒门户是一家专业的白酒 B2B 行业门户网站,除了介绍白酒的相关知识、相关企业,展示白酒产品外,主要着重介绍白酒市场,专门提供最新白酒求购信息、白酒企业以及产品供应信息,是一个以白酒买卖为主的查询、交流平台。

3. 中国糖酒网

中国糖酒网是依托传统糖酒行业建立起来的国内专业的糖酒 B2B 网站,致力于为中国糖酒行业的健康发展提供优质平台。它依托行业优势、整合股东资源,利用网络技术建成以有形市场为依托、无形市场与有形市场相结合、信息服务与电子商务相配套的大型涉农电子商务平台,并根据行业客户的信息化需求提供完整的解决方案,推进中国糖酒信息化的发展。主要服务于糖酒行业生产商、经销商、代理商及糖酒行业设备提供商和原料提供商。中国糖酒网招商频道包括白酒、葡萄酒、保健酒、啤酒、饮料、调味品、茶叶、粮油招商和代理等,还介绍了几大酒类产品的供应、求购、产品、公司品牌、人才经销商、糖酒会、资讯等情况。中国糖酒网在全国各大糖酒会上大力宣传网站,推广力度数全国前列,以其第一时间的信息获取、大量的信息数据库、专业化的国际贸易的信息交流平台等优势,受到国内外食品专业人士的关注与认可。

◎ **思考题**

1. 新中国成立以来,我国有关机构先后进行了几次白酒名酒评比活动?

2. 第一届中国评酒会于 1952 年在哪里举行?

3. 第一届中国评酒会评出哪四大名白酒?

4. 中国国际酒业博览会有哪些特点?

5. 中华老字号是什么意思?

6. CIADE 是什么意思?

第六章 知名白酒企业文化（上）

　　四川白酒在全国占有重要的地位。我国酿酒行业的大型企业有60%左右分布在白酒行业,26%左右分布在啤酒行业。从酿酒生产企业分布地区看,四川、河南、山东是名副其实的酒类生产大省,规模以上企业占行业比重达36.42%左右;位列第二梯队的江苏、辽宁、吉林三省,酒类生产企业数量均在100家以上。四川白酒产量占全国的30%左右,产值占全国39%左右,在中国十七大名酒中四川占六席。据中商产业研究院提供的数据,2018年川酒实现产量358.3万千升,同比增长14%,占全国总产量的41.13%;实现营业收入2 372亿元,同比增长15.1%;实现利润344亿元,同比增长34.9%。其中,"六朵金花"实现营收近1 285亿元,占川酒整体的54%;实现利润284亿元,占川酒的83%。

第一节　　泸州老窖集团有限责任公司

一、企业历史文化

　　泸州位于北纬28°,坐落在长江岸边,是一个"处处因酒而生,人人为酒而忙"的城市。地处青藏高原、云贵高原和秦岭围成的四川盆地,在长江和沱江的交汇处属中国纬度最高的亚热带气候。冬暖、春早、夏热、秋雨、湿度大、空气温润、四季分明,这里有白酒酿造应具备的气候、水质、微生物资源条件。

　　泸州老窖的历史与源远流长的巴蜀酒文化密切相关。元泰定元年(1324年),泸州人郭怀玉研制成酿酒曲药,命名为"甘醇曲",酿制出第一代"泸州大曲酒"。明仁宗洪熙元年(1425年),施敬章改进了曲药中含燥辣和苦涩的成分,研制了"窖藏酿制"法,大曲酒的酿制进入向泥窖生香转化的"第二代"。明朝万历元年(1573年),泸州人舒承宗开办"舒聚源"酿酒作坊,此间作坊也就是后来驰名天下的泸州老窖的前身。舒承宗作为第三代窖酿大曲的创始人,总结了一整套大曲酒的工艺技术,使浓香型大曲酒的酿制进入"大成"阶段。1915年,作为舒聚源酒坊的继承者,"温永盛"酿酒作坊生产的"三百年大曲酒",即泸州老窖特曲在1915年巴拿马—太平洋国际博览会上获奖。1952年,在全国第一届评酒会上,泸州老窖特曲荣获"国家名酒"称号,被称为"泸香型",成为中国最古老的四大名白酒。

1964 年,该企业更名为四川省泸州曲酒厂。1990 年,经泸州市人民政府批准,将泸州曲酒厂更名为泸州老窖酒厂,使厂名、品牌名和老窖窖池群合而为一。1993 年 6 月,由泸州老窖酒厂独家发起并改组,建立四川省酿酒行业中第一家公众上市的股份制企业。1994 年 5 月正式更名为泸州老窖股份有限公司的"泸州老窖"股票在深圳证券交易所挂牌上市。2000 年 12 月,泸州老窖集团有限责任公司成立。2002 年,老窖集团启动用工、人事、分配制度三项制度改革。2004 年 7 月,老窖完成品牌整顿工作,构建起国窖 1573、泸州老窖、独立品牌三大框架产品体系。2005 年,泸州老窖全面完成股权分置改革。2007 年,泸州老窖集团进入全国白酒企业综合实力第二名。2008 年,老窖集团提出泸州老窖超常规拼搏型第三次创业,奠定 2009—2013 年持续发展基础。2018 年,老窖集团销售收入 130 亿元。

二、企业品牌核心元素

1. 水质好

泸州地处中国西南,该区域属石灰岩地质结构,长江、沱江、赤水河、永宁河等均在泸州境内通过,地下水资源十分丰富。"泸州水独厚,老窖工艺精;开坛香四溢,随风飘满城","酒城酒脉在何处,风水宝地凤凰山"。国窖 1573 的酿酒用水,取自泸州凤凰山下的龙泉井。井水四季常满,清洌微甘,为凤凰山地下水与泉水的混合,其水质对酵母菌的生长繁殖和酶代谢起到了良好的促进作用,特别是能促进酶解反应,是美酒酿造的上乘之选。

2. 粮食优

国窖 1573 仅采用产于川南地区的糯红高粱酿造。一般说来,凡是含有淀粉的作物都可以酿酒,如玉米、大米、土豆、红薯、甘蔗等,其中高粱以其富含支链淀粉,几千年来一直看作酿酒的最好原粮。川南糯红高粱的直链淀粉含量最低,仅占 5.21%,支链淀粉含量高达 94.79%,泸州老窖为了坚持浓香型白酒的"纯正血统",一直坚持采用酿酒的最好原粮——高粱酿酒,坚持传统的"单粮"酿造工艺,保障国窖 1573 的优良品质。2001 年,泸州老窖提出"有机高粱"的种植标准,将高粱与种植环境视为一体,以粪肥和堆肥为土壤进行自然的施肥,强调土壤、高粱和环境的全面发展,形成完整的自我滋养、自我维持系统。遵照天文历法进行播种、种植和收成,利用风、水、土、日、月的相互作用,不使用任何化肥,维护这片黄金产地的纯粹和有机,从土壤、种子、禾苗、原粮到酿造蒸馏,全产业链施行有机化管理,从源头上保证产品的天然和安全。

3. 国宝窖池群酿造

泸州老窖有 10 086 口窖池,其中,百年以上老窖池有 1 619 口。1573 国宝窖池群更是中国建造年代最久的古窖池群,从明朝万历元年(1573 年)起就持续酿造至今,和都江堰水利工程一样属于"活文物",汇集了中国酿酒历史与文化。1996 年入选行业首家"全国重点文物保护单位",2006 年入选《中国世界文化遗产预备名录》。

4. "续糟发酵"工艺

泸州老窖先辈悟出的"相生相谐、互补共辉"的古法酿制之道,仅限于师徒之间"口传心悟"。这一工艺经历酿酒人的用心领悟和传承,代代相继,至今已历 23 代。"23 代传承,口传心悟"。根据泸州老窖的酿造工艺,每一次经过发酵的酒糟,蒸完酒后,将 1/4 的酒糟(主要是面层糟)丢掉,剩下 3/4 的老糟,再新加入 1/4 新鲜的高粱,保证重量不变,再次送入原来发酵的窖池,开始下一轮的发酵,就像数学中"1/2 取不完"的原理一样,如此循环往复,日复一日,年复一年,有多老的窖,就能在里面寻出多老的糟,这就是酿酒技师们总结的"千年老窖万年糟"。窖池越老,酒质越好,酒越香;同样,糟醅越老,酒质越好,酒越香。

5.洞藏贮酒

泸州老窖拥有的纯阳洞、醉翁洞、龙泉洞一直用于原酒的贮存,洞内终年不见阳光,空气流动极为缓慢,温度常年保持在 20 ℃左右。恒温恒湿、微生物种群丰富的环境为白酒酒体的酯化、老熟提供了优质的场所,山洞因为酒也有了灵性,被誉为"会呼吸的山洞"。新蒸馏出来的白酒,低沸点物质含量多,酒体分子自由度大,酒体更辛辣,称为白酒起初的"极阳状态"。经过天然洞藏后,酒体在恒温恒湿的山洞里不断地和大自然交换,吐故纳新,使酒体分子间相互缔合与重排,将新酒中部分低沸点成分缓慢地挥发,去除酒体中的辛辣部分,使酒体醇化、老熟,日趋平和、细腻、柔顺、芳香。贮酒用的陶坛特有的微孔网状结构保证了环境与酒体的交互滋养,陶坛中富含的钙、铁、锌等微量元素离子溶于酒体,与有机酸形成可吸收利用的"活性"矿物元素。酒体中的燥辣物质也被大自然吸收。

三、企业标识和品牌价值

泸州老窖标识原为泸州牌泸州老窖标识,2008 年,泸州老窖启用了新的企业标识,全新的红蓝"太极"式标识全面代言整个泸州老窖企业,如图 6-1 所示。新标不在具体产品中使用,主要用于企业整体形象宣传等。新标具有以下含义:

旧　　　　　　新

图 6-1　泸州老窖标识

①寓意泸州老窖"天地同酿、人间共生"的企业理念。整个形象简洁大气,流畅,富有动感及鲜明的节奏感,内涵丰富,涵盖力强,识别性强;整体呈太极生两仪之意象,寓意一生二,二生三,三生万物,造型寓意了泸州老窖"天地同酿、人间共生"的企业理念。同时,其开放式的造型,寓意泸州老窖正日新月异地发展壮大为以酒业为基础,兼及金融、证券、旅游、房地产等多元化产业于一体的大型酿酒企业集团形象。

②"泸州"牌、"国窖"牌双驰名商标品牌价值。整个标识为原"泸州"牌商标拼音Lu Zhou首字母 LZ 变形,代表中国驰名商标"泸州"牌商标,强调泸型酒"浓香正宗"的酒业地位;同时,亦可以看作"国窖"商标二字拼音 Guo Jiao 首字母 GJ 变形,代表泸州老窖拥有的

另一中国驰名商标"国窖"牌商标。综合两种解读,涵盖"泸州"牌泸州老窖特曲系列及"国窖"牌国窖 1573 系列,寓意泸州老窖"双驰名商标"殊荣,"双品牌"战略的核心理念。

③代表泸州老窖企业集团。"老窖"拼音 Lao Jiao 首字母 LJ 变形。

④蓝、红双色的运用。A. 寓意国窖蓝、特曲红(蓝色代表国窖系列,红色代表特曲系列),色彩的交错运用传达出"你中有我,我中有你"的企业"和谐共生"理念。B. 蓝色代表水,红色代表火,两种色彩的运用寓意酒这种神奇的液体兼具水的形态、火的性格,水火相济。

⑤中间白色区域像两条河流自然交汇,象征长江、沱江在泸州的自然交汇,寓意以此为中心的泸州老窖原产保护地域——这是被联合国粮农及教科文组织所赞誉的"世界上最适合酿造顶级蒸馏酒的地方"。

在 2019 年"华樽杯"第十一届中国酒类品牌价值评议活动中,泸州老窖品牌价值被核定为 862.52 亿元。

四、企业荣誉和部分产品

泸州老窖先后获得第一、二、三、四、五届国家名酒称号,获得 1980 年、1984 年国家质量金奖。1991 年,"泸州"牌商标获"首届中国驰名商标"称号。2002 年,国窖牌、泸州牌获得原产地保护证书。2006 年,入选中华老字号。2006 年 10 月,"国窖"商标入选驰名商标。1996 年,经国务院批准泸州老窖为全国重点文物保护单位。2006 年,被国家文物局列入"世界文化遗产预备名录"。泸州老窖酒传统酿制技艺于 2006 年 5 月入选首批"国家级非物质文化遗产名录"。

泸州老窖品牌产品包括国窖 1573、特曲、窖龄酒、头曲、二曲、养生酒、百调。国窖 1573 系列包括国窖 1573 经典装、中国品味、定制壹号等。特曲系列包括特曲老酒、泸州老窖特曲 60 版、泸州老窖特曲 80 版等。窖龄酒系列包括百年泸州老窖窖龄 90 年、百年泸州老窖窖龄 60 年、百年泸州老窖窖龄 30 年。头曲系列包括泸州老窖精品头曲 D9、老头曲、六年窖头曲。二曲系列包括圆瓶二曲、磨砂二曲等。养生酒系列包括茗酿、滋补大曲等。百调系列包括百调橡木桶、百调星座预调酒等。

第二节 五粮液集团有限公司

一、企业历史文化

五粮液集团有限公司位于四川省宜宾市北面的岷江之滨。宋代(960—1279 年)宜宾姚氏家族采用玉米、大米、高粱、糯米、荞子 5 种粮食酿造的"姚子雪曲"是五粮液最成熟的雏形。1368 年,宜宾人陈氏继承了姚氏产业,总结出陈氏秘方,时称"杂粮酒",晚清举人杨惠泉改名为"五粮液"。20世纪50年代初,几家古传酿酒作坊联合组建成立中国专卖公司四川省宜宾酒厂,1959年命名为宜宾五粮液酒厂,1998年改制为四川省宜宾五粮液集团有限公司。五粮液集团有限公司是以酒业为核心主业,以大机械、大金融、大物流、大包装、大健康多元发展的特大型国有企业集团。公司拥有4万吨级的世界最大单体酿酒车间,具有年产白酒20万吨的生产能力和40万吨原酒储存能力。五粮液产业园区占地面积12平方千米,是全球规模最大、环境最好的蒸馏酒生产基地,也是国家AAAA级旅游景区。2018年,集团公司实现销售收入931亿元,增长16%;实现利税323亿元,增长45%;资产总额1 213亿元,增长18%。

二、企业品牌核心元素

1. 自然生态环境

宜宾属南亚热带到暖湿带的立体气候,山水交错,地跨北纬27°50′~29°16′,东经130°36′~105°20′,年平均气温15~18.3 ℃,年平均相对湿度81%~85%,年平均日照950~1 180小时,常年温差和昼夜温差小,湿度大,土壤种类丰富,有水稻土、新积土、紫色土等六大类优质土壤,非常适合种植糯、稻、玉米、小麦、高粱等作物,这些正是酿造五粮液的主要原料。特别是宜宾紫色土上种植的高粱,属糯高粱种,所含淀粉大多为支链淀粉,是五粮液独有的酿酒原料。而五粮液筑窖和喷窖用的弱酸性黄黏土,黏性强,富含磷、铁、镍、钴等多种矿物质,这个生态环境非常有利于酿酒微生物的生存。五粮液的生产需要150多种空气和土壤中的微生物参与发酵,因此,必须要有能适应150多种微生物共生共存的自然生态环境。

2. 明初古窖

五粮液的酿酒历史已经有3 000多年。五粮液现存明代地穴式曲酒发酵窖,其历史已达600多年。20世纪60年代,国家文物部门的考古专家从窖中出土的碎墙砖分析,这些窖池属明朝初年。这16口明代古窖池经几百年的连续使用和不断维护,成为我国现存最早的地穴式曲酒发酵窖池,五粮液一直使用至今。

3. 酿造工艺

五粮液的工艺技术采用独有的"包包曲"作为空气和泥土中的微生物结合的载体,适合酿造五粮液的150多种微生物的均匀生长和繁殖。"包包曲"作为糖化发酵剂,发酵的不同温度,形成不同的菌系、酶系,有利于酯化、生香和香味物质的累积,构成产品的独特风格。5种粮食的配方,将不同粮食的香气和产酒的特点融合在一起,"香气悠久、味醇厚、入口甘美、入喉净爽、各味协调、恰到好处,尤以酒味全面而著称",形成了独特的风格特点。五粮液独有的传统工艺,采用"跑窖循环""固态续糟""双轮底发酵"等发酵技术;采用"分层起糟""分层蒸馏""按质并坛"等国内酒行业中独特的酿造工艺。"陈酿勾兑"是按照一定原理的配置,利用物理、化学、心理学原理,利用原酒的不同风格,有针对性地实施组合和调味。其独特之处是实现分级入库、陈酿、优选、组合、勾兑、调味的精细化控制。现在,五粮液在传统工艺上又形成了以计算机勾兑专家系统和人工尝评相结合的独具特色的"勾兑双绝",并将现代分析技术运用于五粮液生产的全过程检测。

三、企业标识和品牌价值

五粮液标识中，大圆表示地球，着红色，红色也为产品色，表示产品定要覆盖全球市场；五根呈上升趋势、有动感的线汇集到一点表示五种原料（粮食）升华成了五粮液，同时表示五粮液酒厂蒸蒸日上的态势；两个同心圆表示东西南北中的职工同心同德；中心小圆中的 W 表示五粮液和五粮液酒厂永远在职工心中，如图 6-2 所示。

图 6-2 五粮液标识

在 2019 年"华樽杯"第十一届中国酒类品牌价值评议活动中，五粮液品牌价值被核定为 2 264.55 亿元。

四、企业荣誉和部分产品

五粮液产品四次蝉联"国家名酒"称号，先后获得第二、三、四、五届国家名酒称号；荣获国家优质产品金质奖章；"五粮液"商标被评为首届中国"十大驰名商标"；在第 50 届世界统计大会上，荣获"中国酒业大王"称号；两度获得"全国质量管理奖"；通过"纯粮固态发酵白酒"验证。

五粮液系列产品包括五粮液年份酒、巴拿马金奖纪念酒、珍品艺术品五粮液、五粮液老酒、五粮特曲、五粮头曲（淡雅）、五粮春（35 度版）、淡雅五粮醇、新尖庄等。

第三节 四川水井坊股份有限公司

一、企业历史文化

四川水井坊股份有限公司是四川省扩张型和重点优势企业、成都市重点扶持的大企业集团和纳税大户、中国 500 家最大工业企业、行业 50 强最佳工业企业与全国质量效益型先进企业之一，也是中国老八大名酒生产厂家，是以主营酒类产品的生产和销售、兼营房地产开发的上市公司。

水井坊企业前身为 1952 年成立的川西专卖局大曲酒厂。1953 年，川西专卖局将下属的花果露酒厂、长春黄酒厂、大曲酒厂合并组建四川省专卖公司成都市国营酿酒厂，20 世纪 60 年代中期改为地方国营成都酒厂，70 年代中期更名为四川省成都酒厂，1985 年启用四川省成都全兴酒厂名称，90 年代中期通过改制、重组并整合四川制药股份有限公司，构建成一个新型上市公司——四川全兴股份有限公司。2006 年，企业顺利完成股权分置改革，并在适应酒税政策变化、加快产品结构调整、实施品牌创新战略、提升经营业绩等方面取得显著进步，当年底，企业名称变更为四川水井坊股份有限公司。2013 年 7 月，帝亚吉欧收购四川成都水井坊集团有限公司剩余47%股份,成为四川成都水井坊集团有限公司唯一股东。水井坊集团企业性质由中外合资转变成帝亚吉欧全资拥有的外商独资。该公司致力于我国白酒悠久历史酿造文化的传承发掘,坚持"古典与现代、技术与艺术、传统与时尚相结合"的科学发展观,逐步形成以"水井坊""全兴""天号陈"等品牌为支撑的生产经营体系,其中水井坊以"穿越历史,见证文明"为品牌核心理念,博采众长,关注"文物、文化、文明",聚天时、地利与人和,集历史、文化、时尚于一体。新华网报道,2018年,水井坊实现营业收入28.19亿元,同比增长37.62%;实现净利润5.79亿元,同比增长72.72%。

二、企业品牌核心元素

水井坊酒色、香、味、格极为考究。其色,晶莹剔透、酒液挂杯持久;其香,雅致、细腻、醇正、陈香;其味,甜、净、爽、香;其格,陈香飘逸,甘润幽雅,为我国浓香型白酒中独具风格之佳酿。

该公司在"共享品牌"的理念导引下,寻求全球拥有资源优势和主流网络的长期战略合作伙伴,积极开展推进水井坊产品走向海外市场的合作,努力促进水井坊的品牌建设和海外市场拓展,力争使企业实现超常规、跨越式发展。水井酒执行国内、国际"双重检测"标准,从2006年起,每批次产品不仅要达到我国国家标准,而且要按国际市场准入标准和食品安全的要求,送往英国苏格兰 TCE(欧洲技术中心)严格检测,水井坊酒在质量安全和检测技术方面实现了向国际标准突破性迈进。正是这种国内、国际"双重检测",从根本上确保了水井坊的超然品质,为水井坊酒不断拓展广阔的国际市场空间提供了坚实保障。水井坊产品已远销缅甸、泰国、南非、日本、菲律宾、新加坡、澳大利亚、美国、加拿大和欧盟诸国。

三、企业标识和品牌价值

在2019年"华樽杯"第十一届中国酒类品牌价值评议活动中,水井坊品牌价值被核定为67.1亿元。水井坊标识如图6-3所示。

图6-3 水井坊标识

四、企业部分荣誉和产品

水井坊遗址先后被列为"1999年全国十大考古新发现""全国重点文物保护单位"。2001年,水井坊酒被认定为"国家地理标志(原产地域)保护产品",获"中国历史文化名酒"称号,被评为"21世纪奢华品牌榜中国顶级品牌"。包装被评为"第三十届莫比广告奖包装设计金杯奖(单项)和最高成就奖"。水井坊酒传统酿造技艺被国务院列为"国家非物质文化遗产"。"水井坊"商标被认定为"中国驰名标"。2005年,水井坊名列中国食品文化遗产。

水井坊系列产品主要包括水井坊·典藏大师版、水井坊·菁翠、水井坊·井台装、水井坊·臻酿八号、水井坊·天号陈红盒、水井尚品、小水井红运装等。

第四节　四川剑南春集团有限责任公司

一、企业历史文化

四川剑南春集团有限责任公司位于历史文化名城——绵竹,地处川西平原,这里自古便是酿酒宝地,酿酒历史已有三四千年。广汉三星堆遗址出土的陶酒具和绵竹金土村出土的战国时期的铜罍、提梁壶等精美酒器,东汉时期的酿酒画像砖（残石）等文物考证以及《华阳国志·蜀志》《晋书》等史书记载都可证实,绵竹产酒不晚于战国时期。

1 200多年前,剑南春酒成为宫廷御酒,载于《后唐书·德宗本纪》,李肇所著的《唐国史补》也将其列为当时的天下名酒。宋代,绵竹酿酒技艺在传承前代的基础上又有新的发展,酿制出"鹅黄""蜜酒",其中"蜜酒"被作为独特的酿酒法收于李保的《续北山酒经》,被宋伯仁《酒小史》列入名酒之中。

清康熙年间（1662—1722年）,出现了朱、杨、白、赵等较大规模酿酒作坊,剑南春酒传统酿造技艺得到进一步发展。《绵竹县志》记载:"大曲酒,邑特产,味醇香,色洁白,状若清露。"1911年,绵竹大曲首获四川省劝业会一等奖。1919年,"有大曲房二十五家,岁可出酒十数万,获钱五六万,销路极广"。1928年,再度获四川省国货展览会奖。1929年"乾元泰""大道生""瑞昌新""义全和"等12家大曲酒作坊的产品又获四川省优秀酒类奖。1932年,四川省举办第一次名产品展览会,其中"恒丰泰"酿造的绵竹大曲酒首次被批准使用注册商标。1949年,专门经营绵竹大曲的酒庄、酒行、酒店达50余家,绵竹大曲被称为成都"酒坛一霸"。台湾地区《四川经济志》称:"四川大曲酒,首推绵竹。"1951年5月,绵竹人民政府将"朱天益""杨恒顺""泰福通""天成祥"等30多家酒坊收归国有,成立了四川绵竹地方国营酒厂。1984年正式更名为四川省绵竹剑南春酒厂。1994年改制为四川剑南春股份有限公司。1996年组建成立四川剑南春集团有限责任公司。目前,四川剑南春集团有限责任公司是中国著名大型白酒民营股份制企业。

二、企业品牌核心元素

酿造剑南春的绵竹市属于亚热带季风气候,年平均气温15.7 ℃,年平均降雨量1 097.7毫米,湿度大,日照长,常年温差和昼夜温差小,土壤种类丰富。这种良好的生态环境不仅适宜种植酿造剑南春的主要原料:糯米、稻米、玉米、小麦、高粱等农作物,而且非常适宜多种酿酒微生物的生长发育,并对新酿出的剑南春具有非常好的催成老熟作用。

剑南春的酿酒用水,全部取自龙门山脉千年冰川渗浸、深层地下水系的泉水。绵竹境内海拔4 000多米的龙门山脉终年积雪,冰雪底层冰体受地热融化渗入地壳,经数十千米的岩层过滤成为地下泉水。《绵竹县志》载:"惟城西一脉（冰川）泉水可酿此酒（剑南春）,别处则否。"

造就剑南春独一无二酒体风味和品质的,除了冰川之水,就是绵竹市独特的地质、土壤和气候条件。不同地区微生物的种类和数量不同,人们发现北纬30°左右微生物的种类具有多样性,有利于对曲药中微生物培植、筛选、淘汰和互补。酿酒微生物的多样性是剑南春酒微量成分丰富多彩的源泉。

剑南春独特的中偏高制曲温度和特殊的微生物环境,铸就了剑南春的"风格"。剑南春筑窖和喷窖用的弱酸性黄黏土,黏性强,富含磷、铁、镍、钴、锌等多种矿物质,有利于酿酒微生物的繁殖和生长,并成为成品酒中对人体有保健作用的微量成分。

剑南春生产工艺是典型的续糟混蒸固态发酵工艺,酒中的香味物质主要依靠优良的老窖泥和"万年糟"产生。老窖泥中富含的功能菌株种类及数量保证了剑南春酒的质量。

三、企业标识和品牌价值

在 2019 年"华樽杯"第十一届中国酒类品牌价值评议活动中,剑南春品牌价值被核定为 478.56 亿元。剑南春标识如图 6-4 所示。

图 6-4　剑南春标识

四、企业部分荣誉和产品

剑南春获第三届中国名酒称号。1995 年,获"世界名牌消费品"荣誉称号。1999 年,被国家工商总局认定为"中国驰名商标"。2002 年,剑南春牌剑南春酒、绵竹牌绵竹大曲酒取得国家级原产地标记注册。2005 年,剑南春酒通过中国食品工业协会"纯粮固态发酵白酒标志"认证。2006 年,剑南春品牌被商务部认定为"中华老字号",剑南春"天益老号"酒坊被国务院认定为"全国重点文物保护单位",剑南春"天益老号"酒坊遗址入选《中国世界文化遗产预备名录》。2008 年,剑南春酒传统酿造技艺入选国家级非物质文化遗产。

剑南春产品主要有剑南春系列、年份酒系列和新品系列等。具体包括剑南春、珍藏级剑南春、珍藏品剑南春、剑南春国宝、古窖陈酿、剑南春百年、绵竹大曲百年、东方红、绵竹大曲、绵竹醇、绵竹酒、剑南老窖、剑南醇、金剑南等。

第五节　四川郎酒集团有限责任公司

一、企业历史文化

四川郎酒集团有限责任公司生产厂区位于四川省泸州市古蔺县二郎镇,地处川黔交界的四川盆地南缘,是国家级原产地保护区,也是当年中国工农红军四渡赤水的地方。

郎酒始于 1903 年,历史可追溯到汉武帝时期,当时宫廷贡酒"枸酱酒"即是郎酒前身。从"絮志酒厂""惠川老槽房"到"集义酒厂"的"回沙郎酒",至今已有 100 多年的悠久历史。

清乾隆以前,是当地传统酿酒技艺的酝酿发展时期。郎酒产自川黔交界有"中国美酒河"之称的赤水河畔,是目前中国唯一一家采用山泉水酿酒的白酒企业。郎酒的诞生,有一个相当漫长的孕育过程。《史记西南夷列传》记载,汉武帝建元六年(公元前 135 年),赤水河畔二郎滩一带酿制的"枸酱"被汉武帝封为"贡品";《华阳国志》详细记载了诸葛亮为夜郎人(赤水河一带的先民)"作图谱"、画其"牵牛负酒"的史实;《齐明要术》载录了有关北宋年间二郎滩一带出现的优质大曲——"凤曲法酒"酿造技艺。

清乾隆年间至民国初年,是古蔺郎酒传统酿制技艺发展的雏形时期。《古蔺县志》记载,清乾隆初年,赤水河是川盐黔运的主要通道,二郎镇场镇上出现了酿酒作坊。由于二郎镇与茅台镇同为川盐黔运的重要中转站,两地商贸联系十分紧密。二郎镇与茅台镇间的商贸联系也包括了酿酒技艺。《古蔺县志》记载,清末民国初年,茅台镇"荣和酒房"技师张子兴就曾将茅台酒的酿制技艺带至二郎镇,在此酿制回沙郎酒,时号惠川老槽房。

1912—1950 年,是古蔺郎酒传统酿制技艺发展的过渡时期。1929 年,张子兴所建惠川老槽房改名仁寿酒房,发展为 3 个窖池,成为二郎镇重要的酿酒槽房。1933 年,二郎镇富商雷绍清与李兴廷合办酒厂,次年邀古玉辉、胡泽美等入股,取名集义酒厂(俗称新槽房),并雇请酒师刘义廷按茅台酒传统工艺酿制回沙郎酒。1942 年,又聘用当地老酒师陈学海改良工艺,提高酒质,使回沙郎酒酒质逐年提高,其时集义酒厂已有窖池 6 个,年产酒 4 万千克。以上两厂所酿郎酒畅销川、滇、黔三省,被誉为"宴会珍品"。两厂后来成为今古蔺郎酒厂前身。

1956 年,周恩来总理到郎酒厂视察,指示郎酒要加快发展。1957 年,在原集义酒厂基础上成立了地方国营古蔺郎酒厂。1998 年,古蔺郎酒厂改制为四川郎酒集团有限责任公司。2001 年,郎酒集团完成了从大型国有企业向民营企业的成功转制。2004 年,该企业对郎酒品牌进行了重新定位,确立了"神采飞扬中国郎"的品牌战略,产品结构明晰清楚,形成酱、浓、兼 3 种香型系列产品的良好组合。

《酒说》报道,2018 年,郎酒顺利实现销售收入 100 亿元的预定目标,重回"百亿"阵营。郎酒二郎基地酱酒储存量已达 13 万吨,待技改扩能完成,储存能力将提升到 30 万吨。

二、企业品牌核心元素

"美境、山泉、宝洞、工艺巧"是郎酒得天独厚的"四宝"。

美境:郎酒产地二郎滩发源于云贵高原的赤水河,绵延千余千米,其流域千沟万壑,海拔都在 1 000 米以上,而流经二郎滩,却陡然降至 400 余米。千百年来,在郎酒生产基地一带形成了独特的微生物圈。科学工作者发现,在郎酒成品中的微生物多达 400 多种,它们中的某些微生物通过一系列复杂的组合,替郎酒催生 110 多种芳香成分,自然形成了郎酒的独特品味。

郎泉:郎泉之水天上来。郎泉通过岩层砂石的层层过滤,从崖缝石间潺然而出,汇聚成一泓碧绿耀眼的甘流,日夜喷涌,明如镜,碧如玉,甘如露,甜如汁。冬天,热气蒸腾,暖如春水;夏日,水寒彻骨,甜似果浆。这清泉雨天不浊,干旱不涸。

　　宝洞：位于郎酒厂部右侧约 2 千米处的蜈蚣崖半山腰间，有两个天然酒库——天宝洞、地宝洞，这就是储藏郎酒的所在。郎酒贮藏最少 3 年以上，藏之越久，酒中的有害物质越少，酒更见其香，也更见其健康。天宝洞、地宝洞内冬暖夏凉，常年保持 19 ℃的恒温，在洞内贮藏郎酒，可以使新酒醇化老熟更快，且酒的醇度和香气更佳。

　　工艺：在郎酒的"四宝"中，美境、郎泉和宝洞都是上天的馈赠，而其精湛的酿制工艺，则是郎酒人世世代代苦心经营，不断总结前人经验又推陈出新的结果。郎酒的整个酿制工艺，艰难曲折，一唱三叹，细致周密，精湛考究，概括起来大致有这样一些环节："高温制曲""两次投粮""凉堂堆积""回沙发酵""九次蒸酿""八次发酵""七次取酒""经年洞藏"和"盘勾勾兑"。

三、企业标识和品牌价值

　　在 2019 年"华樽杯"第十一届中国酒类品牌价值评议活动中，郎酒集团品牌价值被核定为 573.2 亿元。郎酒标识如图 6-5 所示。

图 6-5　郎酒标识

四、企业部分荣誉和产品

　　1984 年，"郎"牌郎酒获国家产品质量金质奖章，荣获"中国名酒"称号。1985 年，郎酒获中华人民共和国商业部"金爵奖"。1989 年，53 度郎酒蝉联"中国名酒"称号；39 度郎酒被确认为"中国名酒"并获国家金质奖。"郎"牌郎酒在同行业中首批通过国家方圆质量标志认证。1996 年，郎酒获得绿色食品标志使用权。1997 年，"郎"牌商标被工商总局认定为"中国驰名商标"。2008 年，古蔺郎酒传统酿制工艺列入"国家非物质文化遗产"保护名录。

　　郎酒提出"一树三花"，即"酱香、浓香、兼香"3 种产品齐头并进，其中以"环境独特、资源稀缺、工艺复杂、产量有限、高端定位、绿色健康"的酱香型白酒"酱香典范·红花郎"和兼香型新郎酒作为战略"头狼"产品。2011 年推出的"郎牌特曲"，其"浓香郎特，领秀人生"的品牌主旨，将作为郎酒"一树三花"中浓香之花的中高端产品进军白酒市场，与如意郎、嘉宾郎并驾齐驱，抢占浓香领域。酱香型产品有精品老郎酒、10 年红花郎酒、15 年红花郎酒、30 年红运郎酒、20 年青花郎酒、50 年青云郎酒、老郎酒 1956 等；浓香型产品包括郎牌特曲 T9、郎牌特曲 T6、郎牌特曲 T3 等；兼香型产品有 9 年陈酿、12 年陈酿、18 年陈酿的新郎酒等。

第六节　舍得酒业股份有限公司

一、企业历史文化

舍得酒业股份有限公司位于射洪市沱牌镇,地处北纬30.9°,是"中国名酒"企业和川酒"六朵金花"之一,拥有"沱牌""舍得"两个中国驰名商标。

从"唐代春酒"到"明代谢酒",再到"清代沱酒",沱牌曲酒、舍得酒一脉相承。唐代诗圣杜甫到射洪凭吊陈子昂时,曾赞誉"射洪春酒寒仍绿,目极伤神谁为携"。宋代学者王灼曾赞誉"射洪春酒旧知名,更得新诗意已倾"。明代,四川抚军饶景晖曾赞誉"射洪春酒今仍在,一语当年重品题"。清代,浙西词人吴陈琰曾赞誉"射洪春酒美,曾记少陵诗"。清末民初,举人马天衢根据店前牌坊"沱泉酿美酒,牌名誉千秋"之寓意而命名为"沱牌曲酒"。著名书画家欧阳中石先生参观沱牌后,赞曰"古酿射洪沱,千年代有歌。唐诗称酒绿,宋句赞春波"。著名书画家启功先生参观沱牌后,欣然题词"青莲一醉几千盅,上品如今出射洪"。

该公司是全国首批100户现代企业制度试点企业,其控股公司舍得酒业股份有限公司于1996年在上海证交所挂牌上市。公司发展为占地6平方千米,年产能30万吨,高端陈年老酒贮量全国领先的优质白酒制造企业,形成了以酒业为支柱,覆盖包装、制药、商贸、物流等领域的集团企业。拥有玻瓶、制药、热电等子(分)公司20个,总资产超50亿元。2015年8月,天洋控股集团获得舍得酒业70%的股权,成为舍得酒业的控股股东,舍得酒业已进入民营企业行列。

《北京晚报》报道,2018年舍得酒业实现营业收入22.12亿元,同比增长35.02%。

二、企业品牌核心元素

曲:在生态酿酒工业园中,4万吨制曲中心坐落其中,三面环山,树木葱茏,形成天然绿色屏障,与温和润朗的气候相得益彰,使有益于培植酒曲的微生物菌群得以良好生长,形成了巨大的天然菌种库,保证了"陈香曲"(专利号 ZL200910058453.9)的生产。赋予了舍得酒"香气幽雅,粮香陈香馨逸"的独特韵味(已写入国家标准 GB/T 21820)。

粮:酿酒粮食源自东北无污染绿色粮食基地。为避免粮食在贮存过程中的二次污染,舍得公司投资6 000万元从美国引进10万吨恒温金属粮仓,具有自动除杂、驱虫、控湿功能,温度保持在10~15 ℃的贮存环境,保障粮食贮存过程中的优良品质。

水:舍得酿酒所用的沱泉水含有多种有益于人体的微量元素,被誉为"泉如湛露胜天浆"。舍得投资2 000余万元引进了世界领先的美国60吨/时水处理设备,利用物理能量将天然的沱泉水改变为小分子团活性水(专利号 200710049236.4)。小分子团活性水具有溶解力强、扩散力大、代谢力强、渗透力快的特点,能很好地促进人体新陈代谢,有活性细胞,具有养生健体的作用。

藏:舍得"世纪酒库"拥有被誉为"美酒紫砂壶"的上等宜兴陶坛 12 万个,"世纪酒库"绿树成荫,植被成片,空气清新湿润,气候温和,酒库内冬暖夏凉,室温常年处于 20 ℃左右,空气湿度 78％左右,为酒体内各种生化反应提供了最为适宜的条件。陶坛是最佳的白酒贮藏设备,在白酒贮藏过程中可以促进酒体中醇醛等的氧化,吸附异杂味物质,提高酒体的老熟速度和质量。经过层层遴选的优质原酒在陶坛中进行 5 年以上的窖藏老熟才用于舍得酒的调制,而关键的浓香调味原酒陈酿期必须在 30 年以上。

艺:全国质量奖是我国质量领域的最高奖项,由中国质量协会依据《卓越绩效评价准则》国家标准,对实施卓越绩效管理并在质量、经济和社会责任等方面都取得显著成绩的企业进行评选的一项与国际接轨的重大奖项,是有全国影响力的五项质量大奖之一。舍得酒业是继"茅台""五粮液"后第三家摘取质量奖桂冠的白酒企业。

三、企业标识和品牌价值

在 2019 年"华樽杯"第十一届中国酒类品牌价值评议活动中,舍得品牌价值被核定为 153.81 亿元。舍得酒标识如图 6-6 所示。

四、企业部分荣誉和产品

2005 年,公司获中国食品工业协会颁发的中国食品文化遗产称号。2006 年,中国模糊勾兑专家系统荣获中国质量协会中国质量技

舍得酒业

图 6-6　舍得酒标识

术奖。2006 年,浓香型白酒贮存过程中质量变化规律研究获中国质量协会中国质量技术奖。2006 年,获商务部"中华老字号"称号。2006 年,"沱牌"获国家工商总局颁发的中国驰名商标称号。2007 年,获中国质量协会中国质量鼎。2008 年,"舍得"获国家工商总局颁布的中国驰名商标称号。2008 年,沱牌曲酒传统酿造技艺荣获国务院"中国非物质文化遗产"称号。

该公司产品包括沱牌系列酒、舍得系列酒、陶醉系列、酱香型系列。沱牌系列产品包括沱牌天曲、沱牌特曲、沱牌优曲、沱牌大曲、柳浪春、沱小九。舍得系列产品包括品味舍得、水晶·舍得。陶醉系列包括陶醉酒 906、陶醉酒 606。酱香型系列包括天子呼、吞之乎。

第七节　四川省其他白酒企业

一、四川省酒业集团有限责任公司

四川省酒业集团有限责任公司是经四川省委、省人民政府同意,于 2017 年 6 月组建的大型综合性国有企业,以振兴川酒产业为使命和责任,致力于打造全球首个白酒原产地地域

品牌,构建以创新、健康、环保为核心价值的国际化品牌矩阵,塑造"百姓好酒"的中国白酒新标杆。川酒集团基于"川酒甲天下"的先天优势,立足酒类产业全产业链,挖掘价值洼地,进行价值输出,从供应链管理、金融服务、科技研发、生产管理、品牌推广、渠道建设、销售管理7个方面打造赋能式产业共同体。积极开展白酒产业基地、品牌、科研、金融、贸易等优势资源的全力整合,以做大做强做优川酒为目标,以优质基酒生产为干,成品酒品牌矩阵为支,构建"一干多支"的发展格局。

川酒集团旗下企业包括泸州白酒庄园投资管理有限公司、四川省古蔺郎乡酒业有限公司、四川省泸州贵庆酒厂、四川泸州国华酿酒公司、泸州国色天香酒业有限公司、古蔺县红军杯酒业有限责任公司、泸州华明酒业集团有限公司、泸州金窖醇酒业有限公司、四川泸州康庆坊酒业有限公司、泸州国之酿酒有限公司、泸州泸溪窖酒厂、泸州池窖集团股份有限公司、泸州市古泸春酒业有限公司、四川泸州国宾泉老窖酒厂、泸州国金窖酒业有限公司、泸州国翁酒厂、四川省泸州宏瑞酒业有限公司、泸州金谷酒业有限公司、泸州市酒府酒业有限公司、泸州泸粹窖酒业有限公司、泸县福耳酒厂、泸州山村酒业有限公司、泸州名泉酒业有限公司。

二、川酒"新六朵金花"

2011年8月27日,中国酒类流通协会和四川省酒类流通协会等联合主办的"川酒新金花"授牌仪式暨四川白酒品牌发展战略高峰论坛在成都举行。四川省绵阳市丰谷酒业有限责任公司、宜宾红楼梦酒业股份有限公司、四川金六福酒业有限公司(金东集团)、四川金盆地(集团)有限公司、泸州国粹酒业有限公司、四川省东圣酒业有限公司六家川酒二线品牌企业被正式授予"川酒新金花"称号。从此,川酒军团中便多出了"新六朵金花"。

1.泸州国粹酒业有限公司

泸州国粹酒业有限公司位于中国酒城泸州,头枕大龙山,脚踏长江水,左倚罗汉镇政府,右靠泸州老窖酿酒基地,绿荫华盖,四方水陆通衢。国粹老窖累代互动、菌种窖泥、驯化为宝。主营业务为"国粹"牌国粹酒系列产品的生产,拥有健全的组织架构、完善的公司制度、先进的管理程序以及极强的团队执行力。先后获得了计量保证能力认证单位、泸州酒地理标志保护产品、四川省重合同守信誉企业、四川省质量管理先进企业、四川省著名商标、中国驰名商标等荣誉和称号,国粹酒被评为中华文化名酒,国粹酒业有限公司是泸州市政府命名的泸州酒业"小巨人"企业。

2.四川省绵阳市丰谷酒业有限责任公司

丰谷酒业坐落于四川省绵阳市。绵阳古称绵州,自古盛产美酒,其中有文字记载的历史可追溯到公元212年的富乐烧坊。清朝康熙年间(1700年)陕西酿酒大师王发天入川至绵州,合并当地多家酒坊,在传承千年富乐烧坊酿酒工艺的基础上,结合所携"汾、凤秘技"潜心钻研数十年,于绵州丰谷镇创立了"丰谷天佑烧坊"。新中国成立后,更名为国营绵阳市酒厂。2001年,改制更名为四川省绵阳市丰谷酒业有限责任公司。

3.宜宾红楼梦酒业集团有限公司

四川宜宾红楼梦酒业集团位于四川宜宾西北郊,酒厂坐落于岷江河畔、丹山岩下。红楼梦酒厂前身为国家重点二级企业,拥有陈年老窖1 208口,年产优质五粮浓香型曲酒5 000

余吨,员工近千人,其中技术职称人员占90%。所生产的"梦""红楼梦""红楼梦金钗酒"等系列产品以优良的品质深受消费者喜爱。其中,"红楼梦"商标于2009年被认定为"中国驰名商标",并于2009年荣获"联合国官方指定用酒"殊荣;"梦酒"于1987年荣获"中国文化名酒"称号,并于1990年被四川省政府评为"四川名酒",于2001年起被评为"四川省著名商标"。还先后荣获"首届中国食品博览会金奖""92香港国际食品博览会金奖""第五届亚太国际博览会金奖"等荣誉。

4.四川金六福酒业有限公司(金东集团)

金东集团创立于1996年,前身为"金六福企业""华泽集团",2016年10月更名为金东集团。金东集团下设3个板块:华泽酒业集团、华致酒行、金东投资。华泽酒业集团下辖金六福酒业、湘窖酒业、今缘春酒业、珍酒酒业、李渡酒业等酒类生产企业。华泽酒业旗下有7家酒类生产企业逾50年历史,是拥有为数众多国家酿酒协会白酒委员会委员、国家白酒评委、国家高级品酒师、国家高级酿酒师的民营酒企。同时华泽酒业还拥有众多驰名商标、著名商标、中华老字号酒类产品,其中"金六福"是家喻户晓的白酒,2018年品牌价值377.82亿元。

5.四川金盆地(集团)有限公司

四川金盆地(集团)有限公司地处四川盆地腹心地带崇州,是四川八大原酒企业。企业于20世纪80年代初期成立,已发展成为集白酒、房地产、医疗、农业投资、旅游开发、餐饮休闲等为一体的多元化集团企业。经过30余年的快速发展,公司占地面积近千亩,拥有集团总部、崇阳分厂、1886年清代老窖池等优质原酒生产基地,拥有新老窖池4 000余口,年产优质白酒2万余吨,可储存10万吨优质原酒,主要生产销售"金盆地""一品江山""崇阳"等系列浓香型白酒,是川西地区规模名列前茅的白酒生产营销企业。

6.四川省东圣酒业有限公司

四川省东圣酒业有限公司位于素有名酒之乡的绵竹市,始建于1982年,是从事酒类产品、乳制品、饮料等生产销售,总资产过亿元的民营企业。该公司重视产品质量,实施名牌战略,注重企业形象宣传,推行了科学的管理方式和营销策略,形成了独特的产品风格和企业文化。营销网络遍布省内各地及全国10多个省市自治区。

三、首届四川省新十朵小金花

2017年,四川中国白酒金三角酒业协会在四川省经济和信息化厅的指导下启动了"首届四川省十朵小金花白酒企业"评选工作,全川白酒企业积极参与,共有近35家企业参与评选。2019年7月1日,由21位全国著名白酒专家组成评审组,经量化指标评定、酒样暗评、窖泥感官理化检测、实地考察指标评定等环节,最终评选出10家企业为"四川省十朵小金花白酒企业"。分别是四川省绵阳市丰谷酒业有限责任公司、四川省文君酒厂有限责任公司、四川泸州三溪酒类(集团)有限责任公司、四川省古川酒业有限公司、四川远鸿小角楼酒业有限公司、四川省宜宾市叙府酒业股份有限公司、四川江口醇酒业(集团)有限公司、四川仙潭酒业集团有限责任公司、四川广汉金雁酒业有限公司、四川泸州玉蝉酒业集团有限公司。

◎**思考题**

1.四川白酒的"六朵金花"具体指哪些企业？

2."新六朵金花"具体指哪些企业？

3."新十朵小金花"具体指哪些企业？

4.四川省酒业集团有限责任公司的主要功能是什么？

第七章　知名白酒企业文化（下）

第一节　中国贵州茅台酒厂有限责任公司

一、企业历史文化

茅台古镇一带在公元前 135 年就生产出令汉武帝"甘美之"的枸酱酒，这是酱香型白酒茅台酒的前身。黔北一带水质优良，气候宜人，当地人善于酿酒，前人把这一带称为"酒乡"，而"酒乡"中又以仁怀市茅台镇的酒最为甘洌，谓之"茅台烧"或"茅台春"。

据茅台现存最早的明代《邬氏族谱》扉页所绘家族住址地形图的标注，其中有酿酒作坊。族谱所载邬氏是明代万历二十七年（1599 年）随李化龙平定动乱后定居茅台的，这说明茅台早在 1599 年前就有了酿酒的正规作坊。茅台酒独特的回沙工艺在这时基本形成。茅台最早的酿酒坊名称据考查是"大和烧房"；道光年间，茅台酒已远销滇、黔、川、湘；咸丰年间由于战乱，生产一度中断；清同治元年（1862 年）茅台酒坊在旧址上开始重建，这以后的发展主要有三家作坊，名叫"烧房"，最先开设的是"成义烧房"，其次是"荣和烧房""恒兴烧房"。1946年，赖永初在上海设立"永兴公司"，先后销售赖茅 10 000 千克，并利用在重庆、汉口、广州和长沙的商号推销赖茅。"成义"的华茅也在上海、长沙、广州和重庆通过文通书局在当地经营；"荣和"的王茅在重庆和贵阳都以"稻香村"号为销售点。这样，茅台酒的知名度进一步提高。

1951 年，地方政府通过购买、没收的方式把成义、荣和、恒兴三家烧房合而为一，成立了国营茅台酒厂，从此茅台酒厂不断发展壮大。茅台酒得到国家领导的特别青睐，在新中国的外交史上发挥了重要作用。1997 年 1 月，成立了茅台（集团）有限责任公司，逐步建立起现代企业制度。1999 年，集团公司实行股份制，成立了贵州茅台酒股份有限公司。2000 年，企业更名为中国贵州茅台酒厂有限责任公司。

至诚财经报道，2018 年，茅台酒厂生产茅台酒基酒约 4.97 万吨，系列酒基酒约 2.05 万吨；实现营业收入 736.39 亿元，同比增长 26.49%，2018 年度实现营业总收入 750 亿元左右，同比增长 23% 左右。

二、企业品牌核心元素

1.地域环境

茅台酒因产于黔北赤水河畔的茅台镇而得名。茅台镇风景秀丽,依山傍水,地理地貌独特,地域海拔高度 420～550 米,地处东经 105°、北纬 27°附近的河谷地带;地层由沉积岩组成,为紫红色砾岩、细砂岩夹红色含砾土岩。茅台地区年平均气温 18.5 ℃,年平均相对湿度78%,年均降雨量 1 088 毫米左右。由于茅台镇地处河谷,风速小,有利于酿造茅台酒微生物的栖息和繁殖。茅台镇独特的地理地貌、优良的水质、特殊的土壤及亚热带气候是茅台酒酿造的天然屏障。20 世纪六七十年代,全国有关专家曾用茅台酒工艺及原料、窖泥,乃至工人、技术人员进行异地生产,所出产品均不能达到同样的效果。

2.原材料

茅台酒生产所用高粱为糯性高粱,当地俗称红缨子高粱。此高粱主要产于贵州仁怀境内及相邻川南地区的低山地,海拔高度为 700～1 000 米,属中亚热带湿润季风气候。土壤为紫色土、石灰土、黄壤,肥力中等。此高粱颗粒坚实、饱满、均匀,粒小皮厚,支链淀粉含量达88%以上,其截面呈玻璃质地状,有利于茅台酒工艺的多轮次翻烤,使茅台酒每一轮的营养消耗在一个合理范围内。高粱皮厚,富含 2%～2.5%的单宁,通过茅台工艺发酵使其在发酵过程中形成儿茶酸、香草醛、阿魏酸等茅台酒香味的前体物质,最后形成茅台酒的芳香化合物和多酚类物质等。这些有机物的形成与茅台酒高粱及地域微生物群系密切相关,也是茅台酒幽雅细腻、酒体丰满醇厚、回味悠长的重要因素。

3.酿造工艺

茅台工艺的特点为三高三长,季节性生产。

三高是指茅台酒生产工艺的高温制曲、高温堆积发酵、高温馏酒。茅台酒大曲在发酵过程中温度高达 63 ℃,在整个大曲发酵过程中可优选环境微生物种类,最后形成以耐高温产香的微生物体系,在制曲过程中有趋利避害之功效。茅台酒高温堆积发酵是茅台酒利用自然微生物,进行自然发酵生香的过程,也是形成茅台酒主要香味物质的过程,其堆积发酵温度高达 53 ℃。茅台酒通过高温堆积发酵,形成特殊芳香物,也通过微生物细胞蛋白产生氨基酸等营养物质。茅台酒的蒸馏温度高达 40 ℃以上,主要目的一是分离茅台酒经发酵的有效成分,二是去除发酵过程中的副产物或不利物质或低沸点物质。

茅台酒工艺中的三长主要指茅台酒基酒生产周期长、大曲贮存时间长、茅台酒基酒酒龄长。茅台酒基酒生产周期长达一年,制作流程可概括为 2 次投料、9 次蒸馏、8 次发酵、7 次取酒,历经春、夏、秋、冬一年时间;茅台酒大曲贮存时间长达 6 个月才能供生产使用,这对提高茅台酒基酒质量具有重要作用。茅台酒一般需要长达 3 年以上贮存时间才能勾兑,通过贮存可使酒体更醇香味美,加上茅台酒高沸点物质丰富,更能体现茅台酒的价值。茅台酒工艺的季节性生产指茅台酒生产投料以农历九月重阳节进行。采用九月重阳投料:一是按照高粱的收割季节;二是顺应茅台当地气候特点;三是避开高营养高温生产时节,便于人工控制发酵过程,培养有利微生物体系,选择性利用自然微生物;四是九月重阳是中国的老人节,象征天长地久,体现中华民族传统文化。

三、企业标识和品牌价值

茅台标识在形态上为圆形,利用红蓝两色对比、反白成一抽象的鹰形,象征企业似雄鹰展翅腾飞,同时也隐喻茅台酒厂英文缩写字母 M,以鹰象征企业恢宏气势,展示强大深厚的企业生命力和鲜明厚重的企业形象。同时,标识两边共八根流动的线条,意含标识是茅台酒荣获巴拿马国际金奖 80 周年之际推出,使企业标识具有深远的历史意义和纪念意义。标识的色彩为红、蓝、白,分别象征了茅台酒的酱

图 7-1　茅台标识

香、醇甜、窖底。红色作为民族传统色,暗示企业的开拓精神和激昂奋勇的热情,同时也隐含着茅台酒的独特醇香,并融入五星,寓意茅台酒厂及茅台国酒地位和国际荣誉,展示了茅台酒厂如飞腾之雄鹰飞向辉煌。茅台缩写注入蓝色的海洋,象征国酒茅台屹立于世界,如图 7-1 所示。

在 2019 年"华樽杯"第十一届中国酒类品牌价值评议活动中,茅台品牌价值被核定为 3 005.21 亿元。

四、企业部分荣誉和产品

茅台酒获得第一、二、五届全国评酒会国家名酒称号。获得第三届全国评酒会国家质量金质奖。获得第四届全国评酒会质量金质奖。1984 年,"飞天牌"贵州茅台酒获国家质量金质奖。1986 年,获得法国巴黎第十二届国际食品博览会金奖。1988 年,获得首届中国食品博览会金奖。1989 年,获得首届北京国际博览会金奖。1992 年,获得日本东京第四届国际名酒博览会金奖。1993 年,获得法国波尔多葡萄酒烈性酒展览会特别奖。1994 年,"飞天牌""五星奖"系列茅台酒获第五届亚太国际贸易博览会金奖。2008 年,贵州茅台集团企业徽标获"中国驰名商标"称号。2013 年,茅台酒酿酒工业遗产群入选第七批全国重点文物保护单位。2015 年,国酒茅台再次荣膺"国家名片"。2016 年,茅台入选"第十届中国品牌价值500 强",位居酒类品牌价值榜榜首。

茅台酒产品主要包括陈年茅台酒、普通茅台酒、低度茅台酒、其他酱香酒。陈年茅台酒包括汉帝茅台酒、80 年茅台酒、50 年茅台酒、30 年茅台酒、15 年茅台酒、陈年茅台纪念酒。普通茅台酒包括飞天茅台酒、五星茅台酒、礼盒茅台酒、茅台纪念酒。其他酱香酒包括汉酱酒、仁酒、华茅酒、王茅酒、赖茅酒、贵州大曲、茅台王子酒、茅台迎宾酒、财富酒、国博酒。

第二节 山西杏花村汾酒集团有限责任公司

一、企业历史文化

山西杏花村汾酒集团有限责任公司是国有独资公司,以生产经营汾酒、竹叶青酒为主营业务。公司拥有"汾""杏花村""竹叶青"3个中国驰名商标。汾酒是我国清香型白酒的典型代表,竹叶青酒是国家卫生部认定的中国保健名酒。

汾阳古称汾州,南北朝时产有"汾清"酒。《北齐书》记载,北齐武成帝高湛在晋阳给其侄河南康舒王孝瑜的手书中说:"吾饮汾清二杯,劝汝于邺酌两杯。"唐代诗人李白曾在汾阳携客品酒,醉校过古碑。唐宋以来的文献和诗词也多有"汾州之甘露堂"酒、"干榨酒"、"干和酒"等记载。清代以汾酒闻名于世,李汝珍在《镜花缘》中列举50余种国内名酒,将"山西汾酒"排在首位。《汾阳县志》载:"汾酿以出自尽善杏花村者最佳。"故后人借唐代杜牧《清明》中"清明时节雨纷纷,路上行人欲断魂。借问酒家何处有?牧童遥指杏花村"的诗句,赞颂汾酒以杏花村著称于世。该村用于酿酒的古井至今犹存,井旁墙壁上刻有明末清初著名学者傅山题写的字匾"得造花香",并有《申明亭酒泉记》石碑一座,赞美井水"其味如醴,河东桑落不足比其甘馨,禄裕梨春不足方其清冽"。清代光绪元年(1875年)开设宝泉益酒坊,1912年,后又设崇盛永和德厚成酒坊,三家常年生产汾酒。1915年,宝泉益易名为义泉涌,将崇盛永和德厚成相继并入。1919年,太原成立晋裕汾酒股份有限公司,1947年晋裕公司破产,翌年又投入小型生产。1951年,在原杏花村酒坊基础上建成杏花村汾酒厂。1993年8月,杏花村汾酒厂改组为自主经营、自负盈亏的法人组织——山西杏花村汾酒(集团)公司。同年,进行了企业股份制改造,成立了山西杏花村汾酒厂股份有限公司。2002年,在原山西杏花村汾酒(集团)公司基础上改组成立了山西杏花村汾酒集团有限责任公司。

东方财富网报道,2018年山西汾酒实现营业收入93.82亿元,同比增长47.48%。

二、企业品牌核心元素

汾酒产自山西汾阳市杏花村镇。它具有色、味、香"三绝"的优点,颜色清澈透明,气味芳香馥郁,入口醇厚绵柔,饮后余香回味。汾酒以优质高粱为原料,以特别大曲作引,先将蒸透的原料加曲,放入埋在土中的缸里,发酵后取出蒸馏,得酒后再加曲发酵,将两次蒸得的酒配合而成成品。

汾酒以晋中平原所产的"一把抓"高粱为原料,用大麦、豌豆制成的青茬曲为糖化发酵剂,取古井和深井的优质水为酿造用水。古井之水,与汾酒的品质有很大关系。汾酒发酵仍沿用传统的古老地缸发酵法。酿造工艺为独特的"清蒸二次清"。操作特点则采用二次发酵法,即先将蒸透的原料加曲埋入土中的缸内发酵,然后取出蒸馏,蒸馏后的酒醅再加曲发酵,将两次蒸馏的酒配合后方为成品。

汾酒酒液无色透明,清香雅郁,入口醇厚绵柔而甘洌,余味清爽,回味悠长,酒度高(65度、53度)而无强烈刺激之感,其汾特佳酒(低度汾酒)酒度为38度。汾酒纯净、雅郁之清香为我国清香型白酒之典型代表,故人们又将这一香型俗称"汾香型"。

三、企业标识和品牌价值

标识整体形如一枚杏花红印,以怒放的杏花为外框展示出强大厚重的企业生命力,寓意汾酒"诚信天下"的庄严承诺;标识以中国红为基本色调,吉祥的红寓意喜庆、热烈、激情、斗志,象征着杏花村汾酒的勃勃生机;杏花成攒,漫天花瓣,象征汾酒清香天下,誉满全球,同时也隐喻汾酒集团旗下的汾

图7-2　杏花村汾酒标识

酒、竹叶青酒、杏花村酒、白玉汾、玫瑰汾等产品蒸蒸日上,如图7-2所示。在2019年"华樽杯"第十一届中国酒类品牌价值评议活动中,杏花村品牌价值被核定为1 396.55亿元。

四、企业部分荣誉和产品

杏花村汾酒在第二、三、四、五届全国评酒会上获得国家名酒称号。1992年,杏花村汾酒获法国巴黎国际名优酒展评会特别金奖。1997年,"杏花村"商标被工商总局评为全国驰名商标、走向世界中国名牌100强。2003年,公司荣获2002年中国保健食品行业百强企业,"杏祥酒"获中国白酒典型风格银杯奖,全国质量效益信誉等级证书。2005年,杏花村牌白酒获"全国三绿工程畅销品牌"称号,38度竹叶青酒获全国优质产品。2006年,杏花村汾酒获"中国八大最具投资价值白酒品牌"称号。2006年,杏花村汾酒酿制技艺经中华人民共和国国务院批准列入第一批国家级非物质文化遗产名录。同年,杏花村汾酒酿造作坊遗址被评为全国重点文物保护单位。

该公司主要产品有汾酒、竹叶青酒、玫瑰汾酒、白玉汾酒、杏花村酒、杏花春酒等这几大系列。具体包括国宴汾酒、青花汾酒、二十年陈酿金奖汾酒、封坛十五年老白汾酒、醇柔老白汾、国酿竹叶青酒、特酿竹叶青酒、精酿竹叶青酒、国宝竹叶青酒、金白玉、银白玉、玲珑白玉、黑玫瑰、红玫瑰、玲珑玫瑰、青花瓷杏花春、蓝花瓷杏花春、珍藏版青花瓷杏花春、十八年陈酿杏花春等。

第三节 陕西西凤酒厂集团有限公司

一、企业历史文化

西凤酒是我国最古老的历史文化名酒之一,产于陕西省凤翔区。凤翔古称雍,为炎黄文化和周秦文化发祥地和中国著名酒乡,文化积淀十分丰厚。这一带出土的6 000年前的酒具拉开了中国酒文化史的帷幕,仰韶文化遗址有20多处,龙山文化遗址更多,秦公大墓的发掘轰动世界,雍城遗址和苏东坡任职凤翔时兴建的东湖园林等名胜古迹驰名中外。殷商晚期的尹光方鼎铭文和西周初年的方鼎铭文记载,远在3 000年前这里出产的"秦酒"就成为王室御酒。《史记·秦本纪》记述的秦穆公赐酒为盗马"野人"解毒;《酒谱》记载的秦晋韩原大战,秦穆公获胜后"投酒于河以劳师"的典故就发生在这里。这里自古盛产美酒,唯以柳林镇所产之酒为上乘。至今,民间仍流传着"东湖柳、西凤酒、女人手"的佳话。唐贞观年间,西凤酒就有"开坛香十里,隔壁醉三家"的美誉。到了明代,凤翔境内"烧坊遍地,满城飘香",酿酒业大振,过境路人常常"知味停车,闻香下马",以品尝西凤酒为乐事。清末,西凤酒走向海外。

1956年,陕西省人民委员会批准在凤翔县柳林镇建立国营西凤酒厂。1958年,西凤酒厂由陕西省工业厅交给凤翔区人民委员会领导,随后厂名改为地方国营凤翔县西凤酒厂。1962年,原地方国营凤翔县西凤酒厂更名为地方国营陕西省西凤酒厂。1999年,以西凤酒厂经营性净资产为核心,联合其他社会法人,组建成立了陕西西凤酒股份有限公司。2008年,经宝鸡市国资委批准,陕西省工商行政管理局核准,将陕西西凤酒股份有限公司变更为陕西西凤酒集团股份有限公司。

《贤集网》报道,2018年,西凤集团实现销售收入50.14亿元,同比增长23.86%,达到历史最佳水平。

二、企业品牌核心元素

西凤酒以大麦、豌豆制曲,以高粱为原料,配以柳林井水,采用土窖发酵法,六甑续渣混烧而得新酒,酒海贮存3年以上,经自然老熟后精心勾兑、认真检测、精装而成。

西凤大曲采用大麦、小麦和豌豆按一定的比例混合,粉碎加水、搅拌、机械成型后经高温发酵制成。西凤酒生产要经过立窖、破窖、顶窖、圆窖、插窖、挑窖6个阶段。凤香型西凤酒具有"清而不淡,浓而不艳,集清香、浓香特长于一体,酸、甜、苦、辣、香五味协调俱全,均不出头"的风格特点。西凤酒新酒必须经过3年以上的贮存才能用于勾兑,选用特有的酒海来贮存白酒。白酒勾兑的中心环节之一是勾兑配方的确定,勾酒师通过识酒和自评、集体品评等形式确定基酒配方。经公司评酒委员会品评和分析检测后,才能用于大勾。在白酒勾兑的各个阶段都要通过气相色谱仪和化学分析对样品进行检评、品评和分析双合格后才能进入下道工序。为了保护消费者的利益,西凤酒包装材料从普通玻璃瓶到水晶瓶进行了多次变革。

三、企业标识和品牌价值

在 2019 年"华樽杯"第十一届中国酒类品牌价值评议活动中,西凤品牌价值核定为 1 206.22 亿元。西凤酒标识如图 7-3 所示。

图 7-3　西凤酒标识

四、企业部分荣誉和产品

西凤酒在第一、二、四、五届全国评酒会上被评为国家名酒。2000 年西凤酒被国内贸易部授予中华老字号称号。2003 年,西凤酒荣获国家原产地域保护产品称号。2005 年,西凤酒牌商标荣获中国驰名商标。2006 年,西凤酒荣获首批国家酒类质量等级认证优级产品。2007 年,西凤酒酿制技艺被列入陕西省首批非物质文化遗产名录。2007 年,西凤酒获得国家纯粮固态发酵白酒认证标志。2012 年,西凤酒品牌荣获新华社中国经济最具发展潜力企业奖。2019 年,西凤酒入选"新华社民族品牌工程"。

西凤产品主要包括西凤酒 1915、西凤酒珍藏版系列、西凤酒海陈藏、七彩西凤酒系列、西凤酒六年系列、西凤酒十五年系列、西凤酒华山论剑系列、国花瓷西凤酒系列、西凤酒 375、酒之源西凤酒、凤香经典系列、金奖西凤酒系列、柔顺西凤酒、西凤头曲酒系列、西凤老藏酒系列等。

第四节　安徽古井集团有限责任公司

一、企业历史文化

古井集团是中国老八大名酒企业,是安徽古井贡酒股份有限公司的母公司,坐落在历史名人曹操与华佗故里——安徽省亳州市。公元 196 年,曹操将家乡亳州产的"九酝春酒"和酿造方法敬献给汉献帝刘协,自此一直作为皇室贡品,曹操也被史学界命名为古井贡"酒神"。古井集团的前身为起源于明代正德十年(1515 年)的公兴槽坊,1959 年 10 月转制为安徽省营亳县古井酒厂。1989 年,面对市场危局,古井连续使出"降度降价""负债经营""保值销售"策略,使古井走出了中国名白酒销售的误区,在全国白酒行业中率先冲出了低谷;同年,古井首次跻身于全国 500 家最大工业企业行列。1992 年,集团公司成立。1996 年,古井贡股票上市。古井集团秉承"做真人,酿美酒,善其身,济天下"的核心价值观,目前拥有正式员工 10 000 多名,致力于打造以白酒主业为核心的"制造业平台",以商旅为主的"实业平台",以金融集团为主的"金融平台"和以酒文化、酒生态、酒产业、酒旅游为核心的"文旅平台"。

同花顺财经网报道,2018 年度,公司实现营业收入 86.86 亿元,同比上升 24.65%。

二、企业品牌核心元素

九酝酒法:传承千年,是国内有文字记载的最早酿酒法,北魏贾思勰的《齐民要术》和曹操在《上九酝酒法奏》中均有记载。以此酒法所酿之古井贡酒,获"酒中牡丹"之盛誉。

无极之水:取自井中三尺(1 尺 = 0.333 米)以下,性温、质清,有益微量元素含量较高,水质清冽甘爽。

桃花春曲:桃花开时制曲,花凋曲成。以此制酒,味幽香。

明代窖池:窖池中含有大量古井神泥,有"软黄金"之称,有益微生物群保证了古井贡酒年份原浆酒香之丰醇。

双择标准:通过择层取醅,择时摘酒确保品质。

原酒窖藏:将原酒藏于恒温、恒湿的地窖之中,易挥发的乙醛、硫化物慢慢挥发,使酒体更加绵甜、柔顺。

原生态酿造环境:以传统农业为主的产业格局,使得古井酒厂周边始终保持原生态、无污染的天然环境。同时,采用高科技检测控制技术,确保白酒生产质量。

三、企业标识和品牌价值

在 2019 年"华樽杯"第十一届中国酒类品牌价值评议活动中,古井品牌价值被核定为 1 469.8 亿元。古井贡酒标识如图 7-4 所示。

图 7-4 古井贡酒标识

四、企业部分荣誉和产品

古井贡酒在第二、三、四、五届全国评酒会上被评为国家名酒。1992 年,古井贡酒获美国首届葡萄酒白酒国际博览会金奖和"92 香港国际食品博览会金奖"。1998 年,工商总局认定并授予"古井贡"为"中国驰名商标"。2003 年,国家质检总局发布公告,宣布对古井贡酒实施原产地域产品保护。2005 年,古井贡酒获得国家"纯粮固态发酵白酒"标志认证。2006 年,古井贡酒通过中国酒类产品质量等级(优级)认证,获"中国酒类流通诚信企业"称号。2018 年,古井贡酒获第十二届中国品牌节"华谱奖"。

该企业主要产品包括年份原浆、古井贡酒、古井系列酒、黄鹤楼酒、古井淡雅酒等系列。

第五节　贵州董酒股份有限公司

一、企业历史文化

　　遵义酿酒历史十分悠久,董酒的酿造脉络可以追溯到远古时期,盛于魏晋南北朝时期,具有亘古千年的历史。在魏晋南北朝时期,这里就以酿"咂酒"而闻名。《峒溪纤志》载:"咂酒,一名钩藤酒,以米、杂草子为之,以火酿成,不刍不酢,以藤吸取。"到元末明初时,出现"烧酒"。民间有酿制饮用时令酒的风俗,《贵州通志》载:"遵义府,五月五日饮雄黄酒、菖蒲酒。九月九日煮蜀穄为咂酒,谓重阳酒,对年饮之,味绝香。"通过先人们对董酒酿造工艺和配方的代代传承、不断总结、归纳和演进延续,董酒采众家制曲之长,集酿造工艺之优,创酿出酒质独特的"药香酒",至20世纪二三十年代成为贵州乃至西南名酿。1935年,红军长征两次经过遵义时,红军将士曾品尝过董酒,领略过董酒的神韵。抗日战争时期,浙江大学西迁遵义,教授们来到董公寺,在了解了董酒的酿造工艺和配方,品饮董酒(当时叫程家窖酒)后,赞不绝口,认为此酒融汇130多种纯天然中草药参与制曲,是百草之酒。而董公寺的"董"字由"艹"和"重"组成,"艹"与"草"同意,"重"为数量多之意,故"董"字寓意"百草"。同时此酒产于低纬高原、冬无严寒、夏无酷暑、植被茂密、泉水甘醇的酿造美酒之地,加上独特的酿造工艺、制曲配方和香味组成成分,充分体现了天人合一、和谐共生的思想。而"董"字在《楚辞·涉江》"余将董道而不豫兮"中,其义正也、威也,有正宗、正统、正派、正根、威严、威重之意。"董"字本身的文化内涵与董酒的文化内涵,以及产于董公寺,这三者具有传奇般的巧合。教授们提议将"程家窖酒"命名为"董酒",希望董酒继续秉承"药食同源""酒药同源"的酿酒真谛,传承发扬"百草之酒"。从此,董酒命名逐渐传开。

　　1957年,董酒恢复生产。1976年,将董酒车间从遵义酒精厂分出,成立遵义董酒厂。1994年,成立遵义董酒股份有限公司。1997年,成立贵州遵义振业董酒(集团)有限公司。2001年,贵州遵义振业董酒(集团)有限公司正式更名为贵州振业董酒股份有限公司。2007年,董酒再次完成股权变更并成立了贵州董酒股份有限公司。

二、企业品牌核心元素

1. 风格独特

　　董酒风格独特,被行家们归纳为"酒液清澈透明,香气幽雅舒适,入口醇和浓郁,饮后甘爽味长"。董酒既有大曲酒的浓郁芳香、甘洌爽口,又有小曲酒柔绵醇和回甜,并微带使人有舒适感的药香及爽口的酸味,饮后不干、不燥、不烧心、不上头,余味绵绵。

2. 组成成分独特

　　董酒的香味组成成分独特,除了各种香味组成成分与其他名优白酒不一样,还具有"三高一低"的特点。"三高":一是董酒丁酸乙酯高;二是高级醇含量高,其中主要是正丙醇和仲丁醇含量高;三是酸含量较高,酸含量主要由乙酸、丁酸、己酸和乳酸四大酸类组成,总酸量是其他名优白酒的2~3倍。"一低"是乳酸乙酯含量低。这些香味成分的组成独特,对形成董酒独特风格和养生功能起到关键的作用。

3. 生产工艺、配方独特

董酒采用优质高粱为原料,小曲小窖制取酒醅,大曲大窖制取香醅,酒醅香醅串蒸而成。其工艺简称为"两小,两大,双醅串蒸"。这一酿造工艺造就董酒的典型风格:既有大曲酒的浓郁芳香,又有小曲酒的柔绵、醇和、回甜,还有微微的、淡雅舒适的药香和爽口的微酸,酒体丰满协调。

三、企业标识和品牌价值

企业品牌标识具有以下含义:

①企业品牌标识书写呈八卦之形。图形简洁明快,既有强烈的识别形象,又有丰富美学内涵。字体清新隽永、意象逸美。笔画刚挺有度、柔美兼之,更显和谐共存之意。企业品牌标识体现宇宙万物的阴阳、大道理念,充分展示了董酒的核心价值:白酒文化与中医文化理论的相互交融。

②董酒产品标识书写呈醉意之态,字体以方笔为主,饱满劲美,气势雄重,圆细、平斜相辅,更显摇曳多姿,充分展示董酒特点内涵,既有大曲酒的浓郁芳香,又有小曲酒的柔绵、醇和、回甜,还有微微的、淡雅舒适的药香,造就其别具一格的"董"香风格。

③企业品牌标识与董酒产品标识相辅相成,形态刚柔相济,方圆相生,笔画圆中有方,方中有圆。字体或匀称劲美或气势雄厚、摇曳多姿,体现了或意或法、或韵或势和谐相生的最高意境。企业品牌标识和董酒产品标识,两者一反传统几何构成设计风格,采用中国书法灵动、大气的笔意一气呵成。

在2019年"华樽杯"第十一届中国酒类品牌价值评议活动中,董酒品牌价值被核定为69.23亿元。贵州董酒标识如图7-5所示。

图7-5 贵州董酒标识

四、企业部分荣誉和产品

1963年,经全国评酒会严格筛选评定,董酒进入"中国八大名酒"行列,之后连续四届蝉联中国名酒。董酒独特的酿造工艺和配方曾三次列为"国密"。1983年,董酒工艺和配方被列为"国家机密"。1988年,获中国首届文化节中国文化名酒称号。1994年,董酒工艺和配方被重申为"国家秘密";2006年,董酒工艺和配方被重申为永久"国家秘密"。2008年,在发布实施的贵州省董香型白酒地方标准中董酒被确定为董香型白酒的代表。2010年,董酒被评为"中华老字号"。同年,董酒获"2010年中国十大最具增长潜力白酒品牌"称号。

董酒产品包括年份系列、百草香系列、特级国密系列、国密系列、密藏系列、紫运系列、经典系列、鸿运系列、贵董酒系列、娄山春系列、定制酒系列和礼盒酒系列。

第六节　江苏洋河酒厂股份有限公司

一、企业历史文化

江苏洋河酒厂股份有限公司(苏酒集团)位于苏北古镇——洋河,面临徐淮公路,背靠京杭运河,交通畅达。据传,洋河大曲在唐代已享盛名,可以考证的历史有400多年,明末清初已闻名遐迩。清雍正年间,洋河大曲已行销江淮一带,有"福泉酒海清香美,味占江淮第一家"之美誉,并被列为清皇室贡品。据记载,清乾隆皇帝第二次南巡时,在宿迁停留7天,品尝洋河大曲后挥毫写下了"酒味香醇,真佳酒也"的赞语。

新中国成立后,党和政府拨出专款在裕源、祥泰、逢泰、广泉聚等几家私人酿酒作坊的基础上建立了洋河酒厂。从1998年开始,洋河酒厂奋力开拓市场,强化内部管理,深化企业制度改革,在激烈的竞争中不断铸造新的优势。自2005年起,洋河股份(苏酒集团)连续7年保持年均50%以上的增长,创造了令人惊叹的洋河速度。2009年,"洋河股份"在深圳证券交易所正式挂牌上市。2010年,宿迁市国丰资产经营管理有限公司将其持有的江苏双沟酒业股份有限公司40.59%的股份转让给洋河酒厂;同日,苏酒集团宣告成立。2011年,洋河股份与双沟酒业实现股权完全融合。苏酒集团(洋河股份)成为拥有洋河、双沟两大"中国名酒",洋河、双沟、蓝色经典、珍宝坊、梦之蓝和苏酒6个"中国驰名商标",2个"中华老字号"的企业。

2018年,江苏洋河酒厂股份有限公司全年实现营业总收入241.21亿元,同比增长21.1%。

二、企业品牌核心元素

洋河大曲属浓香型大曲酒,以产地得名。以高粱为原料,以小麦、大麦、豌豆制成的高温火曲为发酵剂,辅以美人泉水精工酿制而成。沿用"老五甑续渣法",采用"人工培养老窖低温缓慢发酵""中途回沙""慢火蒸馏""分等贮存""精心勾兑"等传统工艺和新技术,形成了"甜、绵、软、净、香"的独特风格。其独特的传统工艺为用陈年老窖发酵,发酵期60天,面醅部分所蒸馏之酒,因质差另做处理;对用作填充料的谷壳进行清蒸;蒸酒掐头去尾,中流酒经鉴定、验质、贮存、勾兑后包装出厂。

洋河大曲酒液无色透明,酒香醇和,味净尤为突出,既有浓香型的风味,又有独自的风格,以其"入口甜、落口绵、酒性软、尾爽净、回味香、辛辣"的特点,成为江淮派(苏、鲁、皖、豫)浓香型白酒的卓越代表三沟一河(即汤沟酒、洋河酒、双沟酒、高沟酒)之一。

三、企业标识和品牌价值

在 2019 年"华樽杯"第十一届中国酒类品牌价值评议活动中，洋河品牌价值被核定为 1 633.22 亿元。洋河酒标识如图 7-6 所示。

四、企业部分荣誉和产品

1929 年，裕昌源酒坊的大曲酒在工商部中华国货展览会上获二等奖。1972 年以来，洋河大曲被评为江苏省历届名酒。1979 年，在第三届全国评酒会上，洋河大曲跻身于全国八大名酒之列；以后，又在全国第四、五届评酒会上荣获国家名酒称号及金质奖。1984 年，洋河大曲获轻工业部酒类质量大赛金杯奖。1990 年，洋河大曲获香港中华文化名酒博览会特奖和金奖。1992 年，洋河大曲获美国纽约首届国际博览会金奖。2000 年，洋河大曲获中国驰名商标。

图 7-6　洋河酒标识

洋河产品包括梦之蓝系列、天之蓝系列、海之蓝系列、洋河大曲酒、洋河老字号等。

第七节　其他知名白酒企业

一、江苏今世缘酒业股份有限公司

江苏今世缘酒业股份有限公司地处开国总理周恩来的故乡淮安，坐落在全国文明乡镇高沟；拥有"国缘""今世缘""高沟"3 个品牌，年产白酒 3 万余吨；荣获中国白酒智能化酿造示范车间、推动中国酒业发展企业、中国食品工业科技进步企业、全国轻工行业先进集体、全国"守合同，重信用"企业、全国质量和服务诚信企业、全国"五一"劳动奖章、全国模范劳动关系和谐企业、全国模范职工之家、全国企业文化建设先进单位、全国质量奖、全国文明单位、国家 4A 级旅游景区等称号。

今世缘酒业的前身是江苏高沟酒厂。高沟酿酒，历史悠久，源远流长。1956 年，高沟酒荣获江苏省人民政府颁发的"酿酒第一"奖旗；1984 年，在全国第四届评酒会上，以 95.13 分的成绩名列全国浓香型白酒第二名；1989 年，在全国第五届评酒会上，蝉联"国家品牌酒"称号；1995 年，被国家技术监督局认定为全国浓香型白酒标准样品。1996 年，今世缘品牌诞生。

在 2019 年"华樽杯"第十一届中国酒类品牌价值评议活动中，品牌价值被核定为 331.76 亿元。

二、酒鬼酒股份有限公司

酒鬼酒股份有限公司由创建于 1956 年的湘西州第一家作坊酒厂吉首酒厂发展而成；1985 年更名为湘西吉首酿酒总厂；1992 年更名为湘西湘泉酒总厂；1996 年改制为湖南湘泉集团有限公司，成为湖南省 50 家最早进行现代企业制度改革的企业之一；1997 年由湘泉集团独家发起创立酒鬼酒股份有限公司，在深圳证券交易所上市；2007 年全面完成改制重组，中皇有限公司成为公司控股股东；2016 年，中粮集团有限公司成为公司实际控制人。酒鬼酒股份有限公司是湖南省农业产业化龙头企业，是湘西州最大的工业企业。酒鬼酒是中国白酒文化营销的开创者、文化酒的引领者、洞藏文化酒的首创者、馥郁香型工艺白酒的始创者、中国白酒陶瓷包装时代开启者。公司系列产品依托"地理环境的独有性、民族文化的独特性、包装设计的独创性、酿酒工艺的始创性、馥郁香型的和谐性、洞藏资源的稀缺性"六大优势资源，成就了"内参""酒鬼""湘泉"三大品系，是中国馥郁香型白酒领袖品牌。"酒鬼""湘泉"成为"中国驰名商标"，酒鬼酒成为"中国地理标志保护产品"。

在 2019 年"华樽杯"第十一届中国酒类品牌价值评议活动中，品牌价值被核定为318.16亿元。

三、湖北白云边股份有限公司

白云边得名于诗仙李白"将船买酒白云边"，1952 年建厂，1994 年 6 月成立湖北白云边股份有限公司，以生产销售白酒为主业。2005 年 11 月，根据湖北省委、省政府对县域经济发展"一主三化"的要求，白云边进行了"国有股份退出、实行民有民营"的产权制度改革，成立湖北白云边集团。

2005 年民营化改制以来，白云边集团确立了"以人为本，科学发展，回报社会"的企业核心价值观，紧紧围绕"一业为主，多元并举"的战略部署，实现了历史性突破。2006 年，"白云边"获"中国白酒工业十大竞争力品牌"，兼香型白云边酒被中国酒业协会正式认定为中国白酒兼香型代表。2007 年 3 月 1 日，兼香型白云边酒获得纯粮固态发酵标志使用资格。2008 年 5 月 28 日，"白云边"被认定为中国"驰名商标"。2009 年 12 月 1 日，以白云边为第一起草单位的《浓酱兼香型白酒国家标准》正式实施。2015 年 1 月 18 日，"白云边"品牌通过国标 GB/T 272925—2011 评判，正式获"五星品牌"认证证书。

在 2019 年"华樽杯"第十一届中国酒类品牌价值评议活动中，品牌价值被核定为313.65亿元。

四、湖北稻花香酒业股份有限公司

湖北稻花香酒业股份有限公司坐落于夷陵区龙泉镇，属稻花香集团最大的核心企业，是一家以生产稻花香系列白酒为主的股份制企业。

多年的探索与实践，稻花香系列白酒形成了独特的酿造工艺技术，完善的产品质量保证体系，深受广大消费者的青睐。稻花香酒是吸取传统五粮酿造工艺之精髓，选用优质红高粱、小麦、大米、糯米、玉米为原料，以独特的"包包曲"为糖化发酵剂，取"龙眼"优质矿泉水，采用传统的混蒸、混烧、泥窖发酵工艺精心酿造、长期贮存、精心勾调、精心包装而成的浓香型白酒。产品具有清澈透明、窖香浓郁、醇厚绵甜、协调净爽、回味悠长的特点。产品质量达到国家标准，得到国家许多著名白酒专家的充分肯定。专家们在品评稻花香酒后认为稻花香酒具有"多粮型、复合香、陈酒味"的显著特点，在白酒行业内能够将专家口感与消费者口感有机结合、浑然天成。

在2019年"华樽杯"第十一届中国酒类品牌价值评议活动中，品牌价值被核定为189.26亿元。

五、北京红星股份有限公司

1680年，前门大街源升号酒坊的三位匠人发明了二锅头酒传统酿造技艺：蒸酒时舍弃头锅尾锅，只取清香纯正的第二锅，因此被称为"二锅头"。从此，一坛美酒走进了京城街头巷尾。

1949年，红星传承而生。红星是著名中华老字号企业和国家级非物质文化遗产保护单位；同时也是北京地区第一家国营酿酒厂以及将北京二锅头这一技艺名用作产品名的开创者。1965年，红星向北京19家郊县酒厂传授北京二锅头酒传统酿造技艺，扶持帮助其发展生产；1981年，红星放弃了"二锅头"的全名称商标注册，只用"红星"的注册商标，与其他所有的二锅头酒类生产企业共享"二锅头"；2014年与2015年，红星蝉联布鲁塞尔国际烈性酒大奖赛金奖；2016年，红星发布"每个人心中都有一颗红星"励志大片。2017年，红星斩获布鲁塞尔国际烈性酒大奖赛中国唯一最高奖项——大金奖，同时获得金奖、银奖；2018年再度蝉联该赛事金奖、银奖。

在2019年"华樽杯"第十一届中国酒类品牌价值评议活动中，品牌价值被核定为308.86亿元。

六、四特酒有限责任公司

四特酒有限责任公司坐落于江西省樟树市，西临赣江，东靠"天下第三十三福地"道教名山阁皂山，自古就有"酒乡"美誉，酿酒条件得天独厚。

公司正式创建于1952年，前身为国营樟树酒厂，1983年更名为江西樟树四特酒厂，2005年改制为四特酒有限责任公司，2009年公司于樟树市阁山镇开工建设承延科技园项目，该项目占地面积2 300多亩，2013年7月正式投产。经过半个多世纪发展，四特酒有限责任公司已成为集科研、生产、销售于一体的全国知名酿酒企业。

四特酒的身世可追溯到距今3 500年前的殷商时期，自"仪狄造酒"开始，樟树的酿酒历史从未间断。时至今日，创新的四特酒博采众长，推陈出新，坚持"差异化"定位，坚守传统酿造工艺精髓，以现代化管理为引领，以企业文化为依托，正以"中国特香型白酒开创者"的姿态屹立于中国名酒之林，演绎着中国白酒特香新时代。

2011年6月，全国白酒标准化技术委员会特香型白酒分技术委员会秘书处落户四特酒公司，四特酒成为特香型白酒代表。四特酒品质优良、口感独特，深得消费者青睐。1988年，四特酒荣获国家质量银质奖章，品牌享誉全国。

公司目前主要产品有四特年份酒系列、四特东方韵系列、四特印象系列、四特特香经典系列、四特星级酒系列等,产品结构丰富,可满足各阶层消费者需求。

在 2019 年"华樽杯"第十一届中国酒类品牌价值评议活动中,品牌价值被核定为224.75亿元。

七、山东景芝酒业股份有限公司

山东景芝酒业股份有限公司,位于"山东三大古镇"之一的景芝镇,迄今已有 5 000 年酿酒历史。1948 年,山东省政府集景芝镇 72 家酿酒作坊于一体创立中国最早的国营白酒企业之一——山东景芝酒厂,1993 年经山东省体改委批准改为股份制企业。目前,公司已经发展成为山东省大型重点酿酒企业、中国白酒生产 50 强企业、中国最大的芝麻香型白酒生产企业;被确立为山东省循环经济示范单位、山东省环境友好企业、山东省工业旅游示范点、山东省非物质文化遗产生产性保护示范基地、中国芝麻香白酒第一镇和中国芝麻香白酒生态酿造产区;拥有以一品景芝为代表的芝麻香型系列,以景阳春为代表的浓香型系列,以景芝白乾为代表的传统酒系列,以阳春滋补酒为代表的营养保健型系列四大系列品牌。

在 2019 年"华樽杯"第十一届中国酒类品牌价值评议活动中,品牌价值被核定为221.94亿元。

八、湖北枝江酒业股份有限公司

枝江酒业起源于 1817 年"谦泰吉"古槽坊,经过 200 多年的创新变革和匠心传承,如今已发展为以白酒酿造为主,以包装彩印、保健酒制造、资源回收、饮料加工为辅的多行业配套发展的省委省政府重点支持的大型产业集群。枝江酒业先后荣获全国五一劳动奖状、全国质量管理先进企业、全国重合同守信用先进企业、中国十大新名酒、中国驰名商标、中国 500最具价值品牌、中华老字号等 100 多项国家级荣誉,以卓越的成就、巨大的贡献成为地方经济发展和社会进步的领头雁。2009 年,枝江酒业与维维股份成功实现战略重组。2015 年,枝江市被授予"中国白酒名城"称号。2016 年,枝江酒业百年酿造技艺入选湖北省非物质文化遗产名录。2017 年,枝江酒业第七次蝉联中国民营企业 500 强。

在 2019 年"华樽杯"第十一届中国酒类品牌价值评议活动中,品牌价值被核定为129.75亿元。

九、衡水老白干酿酒(集团)有限公司

河北衡水老白干酒业股份有限公司是 1999 年由河北衡水老白干酿酒(集团)有限公司作为主发起人,联合衡水京安集团有限公司等 6 家发起人共同设立的股份有限公司。该公司于 2002 年在上海证交所正式挂牌上市交易。该公司的前身衡水老白干酒厂,是由衡水 18家私营酿酒作坊收归国有组建而成。其主导产品衡水老白干酒有着 1 800 多年的酿造历史。据文字记载,它始于汉、盛于唐、名于宋,明朝被列为国宴用酒,享有"隔壁千家醉,开坛十里香"的美誉。至清末民初声名日隆。宣统二年(1910 年)远销新加坡。新中国成立后,衡水老白干酒获得平稳发展。2004 年,衡水老白干酒所使用的"衡水"牌注册商标被工商总局认定为"中国驰名商标"。以衡水老白干酒为代表的《老白干香型白酒》行业标准由国家标准化委员会正式确认,2005年正式实施,这使老白干酒获得了与其他香型代表白酒同样的行业地位。2006年衡水老白干酒被商务部认定为首批"中华老字号";同年10月公司的第二大品牌"十八酒坊"被认定为"中国驰名商标"。2008年,衡水老白干酒的酿造技艺被认定为"非物质文化遗产"。2009年,以衡水老白干公司为主起草的《老白干香型白酒国家标准》获"中国标准创新贡献奖"。2010年,衡水老白干获上海世博会"千年金奖"。

在2019年"华樽杯"第十一届中国酒类品牌价值评议活动中,品牌价值被核定为228.99亿元。

◎思考题

1.唐朝诗人杜牧在《清明》诗中写道:"借问酒家何处有? 牧童遥指杏花村。"在其诗中的杏花村现在被指代哪一种名酒?

2.1963年全国第二届评酒会评选出的中国八大名酒是哪些?

3.与郎酒并称为"赤水河畔的两颗明珠"的是什么酒?

4."汾酒纯净、雅郁之清香"是什么香型白酒的典型代表?

5.董酒是什么香型?

第八章 白酒人物文化（上）

　　白酒作为我国传统产业，对我国经济社会的发展产生了巨大的作用。多年来，为了推动中国白酒事业的发展，社会各界人士付出了巨大的努力，做出了巨大的贡献。其中，既有白酒界的专家，也有白酒企业的经营管理专家；既有白酒酿造方面的大师级人物，也有营销方面的英豪。本章主要介绍出生于四川的白酒界相关人士。

第一节　出生于四川的白酒专家

一、朱梅

　　朱梅（1909—1991年），四川荣县人，中国第一代葡萄酿酒专家。1931年毕业于上海艺术大学。曾先后入比利时酿酒学院与法国巴黎巴斯德学院专攻酿造学。1934年，因负债过多，张裕公司抵押给中国银行，由烟台支行经理徐望之出任总经理。徐望之对张裕技术大权一直由外国人执掌颇为不满。1936年，朱梅学成回国，上海《申报》和《新闻报》立时发布了消息。徐望之得知后心中大喜，马上赶赴上海，通过《新闻报》编辑严独鹤、《申报》记者黄寄萍辗转找到了朱梅。不速之客的来访使朱梅感到意外，加之他对张裕缺乏了解，一时面有难色。徐望之非但没有见怪，反而表现出极好的风度："我们有啤酒厂和葡萄酒厂，可是技术人员都是外国人，我们希望您能与我们合作，请您去烟台工作。您可以先到张裕看看，能留下就留下，如果不愿意就回来，来回路费由我们负责。"于是，朱梅教授去啤酒厂当了厂务主任，取代了瑞士酒师。不久，他又出任张裕技术副经理，连续攻克了一连串技术难题，让固执保守的意大利酒师觉得无地自容，离职回国了。兢兢业业的朱梅身兼二职，来回奔波，徐望之觉得于心不忍。为了让他少跑些路，徐望之把自己的汽车让给了朱梅，自己步行上下班。这件事使朱梅深为感动，逢人便说，直到晚年还在文章中屡屡提起。为了全面掌握国外酿酒技艺，徐望之不惜重金派遣朱梅前往意、瑞、法、比、英、德、奥、捷八国考察，遍访著名葡萄酒厂。此番游历让朱梅眼界大开，他凭借丰富的学识，举一反三，触类旁通，把各国葡萄酒酿造精义悉数纳入消化，由此奠定了中国葡萄酒酿造工艺的基础，成为中国葡萄酒界一代宗师。朱梅后又任台湾省酒业公司总经理、台北啤酒厂厂长、青岛啤酒厂厂长。新中国成立后，历任山东省专卖公司工程师、轻工业部高级工程师。他是我国葡萄酒、啤酒酿酒工业的首批专家之一，著有《白酒酿造》《啤酒酿造》《葡萄酒工艺学》等著作。

二、熊子书

熊子书（1921—2019 年），出生于四川云阳县双江镇仙女池，高级工程师。1948 年毕业于四川省立教育学院（现西南大学），攻读农产制造专业，毕业后留校任教。中国白酒界泰斗、中国食品工业协会教授。其主要著作有《中国名优白酒酿造与研究》《酱香型白酒酿造》等，发表论文 140 余篇。

熊子书长期从事酿酒的科研和技术开发工作，取得了多项重大的研究成果。1953 年，为了解决四川资中糖厂酒精蒸馏中过醪的难题，熊老选出川 102、川 345 酒精酵母菌，应用于生产，获得成功。1954 年，担任橡子酿酒项目负责人，橡子酿酒首次获得成功，在北京第一届全国酿酒会上推广，产品质量被评为甲等第九名。1957 年，由食品工业部和中国专卖事业公司组织全国 13 省 158 名代表，参加全国小曲酒总结试点。熊子书作为主要研究人员之一，经两个先进班组的生产总结，淀粉利用率从 65% 提高到近 80%。1958 年，熊子书赴轻工部上海食品所进行橡子酿酒试验，完成淀粉利用率 80% 的指标。1959 年，熊子书主持贵州茅台酒整理总结，此项目是国家科委 12 年科学技术长远发展规划的内容之一，也是轻工部的"中苏合作"重大项目，经过一年大生产周期的跟踪研究，完善了传统操作法，检测出麦曲为细菌曲，选出优质麦曲作曲母，降低了曲母用量，解决了生产中长期存在的由于"烧包、烧籽"影响产品的质量和蒸馏酒出酒率低等难题，提高了产品的质量，原料出酒率也提高 10% 以上。1961 年，从事小麦酿制酒精的中型试验。1964 年，山西汾酒试点，熊子书任技术秘书，负责生产工艺，研究建立完整的生产工艺和产品香型，解决了生产中存在的白色、蓝黑色沉淀和尾酒回蒸等重大难题，仅尾酒回蒸每年增产汾酒 55 吨，1985 年该厂获得全国科学大会重大成果奖。1966 年，熊子书在主持全国串香新工艺白酒试点工作中，通过在配料中添加氮源等措施试制香醅，用 90% 的液态法酒精与 10% 的固态香醅进行串香，使产品质量达到"追景芝、超合肥"的水平，用液态法生产白酒获得成功，取得了显著的经济效益。1967 年，熊子书主持全国调香新工艺白酒试点，在山东青岛酒精厂进行试验，仿泸州老窖二曲风味，研究其配方，产品取名为曲香白酒，生产试销获得好评，由轻工部委托山东省轻工厅组织技术鉴定，建议推广。1972 年，中国食品发酵工业研究院与厂方合作做提高江西四特酒质量的研究，熊子书改进了原生产工艺，培养窖泥建窖，采用酒中不加糖等措施，通过试验，提高了产品的质量，该产品被评为国家级优质酒，是国家特型酒的典型代表。2004 年，在全国白酒行业利税总额 20 强排名中，该厂位列第 18 名。1974 年，在山东青岛葡萄酒厂进行了两年的优质威士忌酒试验，熊子书负责筛选出的 1263 号酵母菌，使产品风味近似苏格兰威士忌，获轻工部重大科技成果四等奖。1980 年，熊子书主持大容器贮酒器的研究，任课题组长，分别对我国浓香型、清香型、酱香型白酒进行试验。1980—1982 年，在江苏双沟酒厂以 4 种大容器与传统陶坛贮存浓香型白酒做对比研究取得成功，获江苏省轻工科技成果二等奖，获轻工部重大科技成果三等奖。与山西汾酒厂和贵州茅台酒厂协作，于 1983—1985 年，对清香型和酱香型白酒分别进行不同材质容器的对比试验，达到了预期的效果。1985 年，轻工部在北京进行了技术鉴定,确认该项目的各项指标均超过轻工部下达的指标。1985 年,主持白酒贮存与老熟机理的研究,中国食品发酵工业研究院与中科院感光化学研究所合作,用氢键核磁共振测定不同香型白酒的缔合度,了解白酒在贮存过程中的缔合度和感官特征与老熟的关系,得知缔合度不能作为老熟的指标。从酱香型白酒的感官质量指标来看,贮存期宜长。1985 年,在内蒙古杭锦后旗制酒厂(现内蒙古河套酒业集团)试制新产品"锦凤液",解决了辅料霉烂影响产品质量的问题,扭转了当时企业的困难局面。

三、范玉平

范玉平(1930—1992 年),宜宾县永兴乡人,现代名酒勾兑宗师,历任宜宾五粮液酒厂勾兑师、科研所副所长、总技师和高级工程师等职务,是我国酿酒行业勾兑技术的创始人,先后荣获四川省财贸先进工作者、四川省经委质量先进个人、全国技术能手、国家商业部特级劳动模范、国家级有突出贡献的专家、全国总工会"五一"劳动奖章获得者、全国劳动模范等称号,是第六届、第七届全国人民代表大会代表。

范玉平经过无数次探索和创新,于 1972 年发明了白酒勾兑技术,填补了国内白酒勾兑史上的空白。将五粮液的酿造作为一项生物工程来研究和开发,引进现代检测设备和微生物微电子技术,广泛运用于生产的关键环节,用现代微生物工程取代老式窖泥培养法,用微机技术控制制曲,不但能保证产品质量的稳定,还可以随着研究的深入不断改进提升质量。这点在五粮液集团的"勾兑双绝"上得到充分验证。

四、曾祖训

曾祖训,出生于 1932 年,四川省资中县人,教授级高工。1953 年毕业于四川化工学院。历任四川省酒类科研所所长,国内贸易部酒类质检中心主任,四川省科技顾问团第二、三届顾问,全国第五届白酒评选会专家组专家,国家级评酒专家,中国食品协会白酒专业委员会常务理事、高级顾问,四川酿酒协会副会长、专家委员会主任,1992 年成为享受政府特殊津贴专家。2004 年,中国财贸轻纺烟草公会、中国酿酒工业协会授予全国酿酒行业特殊贡献奖。主要从事食品检验和白酒气相色谱分析方法、白酒工艺及勾兑等研究,完成"液态白酒质量提高""白酒醇酯分析"等项目研究,获部省级科技进步二等奖五项、三等奖两项,编写出版《白酒气相色谱分析》一书,发表学术论文 30 余篇。

五、赖高淮

赖高淮,出生于 1934 年,四川泸州人,高级工程师,原泸州老窖酒厂副厂长,在四川泸州老窖集团工作 50 余年,先后任总工程师、泸州老窖股份有限公司董事、顾问;国际酿酒大师,全国著名白酒专家,中国白酒专业协会专家组成员,国家评酒委员;1984 年,被四川省政府授予"为四川发展名酒,提高名酒质量做出重大贡献"荣誉称号,享受国务院有突出贡献科技专家的政府特殊津贴;1991 年,被美国酒业董事会授予"国际酿酒大师"荣誉称号。

赖高淮出身于泸州一个富足的大家庭中,父亲开办同发生槽坊,是民国后期泸州 36 家大酒坊之一。因为生产的泸州老窖大曲酒行销全国,赖家又先后开了钱庄、纱厂和盐号,在泸州地区富甲一方,有"泸半天"之称。

赖高淮1951年毕业于四川省泸州农业专科学校,1955年初到泸州老窖酒厂任技术员,首创了"人工培养老窖""浓香型白酒勾兑技术""新型白酒(即固液结合蒸馏酒)工艺"等,还研制开发了"52度供出口大曲酒""38度供特曲酒""浓香型白酒数学模型和微机勾兑技术""人参皂甙功能型白酒""多香型泸州窖酒""醇净型白酒"等。1979年,主持完成科研项目"人工培育老窖泥技术",荣获四川省科技进步三等奖。1988年,主持研发"计算机勾兑技术",荣获商业部科技成果二等奖。1992年,主持研发"浓香型白酒勾兑技术",荣获泸州市科技成果一等奖、四川省科技进步三等奖。编著出版书籍《四川名优白酒勾兑技术》《新型白酒勾调技术与生产工艺》,发表论文数十篇,对白酒行业的发展发挥了积极作用。1991年,获"全国自学成才优秀人物"。1992年,评选为"全国突出贡献科技人才"、泸州市第二批"有突出贡献的专业技术拔尖人才"。

六、胡永松

胡永松,出生于1938年,四川省射洪县人,1964年毕业于四川大学生物系。曾担任四川大学生物工程系系主任,兼任四川省委省政府决策咨询委员会委员、省食品发酵学会(名誉)副理事长、中国白酒协会理事、专家组专家、四川省酿酒协会专家组副组长。长期从事微生物的教学及科研工作,尤其是对微生物及其在食品发酵中的应用、开发进行了系统的研究,其中一些成果在国内居于领先水平。特别是微生物技术在中国名酒发酵中的应用研究,为传统发酵同现代科技结合提供了重要的经验,得到企业及同行专家的重视、支持并给予较高的评价。先后承担国家、省市及生产厂家应用基础与应用项目10余个,研究成果获国家、省部级科技奖10余次,发表学术论文80余篇,其中一些论文被收录到美国《生物学文摘》《化学文摘》等国际刊物中。先后获国家科委、教育部先进科技工作者奖以及国务院颁发的政府特殊津贴,在生物产业技改中产生了较为显著的影响及经济效益。

七、王国春

王国春,生于1946年,四川省中江县人,高级经济师,四川省企业高级经营者,宜宾市政协副主席,四川省宜宾五粮液集团有限公司原董事长,中国酿酒大师。中共四川省委第八届委员,四川省政协常委,中共四川省第九届党代会代表,中共十五大代表。先后被聘为四川省青年经济研究会常务理事、四川省科技顾问团团员、中国商标协会理事、中国酒城董事会董事、四川省企业家协会和四川省企业管理协会理事。王国春在担任五粮液集团有限公司董事长期间,创造性地推出多品牌战略,先后开发了五粮春、五粮醇、五粮神、金六福、浏阳河、京酒等品牌,品牌战略和规模扩张成为五粮液位居业界龙头的重要推动力。首创"经销商买断"经营方式,成就了五粮液庞大的"酿酒帝国"。

八、吴晓萍

吴晓萍,1953年生,大专学历,工程师,著名白酒勾调大师,四川省白酒专家组成员,国家白酒评委,国家白酒生产许可注册审核员,第九届全国人大代表,曾任泸州老窖股份有限公司副总工程师、酒体设计中心主任,后任酒鬼酒股份有限公司副总经理、总工程师,湖南省酿酒协会副会长。她为泸州老窖保金夺牌和从品质上捍卫泸州老窖"浓香鼻祖"的地位做出了卓越贡献。1984 年,主持设计的泸州老窖特曲获得国家名酒称号,她也因此获得四川省计经委表彰。1993 年,开发研制的"泸州老窖金爵士特曲",以其优秀的品质被誉为"东方第一瓶",开创了中国超高档白酒的先河。1999 年,作为主要研究人员参加的"国窖酒生产工艺研究"获四川省科技成果一等奖。她主持设计的国窖 1573 酒品,以其优雅高贵的品质被专家评为"中国白酒鉴赏标准级酒品"。她设计出的馥郁香型酒鬼酒从风格到口感得到了专家、行业协会、消费者的一致认可,她也因此成为中国第一位跨香型调制高档名白酒的勾调大师。

她对中国白酒的贡献,还在于其对中国白酒勾调技术的发展与普及。从 1985 年开始,她作为指导老师先后参加了各类培训班近 40 期,培训学员近 5 000 人;培养了国家级白酒评委数名,省级评委数十名,这些人目前都成为各自企业白酒质量控制的中流砥柱。

第二节　四川白酒企业精英

一、赖登燡

赖登燡,出生于 1948 年,教授级高级工程师;曾任四川省成都全兴酒厂厂长,四川全兴股份有限公司董事、副总经理,四川水井坊股份有限公司副总经理,四川成都全兴集团有限公司董事;中国酿酒大师,国家级非物质遗产酿造技艺代表性传承人。赖登燡于 1968 年分配到四川省成都酒厂(现更名为四川水井坊股份有限公司),从事酿酒生产技术、科研开发、质量管理工作 40 余年;多次荣获全国质量管理活动卓越领导者、全国科技先进工作者、全国食品工业科技进步和科技管理先进工作者、全国食品行业突出贡献专家、四川省突出贡献的优秀专家等称号。

二、李家顺

李家顺,出生于 1950 年,曾任四川沱牌集团有限公司党委书记、董事长兼总经理,中国酿酒大师。1976 年,年仅 26 岁的李家顺出任沱牌曲酒厂厂长。他带领一班人大力推进企业的技术进步和工艺革新,建立健全质量保证体系;实施名牌战略、规模战略和扩张战略,推进国有资产的改制和重组,加大资本运营力度,促进国有资产保值增值,在企业发展过程中起到了至关重要的作用。经过 20 余年的艰苦奋斗,沱牌由一个手工作坊发展成为融科、工、贸于一体的跨地区、跨行业、多层次、多元化的国家大型一档企业。1988 年,李家顺被全国总工会授予"全国优秀管理者"称号。1989 年,被四川省人民政府授予"第二届四川省优秀企业家"称号。1991 年,被国家科委评为"七五全国优秀星火企业家"。1992 年,被国务院评为有突出贡献的中青年专家,享受国务院政府特殊津贴。1997 年,被国家人事部评为国家有突出贡献的中青年专家。1999 年 4 月,被省政府授予"四川省优秀企业经营者"。

三、谢明

谢明,生于 1955 年,研究生,高级经济师。曾任四川省泸州市进出口公司进出口部经理,四川省泸州市经济委员会高级经济师、处长,中共四川省泸州市纳溪区委常委、县(区)政府副县(区)长,中共四川省泸州市龙马潭区委书记、区人大常委会主任,泸州老窖股份有限公司董事长,泸州老窖集团有限责任公司董事局主席、总裁。他把中国白酒与中国传统文化结合,开创了以数字命名白酒的先河,他的双品牌战略成就了泸州老窖的辉煌。

四、陈林

陈林,1960 年出生,五粮液股份有限公司高级工程师,中国酿酒大师。历任五粮液安培纳斯制酒公司总经理,五粮液保健酒公司董事长兼党支部书记等职。曾先后荣获宜宾青年十杰、全国职工自学成才标兵、宜宾市首届劳动模范、宜宾市第六批拔尖人才等称号。

五、李家民

李家民,1964 年出生,四川射洪市人,高级工程师,中国酿酒大师。从 20 世纪 90 年代初开始,李家民对酿酒技艺进行了大胆而又卓有成效的革新。他积极推动传统酿酒向（GAP + GMP）酿酒法、生态酿酒转变,实现了传统酿酒的两次飞跃与升华。首创"包窖到人"管理法,获国家、省企业管理现代化创新成果一、二等奖。其科研及管理成果广泛应用于实践,构建了以"生态酿酒"为核心的丘陵地区循环经济型现代农业产业链,年创经济效益数亿元,为地方经济社会发展做出了突出贡献。撰写《色谱法快速测定白酒与发酵液中的低沸点有机酸》等专业论文,拥有 10 余项个人专利。

六、张良

张良,生于 1965 年,硕士,教授级高级工程师,中国酿酒大师,非物质文化遗产传承人,中国白酒专家组成员,四川省微生物学会常务理事,四川省食品发酵协会副理事长,享受国务院政府特殊津贴专家。现任泸州老窖股份有限公司集团董事长、党委书记。

张良积极推行现代企业管理制度,带领泸州老窖实现超常规跨越式发展,创造多个行业第一的神话,创立泸州老窖酒业集中发展区,为中国白酒企业向规模化、集群化、循环经济方向发展提供了崭新思路。开行业先河,建立泸州品创科技有限公司,形成生产、销售、科研三大体系。组织研发和转化的"国窖酒生产工艺"项目,创造了良好的经济效益和社会效益,实现了再造一个泸州老窖的目标。2011 年,泸州老窖销售收入突破百亿大关,公司结构调整结出硕果。其主持的科研成果先后获首届中国白酒科学技术大会优秀科技成果二等奖,省科技进步一、二、三等奖五项。

七、刘淼

刘淼,生于1969年,研究生学历,泸州老窖股份有限公司董事长,2016年十大经济年度人物。刘淼领导泸州老窖应势转型,重塑泸州老窖产品战略。在品牌、产品、渠道、营销模式等多方面进行梳理,开展产品"瘦身运动",确立国窖1573、特曲、窖龄、头曲和二曲五大单品系全价位覆盖消费者的布局。在经销模式上,成立了国窖、窖龄酒、特曲、博大品牌专营公司,采取直分销模式,挖掘终端价值。

第三节　出生于四川的中国酿酒大师

一、徐占成

徐占成,生于1948年,四川乐至人,享受国务院政府特殊津贴,中国酿酒大师,被誉为"中国酒体风味设计学之父""中国酒体形态学之父"。徐占成毕业于四川省轻工业学校,是首届中国白酒科学技术杰出贡献科技专家,中国白酒协会常务理事,国家标准化委员会全国白酒标准化技术委员会委员,中国食品工业协会全国白酒专家高级顾问组专家,中国食品工业首届优秀企业家,中国食品工业先进科技管理工作者,四川省咨询业协会常务理事,四川省酿酒协会副会长。

徐占成从事酿酒技术工作近40年,完成了30多项科研成果,并应用于实际生产。作为项目负责人,其研究的项目具有一定的高端性和前瞻性,发现并解决了困扰酿酒行业的诸多技术难题,在酿酒技术和理论上实现了5个方面的突破和6个方面的创新。科研成果也一直处于国内酿酒行业领先水平。

他提出的"酒体设计理论"及"感观评酒新方法——秒持值衡定评酒法"打破了"只可意会,不便言传"的神秘感官尝评方法,在中国酿酒业属首创,被行业界一致认可。独创的"一长二高三适当"的精酿工艺,是提高浓香型曲酒的关键技术,在生产工艺中被广泛应用,在其他全国名酒企业得到了推广验证,对促进中国白酒业的发展起到了巨大作用。由他主持进行的"酒体形态与蒸馏酒质量风味特征关系的研究"开创了原子力显微镜应用于液态物质研究的先河,揭示中国名酒剑南春等中国传统固态发酵蒸馏白酒和世界其他蒸馏酒的本质差异。这为蒸馏酒风味特征鉴定提供了一套独特直观的鉴别方式,也为科学地划分酒质提供了方法,并充分证实适量饮用中国传统固态方式发酵生产的中国名酒剑南春有益于人体健康,倍受业界关注。

二、孙庆文

孙庆文,1952年出生,中国酿酒大师。孙庆文致力于白酒酿造微生态环境资源的研究,多次荣获市级、省级、部级的科技进步奖;主持开发研制的产品获得沈阳市、辽宁省、轻工业部等优质产品称号,批量出口到多个国家,同时获得第二十九届布鲁塞尔国际酒博会两项金奖;撰写《中国传统蒸馏白酒的降度》等多篇专业论文,获得全国白酒行业生产技术与发展研讨优秀论文奖;主持了"黑曲霉、白曲霉新菌种制备麸曲并在酿酒工业中的应用""强化大曲的研制"等多个科研项目;获得沈阳市劳动模范等荣誉称号。

三、刘友金

刘友金,1953年出生,四川宜宾人,高级工程师,中国酿酒大师。刘友金曾任宜宾五粮液酒厂陈酿勾兑部工作员、生产部工艺室工艺员、酿酒车间主任、厂生产管理部部长、厂长助理、五粮液酒厂副厂长等职;五粮液酒厂(88)工艺规程主要起草人之一,潜心研究浓香型白酒生产技术,发表多篇论文和专著;先后荣获四川省科技进步一等奖,获四川省百万青年讲效益争贡献技术能手、宜宾地区优秀共产党员、"省名牌战"突出贡献个人等称号;第六届白酒国家特邀评委、四川酿酒工业协会专家组成员、四川大学管理学院客座教授。

四、谢义贵

谢义贵,1961年出生,四川绵阳人,研究生,高级工程师,中国酿酒大师,国家级评委,中国食品协会白酒分会专家组成员,中国酿酒工业协会白酒分会技术委员会委员,中国白酒工业突出贡献科技专家。他主持的科研项目"低度剑南春的研究"获四川省商务厅科研成果二等奖,该成果的推广运用每年为企业创造上亿元的经济效益。他主持开发的高档名优白酒"东方红""剑南春国宝酒"和高端产品"剑南春典藏酒"以及"剑南春年份酒"等投放市场后深得消费者及同行专家的好评。"东方红"酒荣获了"中国白酒著名创新品牌金奖"等多个荣誉称号,成为2003年全国白酒行业唯一荣获"中国白酒工业优秀科技成果一等奖"的新产品,获得了"中国白酒典型风格金奖"。"剑南春国宝酒"则以极高的品质、优雅的风格和豪华的包装成为消费者馈赠亲友的佳品。"剑南春典藏酒"及"剑南春十五年年份酒"投入市场后引起了极大的反响,成为白酒高端市场的新宠,为集团公司创造了极大的经济效益。

五、唐圣云

唐圣云,1963年出生,四川遂宁人,大学学历,高级工程师,中国酿酒大师。唐圣云毕业于四川轻化工学院发酵工程专业,历任宜宾五粮液酒厂第七车间副主任、宜宾五粮液酒厂505车间主任兼党支部书记、宜宾五粮液酒厂517车间主任兼党支部书记、宜宾五粮液酒厂519车间主任兼党支部书记、宜宾五粮液集团公司生产管理部部长。

六、赵东

赵东,1964年出生,中国酿酒大师。他历任宜宾五粮液酒厂科研所微生物研究室主任、宜宾五粮液集团技术中心第一副主任,宜宾五粮液股份有限公司副总经理;获得四川省优秀青年技术创新带头人等荣誉称号。他主持和独立研发的"浓香型酒类'T'法工艺的研究""'窖泥液'的研制及应用""特大综合型发酵车间的设计与应用""利用超临界CO_2萃取技术从酿酒副产物中提取酒用呈香呈味物质的研究"等项目,直接创造经济效益 20 多亿元。撰写《利用大曲酒厂底锅水生产单细胞蛋白》等专业论文 18 篇,获得全国白酒行业生产技术与发展研讨优秀论文奖,拥有 7 项个人专利。

七、沈才洪

沈才洪,生于 1966 年,生物医学工程专业硕士,中国酿酒大师,首批国家级非物质文化遗产代表性传承人,主要从事酿酒、微生物、生物医学及企业管理等研究工作。中国商业联合会白酒技术协作组组长,全国食品工业标准化技术委员会酿酒分技术委员会委员,国家职业技能鉴定中心高级考评员,四川省微生物学会理事,《酿酒科技》编委。2001 年被评为泸州市十大杰出青年,2003 年被评为四川省有突出贡献的优秀专家,2004 年入选四川省学术和技术带头人后备人选,同年被评为享受国务院政府特殊津贴专家,2005 年获泸州市科技杰出贡献奖。

八、黄建勇

黄建勇,1966 年生,研究生,高级经济师,中国酿酒大师。曾任四川全兴股份有限公司总经理,四川成都全兴集团有限公司董事,成都盈盛投资控股有限公司董事,成都水井坊营销有限公司董事长,四川天号陈酒类营销有限公司董事长,成都全兴销售公司总经理。在此期间,他成功推动了 1998 年水井街酒坊考古发现与商业开发的完美结合,实现水井坊品牌文化的升级,使水井坊列为"全国重点文物保护单位",成为名副其实的"国宝"。

九、蒋英丽

蒋英丽,1968 年出生于泸州市古蔺县,郎酒集团核心技术和管理骨干,系四川省非物质文化遗产项目(古蔺郎酒传统酿造工艺)代表性传承人,全国白酒专家委员会专家,中国酿酒大师,国家级评酒委员,教授级高级工程师,高级技师,高级品酒师。

蒋英丽从业 30 年来,长期致力于公司科研创新、品质把关以及生产工艺把控和核心技术研究,主持研发的酱、浓、兼 3 种香型的多款产品获得行业的高度认可和消费者的一致好评。其中红花郎酒获中国酒业协会授予的"中国名酒典型酒",53% Vol 连年有鱼、45% Vol 贵宾郎获中国食品工业协会授予的"中国白酒酒体设计奖",新郎酒获"中国技术创新典范白酒产品",郎牌特曲获中国食品工业协会授予的"中国白酒创新型名优酒体",为企业创造了巨大的经济效益。

十、张宿义

张宿义,1971 年出生,硕士,中国酿酒大师。四川省优秀青年技术创新带头人,泸州市第七批有突出贡献的专业技术拔尖人才,全国酿酒行业百名先进个人,全国轻工行业劳动模范,四川省学术和技术带头人及后备人选,荣获四川省白酒业优秀专家、第九届四川省青年科技奖、泸州学术技术带头人、酒城英才等荣誉和称号。他主持、主研了省部级重大科研课题 10 余项,有 6 项获得了省部级成果奖励。主持了泸州老窖 20 余项核心技术研发工作;主研的"国窖酒生产工艺研究"项目,获得省人民政府科技进步一等发奖,该成果开发的产品创造的利润占公司利润总额的 50% 以上;先后主持开发多个新产品,提高了公司产品的市场占有率;在生产技术和管理上大胆创新,扩大了生产能力,提高了产品质量,降低了生产成本和生产消耗;每年为公司减低成本和新增利润 5 亿元以上。撰写《泸州老窖古酿酒作坊内外环境空气细菌的分析与鉴定》等专业论文 37 篇,获得过全国白酒行业生产技术与发展研讨优秀论文奖,主持"国窖酒生产工艺研究"项目,拥有多项个人专利,获得全国酿酒行业先进个人、全国轻工行业劳动模范、国务院政府特殊津贴专家等荣誉称号。

第四节 出生于四川的中国白酒工艺大师

一、彭佑信

彭佑信,1953 年出生于四川省宜宾市,国家级白酒评委,中国酿酒行业注册高级品酒师,中国白酒工艺大师,四川省食品协会常务理事,宜宾市食品协会副秘书长。

二、王远成

王远成,出生于 1955 年,中国白酒工艺大师。曾任四川绵阳市丰谷酒业有限责任公司副总经理。推动丰谷酒业在生产上广泛应用防退化窖泥配方及培养工艺,因其显著的白酒酿酒微生物探索研究荣获第二届中国白酒科学技术大会十大优秀科技成果奖。

三、许德富

许德富,1968 年出生,毕业于四川理工学院(现四川轻化工大学),精圣酒庄创始人,国家注册一级酿酒师、一级品酒师,中国白酒工艺大师,获得国务院政府特殊津贴的青年专家,泸州老窖酒传统酿制技艺第 23 代传承人。

四、倪斌

倪斌,1968 年出生,教授级高级工程师,首届四川酿酒大师,中国白酒工艺大师,泸州老窖酒传统酿制技艺第 23 代传人,泸州市酒类协会特聘专家。1991 年 7 月毕业于四川理工学院(现四川轻化工大学)发酵工程专业,现任泸州江潭窖酒业有限公司总经理。科研成果曾荣获省部级科技进步一等奖,发表科研论文数篇。参与的科研项目包括"ZHJ 生产规范化研究""国窖酒生产工艺研究""泸型酒糟醅发酵的生态调节技术与工艺研究""特型酒生产工艺及应用研究""浓香经典国窖·1753 微生态研究""绿豆酒恢复生产试验"等。

五、严志勇

严志勇,生于1969年,中国白酒工艺大师。1992年从成都大学食品工程系毕业后便进入文君酒厂,次年入选准勾兑师,3年后入门。1997年,第一次参加四川省白酒评委考试就一举上榜。设计开发的峡山系列酒、文君系列酒、水晶文君系列、文君真藏系列,多次荣获各级表彰,产品质量口碑极佳;"百年文君酒"在2004年8月举办的四川省酿酒工业协会年度行业检评中,斩获唯一"特别优秀奖"。

六、林东

林东,生于1973年,中国白酒工艺大师,国家级白酒评委,师承中国酿酒大师赖登燡,现任四川水井坊股份有限公司传统技艺生产总监。

七、张跃廷

张跃廷,中国白酒工艺大师,四川全兴酒业有限公司总经理助理,中共党员,硕士研究生学历,高级工程师,白酒国家评酒委员,四川中国白酒金三角专家委员会委员,蒲江县政协委员,高级酿酒师,高级品酒师,蝉联数届四川省白酒评酒委员。张跃廷同志先后从事过科研、化学分析检验、感官尝评检验、酿酒生产技术管理等工作。

第五节 "四川酿酒大师"与"四川酿酒业营销大师"

2010年1月6日,原四川省食品工业协会为推进白酒产业的发展,壮大四川白酒产业人才队伍,首批认定了26名"四川酿酒大师"和14名"四川酿酒业营销大师"(其中,啤酒行业1名),如表8-1所示。

表8-1　"四川酿酒大师"和"四川酿酒业营销大师"人员名单

四川酿酒大师名单		四川酿酒业营销大师名单	
姓　名	工作单位	姓　名	工作单位
唐圣云	宜宾五粮液股份有限公司	许德富	泸州老窖股份有限公司
范国琼	宜宾五粮液股份有限公司	倪斌	泸州老窖股份有限公司
彭智辅	宜宾五粮液股份有限公司	方法培	四川剑南春集团有限公司
林红	宜宾五粮液股份有限公司	钟正玉	四川剑南春集团有限公司
张宿义	泸州老窖股份有限公司	徐姿静	四川剑南春集团有限公司

续表

四川酿酒大师名单		四川酿酒业营销大师名单	
姓 名	工作单位	姓 名	工作单位
薛常有	四川水井坊股份有限公司	杨官荣	四川省酿酒研究所
丁志贤	四川水井坊股份有限公司	谭飞	宜宾五粮液保健酒有限公司
杨大金	四川郎酒集团有限公司	刘中国	宜宾五粮液股份有限公司
蒋英丽	四川郎酒集团有限公司	江宏	宜宾五粮液股份有限公司
李家民	四川沱牌曲酒股份有限公司	林锋	泸州老窖股份有限公司
饶家权	绵阳丰谷酒业有限公司	戴旭涛	泸州老窖股份有限公司
邱声强	绵阳丰谷酒业有限公司	邬捷锋	泸州老窖股份有限公司
彭佑信	宜宾红楼梦酒业集团	杨冬云	四川剑南春集团有限公司
彭礼群	四川宜宾市叙府酒业有限公司	张天骄	四川剑南春集团有限公司
简晓平	四川宜宾高洲酒业有限公司	黄建勇	四川水井坊股份有限公司
孙庆文	成都长城川兴酒厂	付饶	四川郎酒集团有限公司
吴德贤	成都金三和酒业有限公司	张树平	四川沱牌曲酒股份有限公司
黄蜀生	四川省文君井酒业有限公司	马斌	绵阳丰谷就业有限公司
曹翠平	四川省渔樵集团有限公司	陈泽军	四川宜宾市虚浮酒业有限公司
钟杰	四川省产品质量监督检验检测院	张量	华润雪花啤酒（四川）有限公司

◎**思考题**

1. 是谁让朱梅打定主意去张裕任职的？

2. 出生于四川云阳县双江镇仙女池,毕业于四川省立教育学院（现西南大学）的中国白酒界泰斗是谁？

3. 发明了白酒勾兑技术,填补了国内白酒勾兑史上空白的现代名酒勾兑师是谁？

4. 出生于四川泸州,被美国酒业董事会授予"国际酿酒大师"荣誉称号的是谁？

5. 出生于四川的中国酿酒大师有哪些？

6. 出生于四川的中国白酒工艺大师有哪些？

7. 四川首届酿酒大师有哪些？

8. 四川省酿酒业首届营销大师有哪些？

第九章　白酒人物文化（下）

第一节　白酒专家

一、陈騊声

陈騊声（1899—1992 年），字陶心，福建省闽侯县人，历任中华化学工业会理事，上海化学会理事、理事长，上海化学化工学会副理事长、顾问，中国化学会理事，上海微生物学会理事，中国微生物学会理事，中国微生物学会酿造学会名誉理事长，中国食品协会理事，上海食品协会理事，上海市第六届政协委员，上海市第七届人大代表。1978 年被评为上海市先进工作者，同年荣获全国科学大会重大科技成就个人奖。其专著《中国微生物工业发展史》荣获1977—1981 年全国优秀科技图书奖。1990 年荣获国家教育委员会荣誉证书。

二、魏岩寿

魏岩寿（1900—1973 年），字孟磊，浙江省鄞县人。中国微生物学家、应用化学家，是中国近代工业微生物的先驱。魏岩寿曾任中国台湾"中央研究院"化学研究所所长，是中国第一位在 *Science* 上发表科学论文的微生物学家。

三、朱宝镛

朱宝镛（1906—1995 年），籍贯浙江海盐县，是我国发酵科学的著名教育家、科学家，著名酿酒专家。早年留学日本、法国、比利时，在法国著名的巴斯德学院学习，后转比利时发酵工业学院学习，毕业后获得生物化学工程师学位。

朱宝镛长期从事教育事业，培养与造就了一大批国内著名科学家、酿造家、教育家、企业家，是中国酿酒工程师的摇篮——江南大学（原无锡轻工大学）的奠基人。他创建新中国第一个食品工业系，通过实验分离出 3 种山葡萄酵母，定名为"通化一号、二号、三号"，使发酵原酒口味好、残糖低、酒精度高、挥发酸低、缩短发酵时间、澄清较快，对提高产品质量起了重要作用，克服了以前自然发酵的缺点。

四、金培松

金培松（1906—1969年），又名柏卿，浙江省东阳市后岑山人。1931年劳动大学化学系毕业后进入黄海化学工业研究所。1934年，任中央工业实验所酿造试验室主任，兼任四川教育学院和重庆大学教授。1955年，任中华人民共和国轻工业部技术委员会委员。1963年，被山西省轻工化学研究所聘为汾酒专题指导教师，后又被轻工业部聘到上海光华啤酒厂、上海啤酒厂和上海味精厂、酿造厂、酵母厂、酒精厂、梅林罐头厂做指导。著有《酿造工业》《微生物学》《发酵工业分析》及大学讲义《应用微生物学》《酿造工艺学》《发酵工艺学》等。1965年9月，到河北轻工业学院（今天津科技大学前身）任发酵教研室主任。金培松是中国微生物学会第二、三届理事会理事。1966年被轻工业部聘为发酵工业科技图书编审委员会副主任。

五、方心芳

方心芳（1907—1992年），河南临颍县人，我国现代工业微生物学开拓者和应用现代微生物学的理论和方法研究传统发酵产品的先驱者之一。毕生重视微生物菌种的收集、研究、应用和开发。1950年后组织和指导建立了我国现代微生物学的一些新兴分支学科，培养了一批高级专业人才，为我国微生物学和现代微生物产业的发展做出了重要贡献。生前历任黄海化学工业研究社发酵与菌学研究室主任、副社长，中国科学院学部委员（院士）、中国科学院微生物研究所副所长、中国微生物学会副理事长、《微生物学报》主编、中国微生物学会酿造学会名誉理事长、中华酒文化研究会会长。

六、秦含章

秦含章（1908—2019年），江苏无锡人。食品、发酵工业专家，教授，中国食品工业协会顾问，中国食品工业协会白酒专业协会名誉会长，中国食品发酵工业研究所名誉所长，国家有突出贡献专家。1931年，毕业于上海国立劳动大学农学院，后去比利时、法国、德国留学。1935年，毕业于比利时国立圣布律高等农学院，获工学硕士及农产工业工程师学位。之后，在比利时布鲁塞尔大学植物学院博士班进修微生物学，并任威尔孟哥本斯啤酒厂实习工程师。1936年在德国柏林大学发酵学院专修啤酒工业。1937年后，历任复旦大学、中央大学、南京大学教授。新中国成立后，历任食品工业部、轻工业部参事，第一轻工业部、轻工业部食品发酵工业科学研究所所长，中国轻工协、中国食品工业协会常务理事，是第三、五、六届全国人大代表，享受政府特殊津贴。

他的主要著作有《国产白酒的工艺技术和实验方法》《酿造酱油之理论与技术》《面包工业》《酒精工厂的生产技术》《老姆酒酿造法概要》《法国的食品工业》《法国发展啤酒工业的经验》《葡萄酿酒的科学技术》《酿造名优白酒的科学技术》《新编酒经》等。与他人共同编写的专业书刊主要有《酒曲集锦》、《中国大百科全书》（《轻工卷》《烹饪卷》等专门卷的设计和审稿、写稿）、《轻工业国内外生产技术水平及发展状况》、《英汉食品工业词汇》、《英汉辞海》等。

七、龚文昌

龚文昌(1911—2001 年),祖籍江苏省常州市,出生于山东烟台,高级工程师。龚文昌是新中国第一代酿酒专家,二锅头酿酒工艺第七代正宗传人。1956 年升任高级工程师,参与国家科委制定《1956—1967 年科学技术远景发展规划纲要》,以酒精改制白酒课题,这是改变千百年来传统固态生产白酒,奔向液态化、现代化的改革方向。1961 年,与人合作研制成功国内第一个大型通风制曲生产设备。1963 年,被第二届全国评酒会聘为全国评酒委员。1964 年,在北京酿酒厂工作期间,按照国家科委规划项目,试制成功固体、液体法串香新工艺白酒——"红星"白酒,随后在全国有关省市得以推广发展,为液态化生产白酒做出了贡献。1979 年,被第三届全国评酒会聘为全国评酒委员。1984 年,在轻工业部举办的"酒类质量大赛"中,被聘为特邀白酒评酒委员。

八、周恒刚

周恒刚(1918—2004 年),生于辽宁省旅大市。1937—1942 年就学于哈尔滨工业大学应用化学科。曾任北京光大实业厂技师、抚顺酒厂副工程师。1949 年 4 月,参加革命工作,历任东北专卖总局生产处技师,东北专卖总局哈尔滨酒精厂工程师,东北烟酒总公司工程师,轻工业部烟酒局、食品局工程师,1972 年 8 月任廊坊地区轻工业局副局长、高级工程师等职。曾兼任中国食品工业协会理事,河北省食品工业协会副会长,中国白酒专业委员会名誉会长等职,是全国白酒行业著名专家、酒界泰斗,中国酿酒工业协会高级顾问,第五届、六届、七届全国人大代表,全国科技大会代表,全国劳动模范。

九、洪永凯

洪永凯(1925—2007 年),原黑龙江省玉泉酒厂副厂长、总工、高级工程师,国家第三、四、五届白酒评委,2000 届中国酿酒工业协会白酒国家评委考核专家组成员,黑龙江省酒业协会理事。

十、王秋芳

王秋芳(1926—2019 年),女,汉族,大学学历,高级工程师。曾任北京市食品酿造工业公司技术科长、北京东郊葡萄酒厂厂长、北京酿酒总厂副厂长、中国酿酒工业协会副秘书长。曾负责研制北京二锅头、干红葡萄酒、北京白兰地等工作,并担任北京市科委下达的"红葡萄酒工艺改革的研究"科研项目主要负责人。她是我国著名的白酒、葡萄酒、果露酒资深专家。她学识渊博,技艺高超,是新中国成立以来推动产业快速发展的第一批酿酒专家。王秋芳作为中国酿酒工业协会(现中国酒业协会)筹备委员会成员之一,是中国酒业协会发展史上里程碑式人物。王秋芳参加了葡萄酒标准的起草,废除了半汁葡萄酒、果露酒标准,参与了白兰地标准等一系列国家标准的制定。负责主编原轻工业部统编教材《葡萄酒生产工艺》《白兰地、威士忌、伏特加资料汇编》等,教材荣获全国轻工业优秀新产品一等奖、北京市科技进步三等奖、北京市自编教材一等奖等多个奖项。她还是首届全国评酒会评酒委员和新中国第一位国家级女评酒委员，第一至第四届全国评酒会评酒委员。2004 年，中国酿酒工业协会授予王秋芳"全国酿酒行业特殊贡献奖"。

十一、辛海庭

辛海庭（1927—2008 年），高级工程师，中国著名酿酒专家、酒界学者与大家。1988 年 4 月获国家计委、科委、经委"消费品工业技术政策"重要贡献奖励。在中国酿酒工业协会主办的《中国酒》杂志上刊登发表过《浅论酒业宏观调控作用》《周易中的酒文化》《白酒工业应适度发展》《尚书酒诰与酒文化》《西汉繁荣昌盛期的酒文化》《辛海庭谈新中国酒政》《漫谈白酒》《话说白酒》等学术文章。

辛海庭同志退休以后，仍然积极参加中国酒界活动，并多次参加由《中国酒》主办的布鲁塞尔中国国际葡萄酒及烈酒评酒会、英国伦敦中国国际葡萄酒及烈酒评酒会，担任评委及评委会主席，且多次为外国评委讲解、介绍中国黄酒与白酒，得到一致好评。

十二、郭宗武

郭宗武（1928—2012 年），商丘市宁陵县人，高级工程师。1970 年，郭宗武调张弓酒厂工作，先后任副厂长、厂长、总工程师、名誉厂长等。郭宗武是中国白酒低度化的创始人，白酒行业特殊贡献奖获得者。1975 年，郭宗武历经数百次实验，在 - 15 ℃的严冬中成功研制成功了 38 度优质张弓白酒，填补了我国酿酒行业的一项空白，开创了我国低度白酒先河，使白酒产业调整从高度转为低度成为可能，为白酒行业的发展做出了杰出贡献，更造就了目前市场消费的主流。他编著的《白酒的尝评勾兑与调味》一书于 1986 年 8 月由河南科技出版社出版发行，成为我国白酒企业开发低度白酒的教科书。1978 年，在全国白酒工作会议上，郭宗武把低度白酒的生产技术无偿地奉献给了全国白酒生产行业。

十三、李兴发

李兴发（1930—2000 年），贵州仁怀市茅台镇人，茅台镇著名的"勾兑大师"。1951 年，茅台酒厂成立，李兴发开始进入茅台酒厂当工人。1955—1986 年，李兴发任茅台酒厂副厂长，1964 年领导科研小组确立了茅台酒的"酱香、窖底、醇甜"3 种典型体，完善了茅台酒传统生产工艺，使其勾兑工艺更科学，为白酒香体鉴别做出了贡献。

十四、高月明

高月明（1933—2018 年），教授级高工，知名的白酒生产技术管理专家，在中国酒界素有"北高"之称。在 1984 年全国酒类质量大赛上，他领导的黑龙江酿酒行业夺得 23 枚金、银、铜牌，这在酒业并不算发达的东北地区是一个了不起的成绩，他因此得到了黑龙江省委、省政府的嘉奖。他主持了全国技术人员参加的"玉泉试点"工作，总结出了固液结合的工艺路线，推动了全国新型白酒的大发展。他参加了全国第一至五届白酒评比，并在第四届、第五届成为专家组成员。高月明一直从事酒类科研工作，取得了很多的科技成果并获得了奖项。其中包括：参与起草的"浓酱兼香型白酒标准"获批准执行，推动了全国兼香型白酒的大发展;参与了黑龙江省地方标准"清爽型白酒标准"的制定,对推动东北酒业的进步做出了很大的贡献;主持完成的"黄酒优良菌种的培育"被评为国家科技进步三等奖;主持的黑龙江白酒科技攻关项目"九九计划"获得省科技进步二等奖及省政府技术推广一等奖。工作之余,高月明还总结几十年的工作经验,编写或与人合著了《全国白酒操作法》《全国白酒技术 30 年成就》《全国食品发展纲要》《白酒技术全书》《中华大酒典》《白酒发展五十年纪实》等。他先后主持参加了全国十几个大型技术培训班,为培养白酒科技人才做出了很大的贡献。

十五、沈怡方

沈怡方(1933—2017 年),1953 年毕业于华东化工学院,教授级高工。历任内蒙古轻工科研所室主任、江苏省食品发酵研究室主任、江苏省轻工食品工业公司总工程师、中国食品工业协会白酒专业协会副会长、江苏省酿酒协会会长等职。20 世纪 50—60 年代,致力于内蒙古白酒工业的技术改造工作,取得了良好成绩。20 世纪 70 年代,他负责的"提高液体发酵白酒质量的研究"课题,获得了国家奖。1985 年后,指导开发了 4 种优质白酒,这些产品先后都获得了国家优质酒的称号。他撰写的研究报告及学术论文 30 余篇,著有《液体发酵法白酒生产》一书。曾受聘在复旦大学、无锡轻工业学院讲授白酒酿造专业课。1990 年,由他指导并组织江苏省曲酒厂推广应用酶法新工艺替代大曲酒生产工艺,全年节粮 6 070 吨,增收 1 000 万元。受聘为全国第三届白酒国家评酒委员,并负责主持了第五届全国白酒评酒专家组工作。他在总结、发掘、提高、创新我国优质白酒传统生产工艺方面取得了丰硕成果。

十六、刘洪晃

刘洪晃(1937—2016 年),原辽宁省食品工业研究所副总工、高级工程师,曾任辽宁省食品质量监督检验站、全国食品工业产品质量检测沈阳站副站长,2000 届国家级白酒评委考核专家技术组成员。

刘洪晃从 1979 年第三届全国白酒评比会开始,连任四届国家白酒评酒组组长。1990 年和 1991 年在轻工部浓香型白酒和清香型白酒优质产品的评选中兼任技术组成员。数次获得轻工部和辽宁省的科技进步奖。1980 年以来,先后在《辽宁食品与发酵》《酿酒科技》等杂志及各种会议的文集上发表文章数十篇,并参加了《中国名优白酒鉴别标准手册》《食品标准大全》《白酒品评技术基础知识》《白酒生产技术全书》等著作的编写工作。

从 20 世纪 60 年代开始到 21 世纪初,刘洪晃先后参加了锦州凌川技术试点、两次茅台科技试点、金州提高液态法白酒质量的技术试点、北京昌平技术试点以及天津芦台技术试点等。2006 年 8 月,被辽宁省白酒工业协会、吉林省酿酒协会和黑龙江省酒业协会授予东北三省白酒行业的特殊贡献奖。

十七、高景炎

高景炎,1939 年出生于江苏省常熟市,教授级高工。1962 年 8 月,毕业于无锡轻工业学院发酵工程系(即现在的无锡轻工业大学生物工程学院前身)。参加工作以来,先后担任北京酿酒总厂厂长,北京红星酿酒集团公司副总经理,中国白酒专业协会常务副秘书长等职。

为了改变北京白酒工业技术队伍的薄弱状况，他多次撰写学术论文和专业教材，亲自到各地酒厂授课，帮助企业培训技术骨干。20世纪90年代初，与他人合作编写《白酒精要》一书。高景炎多年来做了大量的酿酒新工艺推广宣传工作，鼓励低度白酒、限制高度白酒；大搞酒糟的综合利用，开发饲料新品种，使酿酒业、养殖业、畜牧业形成良性循环，为中国酒行业带来了高能、低耗、环保的全新发展理念。

十八、季克良

季克良，1939年出生于江苏南通，高级工程师。1964年，毕业于无锡轻工业学院（现江南大学）食品发酵专业，分配到贵州茅台酒厂工作，曾从事茅台酒的生产技术、科研、质量管理、党务等工作，历任中国贵州茅台酒厂有限责任公司（集团）董事，贵州茅台酒股份有限公司董事，贵州省酒业高级技术顾问，中国贵州茅台酒厂有限责任公司（集团）名誉董事长、技术总顾问。他是我国著名评酒专家，国家级非物质文化遗产传承人。曾任全国第四届、第五届评酒委员，对国酒茅台及中国酒业做出了巨大贡献，曾获"优秀企业家"、五一劳动奖章及"全国劳动模范"等荣誉称号，并享受国务院政府特殊津贴。1995年，被评为"中国商界十大风云人物"。曾发表白酒技术及企业管理论文数十篇。1997年，当选十五大代表，是贵州省第九届人大代表，省七届政协常委。在2012年全球白酒发展论坛上，季克良声称"茅台中含有1 000多种微量元素，这是白兰地、威士忌、伏特加等外国名牌蒸馏白酒都无法相比的"。

十九、庄名扬

庄名扬（1940—2019年），生于江苏南通。1966年，毕业于北京大学化学系，就职于中国科学院成都生物研究所。研究员，享受国务院政府特殊津贴。曾任中国食品协会白酒专家委员会高级顾问，中国酿酒协会白酒技术委员会副主任委员，中国食品学会理事。

庄名扬数十年来从事微生物学、药物化学研究，在中国白酒的生产工艺及应用基础研究等方面成效显著。设计研制的多功能低度酒处理机获国家科委星火计划产品博览会金奖。主持研究的"浓香型白酒生产中耐温耐酸酵母菌的选育与应用"获四川省成都市科技进步一等奖。"缩短浓香型白酒发酵周期、提高质量的研究"获四川省科技进步二等奖。"酯化合成酶工业化生产与应用"获国内贸易部科技进步二等奖。"多功能菌在全兴大曲生产中的应用研究"获国内贸易部科技进步三等奖。"复合酶制剂的生产与应用"获贵州省、国内贸易部科技进步三等奖。"水井坊酒工艺的传承与创新"获四川省科技进步二等奖。"微生物技术在习水大曲生产中应用"获贵州省科技进步四等奖。先后主持或参加了"酱香型白酒高温大曲、堆积糟醅中微生物分离及其作用机理研究""清香型太空酒曲微生物分离及其生物酶活性研究""水井坊遗址酿酒功能菌特性及其应用研究""窖泥中放线菌分离及其在泸型酒生产中应用研究""北方浓香型白酒生产工艺创新研究"等课题，均取得良好的经济效益和社会效益。著有专著《浓香型低度大曲酒生产技术》及60余篇科技论文。

二十、李大和

李大和，1941年出生，广东省中山市人。1964年，毕业于江西轻工业学院发酵工学专业,教授级高级工程师,国家特邀白酒评委,享受国务院政府津贴专家,四川省白酒专家组成员,国家职业技能鉴定所(川-131)高级考评员,我国著名酿酒专家。50多年来,参加或负责完成有关发酵和酿酒的科研项目10余项,长期战斗在科研生产第一线,为我国发酵和酿酒工业做出了突出贡献。20世纪60年代的"泸州老窖大曲酒酿造过程中微生物性状、生化活动及原有工艺的总结与提高"(轻工部十年规划项目,与茅台、汾酒并列"三大试点"),在1958年总结的基础上,做了更系统深入的查定和总结,对"百年老窖"的奥秘进行了揭秘,创造了"人工培窖"技术,为浓香型曲酒在全国的普及与发展提供了科学依据,做出了重要贡献,该项目获四川省首届科学大会奖。"产酯酵母的选育和应用""提高浓香型曲酒名优酒比率的研究"推广应用等,获部、省科技进步奖多项。

二十一、栗永清

栗永清,生于1948年,黑龙江省酿酒协会副会长,教授级高工,第四、第五届全国白酒评比会评委。栗永清是"老三届"下乡知青,返城后到酒厂当临时工,从此与酒结缘。栗永清从制酒工、化验员、技术员到厂长,后来负责黑龙江省酿酒行业的管理工作。他参与主持完成了全省白酒科技攻关项目,推动了黑龙江兼香型低度白酒的大发展。

第二节　白酒企业精英

一、张庆义

张庆义,1943年出生于杭锦后旗三道桥乡,高级政工师。1958年参加工作,1970年入党。1958—1987年在旗机械厂工作,历任班长、股长、副厂长兼党总支副书记,厂长兼党委书记。在机械厂工作期间,他曾使这个连续3年亏损、濒临倒闭的小厂起死回生。1984年,他又率先在该厂实行承包经营,一年完成3年的承包任务,为此,1984年获全旗劳动模范称号,1985年获全区城镇改革先进工作者称号,1986年获巴彦淖尔盟劳动模范称号。1987—1991年,张庆义任旗农机局局长兼党委书记,3年任期内,全系统实现利润200多万元,较前三年翻了一番多。

1991年4月,张庆义调至内蒙古河套酒厂任厂长兼党委书记。1997年,河套酒厂实行股份制改革,他成为转制后的内蒙古河套酒业集团股份有限公司董事长兼党委书记。在盟旗两级党委政府的领导下,他带领酒厂一班人深化改革,勇于探索,不断创新,使酒厂取得了快速发展。

二、余进仓

余进仓,1946年生,河南宝丰人,大专文化,高级经济师,河南大学兼职教授。1962年8

月参加工作,1990年6月调入宝丰酒厂任厂长、党委书记,兼宝丰县委副书记。曾任宝丰酒业集团公司党委书记、董事长。

余进仓先后多次荣获省市劳动模范称号,1992年荣获全国"五一"劳动奖章并被授予全国优秀经营管理者。1993年,被国务院授予享受国务院政府特殊津贴的专家。1994年,获全国质量管理优秀企业家。1996年,获全国管理成就奖个人奖。1998年,被评为河南十大新闻人物。1999年,被评为中国食品工业优秀企业家、中国百名优秀企业家、河南省优秀专家。2004年,被评为全国酿酒行业先进个人。2005年,被评为豫酒十大领军人物。他是河南省九届、十届人大代表,平顶山市七届、八届人大常委。

三、张永增

张永增,生于1948年,高级经济师,原籍河北省深州市。历任衡水地区煤矿副矿长、矿长,老白干酒厂副厂长、厂长、党委书记,老白干集团董事长、总经理兼党委书记。从1991年起,张永增在衡水老白干度过了10多年光阴,这是衡水老白干从量变到质变的10多年,也是衡水老白干成长为新名酒崛起的10多年。

四、张晓阳

张晓阳,1950年出生,汉族,河南镇平人,研究生学历,高级经济师。历任北京河南企业商会监事长,中国酿协酒精分会副理事长,河南省酒精协会会长,河南天冠企业集团有限公司董事长、党委书记、总经理,河南天冠燃料乙醇有限公司董事长。他在酿造战线辛勤耕耘了40个年头。在他的带领下,老酒精厂转型为生机勃勃的燃料乙醇生产企业,"吃进的是秸秆,产出的是乙醇",并由此掀起了一场绿色能源革命。

五、蔡宏柱

蔡宏柱,出生于1951年,高级工程师,高级经济师。曾任湖北稻花香集团党委书记、董事长。全国"五一"劳动奖章获得者,夷陵区工商联合会主席,湖北省中小企业协会副会长,湖北省乡镇企业理事会副会长,湖北省总商会副会长,湖北省劳动模范。他是从"三个人、三口缸、三千元贷款"起步的农民企业家。他带领他的企业和员工,以"永不言败、永不言退"的创业激情和"敢冒风险,自我加压,创造机遇,超常发展"的企业精神,全力驱动白酒产业,大力发展农业循环经济,使稻花香集团用短短的20多年时间,发展成为拥有成员企业近30家、销售收入突破50亿元,正全力挺进百亿目标的中国大型工业企业、全国农业产业化重点龙头企业,为宜昌的经济发展和全国的白酒产业做出了突出贡献。

六、倪永培

倪永培,1952年出生,安徽霍山人,中国酿酒大师。1997年被省人民政府授予"安徽省劳动模范"称号,2002年被评为"安徽新世纪十位经济热门人物",2005年被中华慈善总会等评为首届"中国最具影响力百名慈善人物"。

在倪永培的带领下,一个年产值不足百万元的山区小厂,变成了成功开发出星级迎驾贡酒和有 100 多个品种的系列"迎驾"牌酒,成为六安市第一利税大户。倪永培提出"以酒为主,多元并进"的发展战略,以安徽迎驾酒业股份有限公司为核心,组建了跨省、跨行业、跨所有制的安徽迎驾酒业集团。

七、马锦华

马锦华,1954 年出生,曾任安徽省高炉酒厂厂长、党委书记、安徽双轮酒业有限责任公司董事长,中国酿酒大师。马锦华主持了"首批浓香型窖泥试验班组"项目,对高炉家浓香型白酒的微量香味物质醇类、醛类、有机酸类、酯类、缩醛类化合物以及芳香族化合物等进行分析,从大量有代表性的分析数据中得出统计规律,进而总结出分析对象的特征香味组分,为优质白酒的生产提供了理论指导和支持。撰写《传承白酒文化:继承是基础,发扬是关键》等专业论文 5 篇,获得过全国白酒行业生产技术与发展研讨优秀论文奖。获得全国轻工系统劳动模范等荣誉称号。

八、马西元

马西元,1955 年出生于山东新泰。在马西元的带领下,泰山生力源集团跃居山东白酒行业综合实力、综合经济效益全省第一,在全国白酒排名中位居 19 强。"泰山牌"白酒成为山东白酒第一品牌,并逐步向全国性品牌过渡。2000 年,主导产品泰山特曲被评为"中国 18 家白酒新秀著名品牌"。2003 年,泰山生力源集团股份有限公司入选"中国白酒工业经济效益十佳企业"。2005 年,被确认为全国首批"AAAA 级国家标准化良好行为企业"。2006 年,泰山特曲获"中国白酒工业十大竞争力品牌","泰山牌"白酒商标被认定为"中国驰名商标"。公司中高档产品五岳独尊酒连续三届被评为"苏鲁豫皖白酒风格金奖"。2007 年,泰山生力源小窖发酵车间荣登"大世界吉尼斯之最","泰山牌"产品获得纯粮固态发酵白酒标志。

九、喻德鱼

喻德鱼,生于 1955 年,陕西省凤翔县人,高级会计师。曾任陕西西凤酒股份有限公司董事长。陕西西凤酒集团股份有限公司在喻德鱼为首的领导班子带领下,狠抓企业的各项基础管理工作,以市场为导向,以消费者为中心,实施品牌战略,创新经营思路,调整产品结构,研发出了适合市场需要的新产品,扎实推进扩建技改工程建设。企业的经济效益和核心竞争力得到快速提升,企业的各项生产经营及经济运行保持了快速发展的良好态势。

十、吴少勋

吴少勋,湖北大冶人,1956 年出生,1974 年应征入伍,1980 年转业到大冶纱厂工作,先后担任班长、车间主任、副厂长、厂长等职务,1985 年进入黄石市党校学习,1987 年到大冶县御品酒厂(劲牌有限公司前身)任厂长兼党委书记。第十届、十一届全国人民代表大会代表,全国劳动模范。他苦心孤诣打造现代化的生产流程和质量体系,著名的广告语——"劲酒虽好,可不要贪杯哟"与劲酒一起风靡全国。

十一、徐勇辉

徐勇辉,出生于1956年,本科学历,高级经济师,曾任新疆生产建设兵团某部团委书记,新疆伊犁酿酒总厂副厂长、厂长等职。在新疆伊力特实业股份有限公司任职期间,使一个名不见经传的伊力特小厂,从普通做到优秀,又从优秀做到辉煌,拓展成一个以"伊力"牌系列白酒为龙头,涵盖科研、食品加工、野生果综合开发、金融证券、印刷、房地产、宾馆、旅游服务等产品和产业相配套的现代化上市股份制企业。

十二、于吉广

于吉广,1957年出生,研究生学历,第十一届全国人大代表。曾任北京东郊葡萄酒厂副厂长,北京红星酿酒集团公司葡萄酒分公司、酒业分公司经理,北京红星股份有限公司董事长。撰写多篇专业论文,主持的"白酒灌装生产线技术改造项目""红星珍品千尊系列白酒工艺技术创新与应用""高酯化酶活性红曲霉及生香酵母在二锅头酒中的应用"等多项研究获得成功。在他的倡导下,北京红星股份有限公司积极在酿造基础技术研究领域和新产品开发工作上配置资源。在"十一五"期间,实现了企业销售收入、利润翻番,构建了生产经营新格局。

十三、赵凤琦

赵凤琦,1958年出生,江苏泗洪人,工商管理硕士,高级经济师,先后任江苏省泗洪县乡镇企业局局长、党委书记,江苏省宿迁市乡镇企业局办公室主任,江苏省沭阳县副县长、党组成员,江苏双沟酒业股份有限公司董事长、党委书记等职务。2000年年初,赵凤琦由苏北沭阳县副县长改任双沟集团党委副书记兼副总经理。2004年12月,赵凤琦出任双沟酒业董事长。上任后,赵凤琦通过推进产权制度改革,深化内部机制创新,加大产品结构调整,率领公司新的领导班子以创新流派"优雅苏酒"为突破点,全力打造双沟珍宝坊这个独具卖点的新产品。全面提升品牌形象,使双沟各项经济指标实现了稳步增长,创造了双沟新的"神话"。

十四、杨廷栋

杨廷栋,1960年出生,江苏泗阳人,1982年8月参加工作,研究生学历,高级工程师,正高级经济师。第十届全国人大代表。曾任江苏洋河集团有限公司党委书记、省级技术中心主任。任江苏省宿迁市洋河新城党工委副书记、管委会常务副主任兼江苏洋河集团董事长、江苏双沟集团董事长。杨廷栋主持的"利用YH-A养窖营养液提高洋河大曲技术酒质量"等多项科技项目获得国家级、省部级科技奖项,其成果为企业创造巨大经济效益。他领导组建的"江苏省酿酒工程技术研究中心"通过了省科技厅的审核,为江苏省白酒行业科研技术水平的进一步提高起到了促进作用。主持的"中国绵柔型风格白酒的研制与开发"技术成果通过专家鉴定,围绕"绵柔型"白酒的新概念,成功打造了以"蓝色经典"为代表的绵柔型白酒新产品,深得消费者的喜爱和欢迎,取得了不凡的经济效应。撰写《应用二次发酵技术提高浓香型大曲酒质量》等专业论文8篇。拥有多项个人专利。享受国务院政府特殊津贴。获得江苏省十大杰出青年、全国劳动模范等荣誉称号。

十五、李怀民

李怀民,1961 年出生,研究生,高级工程师。1979 年到北京市牛栏山酒厂工作,先后担任评酒员、班组长、车间主任、主任、副厂长,曾任北京顺鑫农业股份有限公司董事,北京顺鑫农业股份有限公司牛栏山酒厂厂长。获得首都劳动奖章、北京市劳动模范、全国商业优秀企业家等荣誉和称号。在李怀民的带领下,牛栏山酒厂大胆创新,是北京地区保持自主酿造规模最大的、最早拥有"中华老字号"和"中国驰名商标"的白酒生产企业。

十六、李秋喜

李秋喜,1961 年出生,山西晋城人,大学文化,高级政工师。1983 年 9 月参加工作,历任山西天脊煤化工集团有限公司董事、党委副书记,晋牌水泥集团公司董事长、党委书记,汾酒集团公司董事长。任职山西杏花村汾酒集团有限责任公司董事长期间,他为汾酒集团制定的发展目标,推动着山西汾酒的发展,是新时期促进老名酒崛起的楷模。

十七、韩建书

韩建书,1962 年生,山西省沁县人,大学本科毕业,高级工程师。曾任山西杏花村汾酒集团有限责任公司副董事长。韩建书先后发表《清香型白酒发展方向》《白酒的大众化标准》等多篇学术论文,并主持了行业《露酒》标准的起草、制定工作。

十八、孙西玉

孙西玉,1963 年出生,曾任河南省张弓酒业有限公司总经理。先后主持完成了"提高河南省名优白酒(张弓酒)质量关键技术研究"等多项省部级科研项目及自选课题,其中一项填补国内空白,三项具国内先进水平。先后主持开发 60 多个新产品,并获得国际、国内多项优质产品荣誉称号。撰写《中国低度白酒的历史沿革与白酒发展趋势》等多篇专业论文,著有《白酒酿造技术》等著作。获得过全国白酒行业生产技术与发展研讨优秀论文奖,获得河南省跨世纪学术技术带头人称号。

十九、贾智勇

贾智勇,1963 年生,大学本科,1985 年毕业于天津轻工业学院食品工程系工业发酵专业,中国酿酒大师,第五届国家白酒评酒委员,高级工程师,高级酿酒师,高级品酒师,食品安全师,陕西省三五人才,宝鸡市有突出贡献的拔尖人才,宝鸡市科协常委。他 1985 年 7 月到陕西省西凤酒厂参加工作,凭着个人扎实的理论功底和过硬的专业技能,在凤香型酿酒技术方面做出了突出贡献。编撰了《西凤酒生产工艺操作规程》《炎黄寿酒研制技术报告》《西凤鸡尾酒的研究》《西凤酒中重要限量物质——高级醇》《干制活性窖泥功能菌在西凤调味酒生产上的应用研究》等著述。

二十、蒋红星

蒋红星，1963年生，湖北枝江人，高级工程师。毕业于三峡大学化学与生命科学学院生物工程专业。先后被授予"享受国务院政府特殊津贴专家""全国劳动模范""湖北省五一劳动奖章""湖北省十大杰出青年""湖北省十大经济风云人物""宜昌最具影响力十大劳模"等荣誉和称号。2009年，蒋红星荣获非公有制经济领域个人最高奖项——全国"优秀中国特色社会主义事业建设者"荣誉称号。

二十一、廖昶

廖昶，1966年6月出生，江西南昌人，清华大学经管学院工商管理硕士研究生学历，高级工程师。主持设计的"四特老窖"包装盒（箱）获两项国家专利；主持开发的"清、香、醇、纯"四特酒获江西省优秀新产品一等奖。先后被国家、省、市有关部门授予全国酿酒行业先进个人、江西省优秀厂长（经理）、江西省劳动模范等称号，并荣获江西省"五一"劳动奖章，当选江西首届"十大井冈之子""江西省科技行业领军人物"，第三届江西省十大经济人物、第十四届江西十大杰出青年、2007年与2008年度江西省优秀企业家、宜春市第二届"十大杰出青年"。

二十二、曹杰

曹杰，1966年出生，汉族，高级经济师，第十一届全国人大代表，中欧工商管理学院EM-BA，曾任安徽古井集团党委书记、董事长、总裁。他是名酒企业中最年轻的"当家人"之一，临危受命上任后，提出了要"回归到主业白酒，回归到曾经的高端市场，回归到古井在白酒行业的应有位置，做中国最好的白酒企业之一"的"回归与振兴"计划。经过一年改革和调整，古井集团踏上了快速发展的道路，几大主要产业即白酒业、酒店业、商业和类金融业发展势头良好，各项经营指标同期相比有较大幅度的增长。2009年，他坚持"古井回归"，调整产品结构，加大高端系列白酒的开发与营销，淘汰一批滞销及非营利的低端产品，以古井贡酒·年份原浆为代表的高端形象产品得到更多重视，得到了业界人士的高度评价。

二十三、赵纪文

赵纪文，1967年出生，博士生导师。主持"1991年54度芦胡特曲酒研究""复合酯化酶生态菌剂在浓香型大曲酒中的应用"等项目，为企业科技创新应用开辟了新的道路，为企业的经济效益增长做出了积极贡献。撰写《扳倒井复粮芝麻香酒微量成分的剖析与工艺技术的创新》等多篇专业论文，获得过全国白酒行业生产技术与发展研讨优秀论文奖。获得"全国轻工行业劳动模范"、山东省"轻工系统专业技术拔尖人才""振兴鲁酒、再创辉煌"先进个人等荣誉称号。

二十四、吴向东

吴向东，1969年出生，湖南醴陵人，研究生学历。现任金东集团董事长兼华致酒行连锁管理股份有限公司董事长。吴向东于 1997 年创立金六福品牌,金六福系列酒的销量连续 9 年保持两位数增长,连续多年位居五粮液系列品牌销量第一,荣获中国驰名商标。"金六福"是家喻户晓的白酒,2018 年品牌价值 377.82 亿元。

第三节　中国酿酒大师

一、丁德杭

丁德杭,生于 1950 年,曾任中国贵州茅台酒厂有限责任公司党委委员、董事、副总经理,中国酿酒大师。他率先在企业推行全面质量管理,主持及参与了《质量手册》《质量体系程序文件》《质量管理标准化》《质量保证手册》的制订,制订企业内部三大质量(产品质量、工序质量、体系质量)审核标准。1995 年,主持起草了建立现代企业制度方案,获得贵州省政府审批并实施。起草了《标准化工作管理办法》《方针目标管理制度》《质量责任制》《QC 小组活动细则》等十几项企业主要管理标准。起草制订了《茅台酒乳白玻璃瓶》《茅台酒纸箱》《茅台酒商标》《茅台酒花盒》等主要包装材料技术标准,填补了包装材料长期无标准的空白。主持企业推行 ISO 9000 国际质量管理标准,经天津(长城)质量认证中心审核认证成功,与他人合著的《以全面质量管理为核心,综合运用现代化管理方法,永葆国酒声誉》获得贵州省企业管理现代创新成果一等奖;《发挥茅台集团优势,构建新的经营策略》获得中国改革实践与社会经济形势社科优秀成果二等奖;曾撰写《保国酒美誉、促贯标延伸》等多篇论文。

二、邓启宝

邓启宝,生于 1950 年,陕西省凤翔县人。高级工程师,中国酿酒大师,曾任陕西西凤酒股份有限公司常务副总经理、公司董事长。他主持编写了《西凤酒酿酒工艺》一书,长期作为西凤酒生产工艺技术指导用书。参与完成了《凤型白酒》国家标准的制定,参与制订了西凤企业的《经济责任制考核方案》。他先后参与了凤型酒香型、新凤型大曲生产工艺、西凤酒工艺技术创新、抗老健身西凤炎黄寿酒、西凤彩虹鸡尾酒、特制西凤酒(凤兼浓)、西凤饮用天然矿泉水等科技开发项目的研究,多次获得省、市和国家级科技创新、科技进步奖和科技优秀成果奖等荣誉。先后在《酿酒》《酿酒科技》杂志上发表数十篇专业学术论文。

三、张志民

张志民,1952 年出生,河北省饶阳县人。毕业于天津轻工业学院工业发酵专业,大学学历,正高级工程师,高级品酒师,国家级白酒特邀评酒委员,首届中国酿酒大师。曾任河北衡水老白干酿酒(集团)有限公司副董事长,国内知名的酿酒专家。张志民经过 10 余年的艰苦努力,主持完成了老白干定型工作,得到了国家有关部门和国内众多权威专家的广泛认可,2007 年 6 月 1 日《老白干香型白酒》国家标准颁布实施,标志了老白干香型成功定型,衡水老白干作为该香型的代表,行业地位得到了迅速提升,其生产工艺被认定为国家非物质文化遗产,先后获得了"中国驰名商标""中华老字号"等殊荣。

四、吕云怀

吕云怀,1956 年出生,大学学历,中国酿酒大师,高级工程师,国家级评酒师。他长期从事茅台酿造技术、科研、生产、质检及管理工作,把现代酿造技术与茅台酒的传统工艺相结合,使茅台酒生产操作进一步规范化、标准化,有效促进了茅台酒生产质量的稳步提高,为茅台酒实现优质、高产、低耗的目标发挥了重要作用。他亲自主持和参与企业科技发展长远规划和计划、技改方案的制订以及新产品的研制开发工作,对重大科研项目亲自带队攻关,为企业科学技术工作的健康发展奠定了坚实基础,多次荣获贵州省技术创新先进管理工作者、优秀技术创新项目有功人员等光荣称号。

五、谭崇尧

谭崇尧,生于 1956 年,湖北省人,高级工程师,中国酿酒大师。谭崇尧毕业于湖北工学院(现湖北工业大学)生物工程系,1980 年参加工作。长期以来,一直工作在科研、技术、质量第一线,是枝江酒业科学技术领域带头人。历任制曲车间副主任、质检科副主任,枝江市酒厂副厂长,湖北枝江酒业股份有限公司副总经理。他先后取得各种科研成果 150 多项,其中获得发明专利 1 项、湖北省科技进步二等奖 1 项、湖北省技术发明三等奖 1 项、湖北省重大科学技术成果 2 项、外观设计专利 79 项,还在国家、省市级专业刊物上发表大量学术论文,得到了白酒行业和社会各界的普遍认同和赞誉。

六、王常南

王常南,1956 年生,研究员级高级工程师。在哈尔滨中国酿酒厂工作期间,王常南瞄准国际最先进的酒精工业水平,引进高新技术改造传统产业,使企业的主导产品酒精在短短几年间实现升级换代,成功地研发了甲醇含量百万分之二以下的特优级中性食用酒精。产品质量达到国际先进水平,并填补国内空白,改写了酒精国家标准,抢占了国内酒精工业技术的制高点,使我国酒精标准与国际接轨并扩大了在国际市场的份额。

王常南主持实施的六塔差压蒸馏酒精技术项目节约了大量能源。特级优级食用酒精被科技部等五部委列为国家重点新产品计划项目,获黑龙江省科技进步二等奖和省名牌产品。在王常南的领导下,哈尔滨中国酿酒厂在二次创业发展中重新崛起,实现了跨越式发展,提前实现了国有企业三年扭亏脱困目标,成为黑龙江省和哈尔滨市的先进典型。王常南撰写的论文多次在全国行业会议上交流并在专业刊物上发表。

七、赵志昌

赵志昌,1957 年出生,中国酿酒大师。赵志昌攻克了高寒地域不同香型工艺的技术难题,为探索北方浓香、北方酱香、北方芝麻香工艺叠加和技术融合、多微共酵积累了宝贵的经验。主持开展的"富裕老窖多粮风味酒"研究,形成个性风格的富裕老窖。选择优良品种"龙糯1号"高粱,建立了富裕老窖绿色原料生产基地。原料基地建设模式为引领行业健康、快速发展起到了积极推动作用。撰写《"龙糯1号"高粱基地建设及应用》等多篇专业论文,获得中国白酒科技大会突出贡献科技专家、全国酿酒行业百名先进个人、全国轻工行业劳动模范等荣誉称号。

八、张国强

张国强,出生于1957年,中国酿酒大师,中国白酒专家委员会委员、技术委员会委员,中国白酒突出贡献科技专家,酿酒高级工程师,高级品酒师。曾任安徽口子酒业有限公司董事、常务副总经理,中国标准样品技术委员会酒类分技术委员会副秘书长,安徽省酒业协会常务理事、专家委员会主任,安徽省品酒师考核委员会副主任。张国强同志从事白酒生产、科研、行业管理工作30多年,刻苦钻研科研技术,执着坚持科技创新,为白酒行业的发展起了积极的促进作用。

九、熊小毛

熊小毛,1961年出生,大专学历,高级工程师,中国酿酒大师。他长期从事白云边酒微生物和兼香型白酒标准等方面的研究,先后发表多篇论文;先后获得省科技进步二等奖、省科技成果二等奖和国家科技成果三等奖,享受国务院政府特殊津贴。熊小毛多次承担国家部委和省科技厅下达的重点攻关课题,并取得丰硕成果。该同志先后主持白云边酒的创优工作,组建成立白云边酒计算机勾兑专家系统;主持白云边酒特征香味组分的研究工作,建立白云边股份有限公司质量保证体系,获国家方圆委质量认证;主持开发白云边陈酿系列酒,组建成立浓酱兼香型白酒技术中心。2010年获"全国劳动模范"称号。

十、宋书玉

宋书玉,河北邯郸人,1962年出生,毕业于中国社会科学院研究生院。教授级高级工程师,中国酿酒大师,高级品酒师,国家级白酒评委,中国白酒标准化技术委员会委员,中国酿酒工业协会白酒分会副秘书长,首席品酒师,首席酿酒师,享受国务院特贴专家。19岁于邯郸进入酿酒行业,先后从事分析、化验、质检、新产品开发等有关工作,历任化验室主任、勾储车间主任、质量技术部长等职务。1993年,年仅31岁的他创办了河北白酒研究所并任所长。1996年,宋书玉成为厂里主管技术及新产品开发的副总经理。

宋书玉从事酿酒工作近30年来,填补了五项国内行业空白,取得三项发明专利,被国家科委列为全国重点推广项目的"计算机勾兑调味技术"等多项实用新型专利应用于白酒行业后,年创经济效益数亿元。宋书玉在传承古方秘酿基础上创新工艺,与丰厚的邯郸成语文化水乳交融,打造出独一无二的"永不分梨"酒,为农业产业化、果品深加工开创了新路。

十一、杜小威

杜小威，1963年出生，中国酿酒大师，曾任山西杏花村汾酒厂股份有限公司总工程师。主研的多个项目解决了公司产品的技术难题，并多次获得省级科技进步奖，参与了中国白酒169计划项目研究，其中汾酒微量成分的研究取得突破性进展，并通过了轻工联合会鉴定，其成果属国际领先。主持开发了汾酒60多个新产品，成为汾酒公司新的经济效益增长点。分管的汾酒技术中心成为国家企业技术中心。撰写专业论文5篇，获得过全国白酒行业生产技术与发展研讨优秀论文奖。获得山西省新世纪学术带头人333人才工程人选、山西省"九五"企业技术创新先进工作者等荣誉称号。

十二、李净

李净，1964年出生，汉族，中共党员，中国酿酒大师。他主持的"浓香型白酒酿造微生物及其发酵技术的研究与应用""3万吨基酒酿造废弃物减排关键技术研究"两项研究，解决了酿造生产中一系列技术难题，实现了酿造副产物的循环综合利用。主研的"桂花蜜酒""桂花酒""大曲清香高粱酒"先后获得省优、部优、国家优秀产品奖。参与全国重点攻关项目"中国白酒169计划"研究课题。撰写《蒸馏过程中的美拉德反应》等专业论文6篇，获得过全国白酒行业生产技术与发展研讨优秀论文奖。拥有1项个人专利，获得"湖北省五一劳动奖章""全国酿酒行业技术能手"等荣誉和称号。

十三、刘自力

刘自力，1965年出生，贵州仁怀人。主持了习酒大曲大罐及陶坛酒库工程、大坡酒罐房工程、大曲锅炉房改建工程、万吨酱香酒库、万吨制曲房、酱香片区取水工程、酱香习酒技改工程等多项大型技改、科技创新工程，并带领茅台习酒公司走出低谷，实现利润大幅增长。撰写《企业在生产与经营中的诚信管理》等专业论文13篇，获得过全国白酒行业生产技术与发展研讨优秀论文奖。获得全国企业文化建设优秀领导者、全国诚信经营企业家等荣誉称号。

十四、刘胜华

刘胜华，生于1970年，1991年毕业于湖北省制药工业学校药物制剂专业。多次承担劲酒公司一些重要品牌的主导研发工作。1992年，主持完成中国劲酒等6个保健酒产品的开发，并开发出区别于"中国劲酒"品牌的高端产品——第二代强功能劲酒，即后来闻名遐迩的"参茸劲酒"。完成"保健酒渗漉工艺"及"2万吨保健酒现代工艺设计与工程建设"，实现了保健酒的工业现代化生产；完成5项省、市科技计划项目及高科技技术引导基金项目，其中，"中国劲酒指纹图谱的研究"项目被省科技厅组织评定该技术达到国际领先水平。发表及交流了多篇专业论文，拥有5项国家发明专利。

第四节　中国白酒工艺大师

一、王世伟

王世伟,出生于1950年,高级酿酒师、高级品酒师、中国白酒工艺大师。曾任辽宁三沟酒业有限责任公司副总经理、总工程师。多年来连续几次被评为阜新市有突出贡献的优秀专家,并享受市政府津贴,多次获得阜新市科技进步先进工作者的荣誉称号。2008年国务院为表彰王世伟同志为辽宁省酿酒技术事业做出的突出贡献,特颁发政府特殊津贴并颁发证书。

二、郭永红

郭永红,1953年出生于酿酒世家(其父曾任江苏洋河酒厂工会主席),中国白酒工艺大师,1980年在中国首届白酒勾调班期间受到五粮液白酒勾调大师范玉平的亲自指导。退休前为江苏洋河酒厂副总兼总工程师。亲自勾调出三届洋河国家名酒(第五届评酒会获总分第一,曾被原轻工业部树立为浓香型白酒标杆酒)。发明专利和受表彰的科研成果数十项。

三、杨代永

杨代永,出生于1963年,中国白酒工艺大师。历任贵州茅台酒股份有限公司技术中心常务副主任兼项目研究室主任、副总工程师、生产管理部副主任、总工程师等职。主持参与了茅台系列酒的研制开发,茅台酒贮存勾兑技术信息平台建设等项目,参与了茅台酒多项国家标准的制定,为企业和行业标准制定做出了积极贡献;国家白酒评委、贵州省白酒专家组成员。

四、贺尔军

贺尔军,出生于1963年,高级工程师,中国白酒工艺大师。高级技师,酿酒高级品酒师,国家职业技能鉴定高级考评员,全国工业产品生产许可证"注册审查员"。2000年、2006年经考试合格,被评为第六届、第七届和第八届国家级白酒评委,中国食品工业协会中国白酒工艺大师;江苏省第三、四、五届白酒评委,江苏省白酒专家组专家。

五、曹中民

曹中民,出生于1964年,毕业于哈尔滨轻工学校发酵专业。1984年参加工作以来先后担任哈尔滨龙滨酒厂技术员、工程师、高级工程师、科研中心、勾储中心主任、副总工、总工等职务。历任黑龙江省白酒评委,国家第六届、第七届、第八届白酒评委,黑龙江省专家评委。

六、焦二满

焦二满,生于1964年,长期从事白酒品评、白酒生产技术研究,白酒生产以及产品质量管理等工作。伴随着鄂尔多斯酒业的发展,他在酿酒技术研究、新成果开发及新技术应用方面取得了骄人的成绩。他带头研发的芝麻香酒项目开发成功,是自治区酿酒行业首家,填补了鄂尔多斯酿酒业的空白;清香小曲酒的引进与开发,结束了自治区酿酒行业无小曲酿酒的历史。

七、来安贵

来安贵,高级工程师,国家级评酒委员,中国酿酒行业注册高级品酒师,中国白酒工艺大师,中国酿酒工业协会白酒分会技术委员会委员,山东省白酒评酒委员,山东省白酒工业协会副秘书长。现任山东景芝酒业股份有限公司副总经理、总工程师。

八、黄芳

黄芳,中国白酒工艺大师,1984年进入蚌埠酒厂(安徽皖酒制造集团有限公司前身)。她先后主持皖酒王、天青百年皖酒、皖国春秋、精品皖酒等系列酒的研制开发,负责酒基组合、小样勾兑、中试生产等酒体设计及其研发工作,开发出高、中、低度系列皖酒,畅销广东、海南及港澳等地区。从2012年起,她主持研发的白酒产品连续获得各类大奖。特别是她带领团队,以科技为引领,大胆创新,通过无数次实验,成功分离出几株高产酸己酸菌,主持完成"优质人工老窖泥的生产及应用",使浓香型曲酒的主体香大为增强。她自己也成为国家级白酒评酒委员、高级品酒师、高级酿酒师、高级工程师、中国白酒工艺大师、安徽省酒业协会专家委员会成员、首届安徽省酿酒大师。先后在《酿酒科技》《酿酒》《中国白酒关键技术研究进展》等报刊上发表论文数篇。

九、严腊梅

严腊梅,出生于1965年,高级工程师,中国白酒工艺大师,从事白酒专业工作30多年,主持贵州茅台酒股份有限公司白酒理化、色谱等常规理化检验。参与公司实验室CNAS体系建立。对公司酿造工进行品评、生产技术类培训。主持和完成多项科研成果并获部优成果奖;贵州省白酒评委、第八届国家白酒评委。

十、张彬

张彬,出生于1965年,毕业于原山东轻工业学院,工学学士,高级工程师,国家注册酿酒高级品酒师,中国酒业协会白酒分会技术委员会委员,中国芝麻香标准委员会委员,先后荣获"中国白酒工艺大师""山东省酿酒大师""山东省劳动模范""省千名知名技术专家""首批山东省轻工系统有突出贡献的中青年专家""山东省轻工系统专业技术拔尖人才""山东省技术创新工作先进个人"等多项荣誉称号。

十一、王科岐

王科岐,生于 1965 年,本科学历,国家高级酿酒师、高级品酒师,国家酒类质量认证注册检查员、注册品评师,中国白酒工艺大师。历任陕西西凤酒股份有限公司质量部副部长、副总工程师、总经理助理、总工程师。

十二、王耀

王耀,1965 年出生,江苏泗阳人,江南大学工程硕士,南京大学工商管理硕士,中国白酒工艺大师。历任江苏洋河酒厂股份有限公司董事长、苏酒集团贸易股份有限公司董事长、党委书记等职。主要科研论文《有益功能微生物在强化大曲生产中的应用》《窖泥中产酸功能菌筛选及发酵条件初探》发表于业内《酿酒科技》《酿酒》等行业学术核心期刊。

十三、赵殿臣

赵殿臣,1966 年出生,国家级白酒评酒委员,高级评酒师,国家白酒生产许可证注册审查员,工程师。历任古贝春有限公司技术科副科长、质检中心主任、质管部主任、总经理助理、副总经理,现任古贝春集团有限公司执行总经理。

十四、曾凡君

曾凡君,1966 年出生,高级工程师,毕业于重庆商业职工大学酿造酒工艺专业。现任中国贵州茅台酒厂(集团)习酒有限责任公司副总经理。

他从事白酒专业工作 30 多年来,一直致力于习酒工艺技术的进步研究,参与了"茅台液"等产品的开发,参与了"应用生物工程技术提高浓香型习酒优质品率的研究"等多项生产性科研项目的研究。在《酿酒》和《酿酒科技》上发表论文 20 余篇,荣获"贵州省五一劳动奖章""贵州省青年创新人才奖",2015 年荣获"中国白酒工艺大师"荣誉称号。

十五、陈孟强

陈孟强,1988 年毕业于北京经济管理大学,中国白酒工艺大师。由制酒班班长、车间主任、茅台酒厂扩改建 800 吨/年投产领导小组组长、生产技术处处长、企业管理部主任到现任贵州珍酒酿酒有限公司董事长兼总工程师,实现了从技术工到管理者的转变。他与珍酒的结缘绝非偶然,在他的管理下,珍酒成功实现了"凤凰涅槃",以骄人的成绩和迅猛发展的势头,书写了白酒发展的"珍酒模式"。

十六、张洪奇

张洪奇,毕业于山东轻工业学院工业发酵专业,中国白酒工艺大师。1987 年参加工作,历任曲阜酒厂技术员、质检科科长、曲阜孔府家酒业有限公司质检部部长、总评酒师、研发部部长、质量技术部部长、总经理助理、质量总监等职,1999 年起连续四届考取中国白酒国家级评酒委员并连任至今,被人力资源和社会保障部考评为高级品酒师、高级酿酒师,兼任山东省白酒专家组副组长。获得的主要奖励：山东省计算机应用优秀成果二等奖、山东省轻工业科技进步奖二等奖、山东省首席技师、济宁市人民政府"圣地英才"、山东省有突出贡献技师、首届全国品酒技能比赛银奖、全国酿酒行业技术能手等。

十七、信春晖

信春晖，1967年生，硕士研究生，高级工程师，中国白酒工艺大师。1990年7月毕业于齐鲁工业大学（原山东轻工业学院）食品工程专业，分配于山东扳倒井股份有限公司工作至今。参加工作以来，一直从事酿酒生产技术与科研工作，取得了累累硕果，获得了业内外的广泛赞誉。先后获得"山东省轻工系统专业技术拔尖人才""中国白酒优秀科技专家""淄博市有突出贡献的中青年专家""山东省轻工系统有突出贡献的中青年专家""山东省优秀工程师""山东省酿酒大师"等荣誉称号。

十八、张煜行

张煜行，生于1967年，硕士，中国白酒工艺大师。历任老白干集团白酒二分厂生产技术科长、生产技术副厂长、厂长，河北衡水老白干酒业股份有限公司副总经理。2013年10月至今任河北衡水老白干酿酒（集团）有限公司党委委员、总工程师。

十九、侯建光

侯建光，1968年出生，高级酿酒师，高级工程师，中国白酒工艺大师、中国酒业科技领军人才。1991年，先后在仰韶酒业制曲车间、技术科等一线工作；1992年，他被委派到江南大学进修，毕业后继续回到仰韶酒业工作。先后在窖泥培养、麸曲、培养基研究、陶物质材料与酿酒等方面取得了优异成绩，在《酿酒科技》《华夏酒报》《新食品》《糖烟酒周刊》等全国重要的行业报刊上发表学术论文40余篇，主持制订了企业标准4项，先后完成了仰韶多粮酒、芝麻香型酒、陶融型酒的研制研发，强化多香型融合技术的研究，深化小米作为酿酒原料的应用，开创性提出白酒陶融型的概念，并将研究成果应用于仰韶彩陶坊酒的研制开发，树立起豫酒的高端品牌形象。

二十、任国军

任国军，1968年出生，中国白酒工艺大师。1991年7月毕业于内蒙古农牧学院食品工程系，同年10月到内蒙古河套酒业技术科工作，历任车间主任、酒体设计中心主任兼信息中心主任、质量部部长、技术中心主任、总经理助理、酿酒部部长兼技术中心主任等职。他参与了河套酒业从一个"边陲小厂"成长为"北国酒都"的全过程，并在此过程中不断历练、成长，由一个科员蜕变成河套酒业集团的"多面手"，成为河套酒业管理层的中坚力量。

二十一、陈翔

陈翔，1970年出生，中国白酒工艺大师。1994年参加工作，现任江苏洋河酒厂股份有限公司技术中心主任、技术部部长、江苏洋河酒厂股份有限公司（苏酒集团）科学技术协会秘书长。江苏省"333"工程培养对象,2002—2006 年连续 5 年被宿迁市授予市科技先进个人称号。陈翔自工作以来,紧密联系行业发展实际,努力通过技术创新来满足为公司打造绵柔型白酒发展战略、适应企业快速发展的需求。在生产工艺创新、质量控制、循环经济、新产品开发、机械化、自动化应用等领域取得了卓有成效的业绩,先后组织、主持了多项课题研究与攻关,共发表论文 30 多篇。

二十二、王鹏珍

王鹏珍,1970 年出生,中国白酒工艺大师。现任青海互助青稞酒股份有限公司副总经理、工程师。先后发表学术论文 5 篇,研发科技成果 5 项,申请专利 5 项,其中包括 1 项发明专利。1996 年被中共互助县委宣传部、互助县团委授予青年岗位能手称号;2000 年被互助县经济委员会评为优秀科技工作者;2006 年被省人才工作领导小组评为全省优秀高技能人才;2000 年、2005 年、2010 年连续三届被中国食品协会、中国酿酒协会聘为国家级白酒评委。

二十三、李安军

李安军,生于 1970 年,国家一级品酒师,中国白酒工艺大师,安徽古井集团有限责任公司总工程师。从事白酒酿造工作几十年,李安军组织开展科技攻关、质量攻关活动,主持完成了浓香型大曲酒生态酒窖建造方法的研究及应用项目,该项目是浓香型大曲酒酒窖建造方法的一次革新,对推动白酒业生态酿造技术的进步、促进资源的综合利用具有深远的意义。他完成的"基于物联网技术的数字化曲房综合管控系统技术开发及应用""基于近红外光谱技术在固态发酵过程中的质量控制检测技术的研究"等项目,在促进行业发展方面发挥了重要作用。

二十四、徐钦祥

徐钦祥,1970 年出生,国家一级酿酒师,国家级白酒评酒委员,首届中国白酒工艺大师。历任安徽口子酒业股份有限公司及安徽口子酒业有限责任公司董事、副总经理、董事会秘书;2011 年 3 月至今,任安徽口子酒业股份有限公司董事、副总经理。

二十五、杨红文

杨红文,1970 年出生,高级工程师,国家白酒评委,中国白酒工艺大师。先后任安徽金种子酒业技术员、全质办主任、质量副厂长、总工程师,2001 年 12 月至今任安徽金种子酒业股份有限公司董事。在技术生涯中不断创新、探索,先后荣获安徽省杰出青年岗位能手、全国青年岗位能手、全国食品工业科技进步先进科技管理工作者、全国五一劳动奖章、全国酿酒行业技术能手。

二十六、张峰国

张峰国,中国白酒工艺大师。从 1989 年到高青县酿酒厂勾兑室开始从事品酒和调酒工作,历任技术员、工程师、研究所所长、总工程师等职。在首届白酒品酒技能大赛上勇夺第一，成为中国白酒历史上第一个"品酒状元"，并被授予"全国五一劳动奖章"和"全国技术能手"，享受国务院政府特殊津贴。先后荣获首届"中国首席白酒品酒师""全国创新标兵""全国食品科技创新卓越工作者"、首届中国酒业"金高粱"奖等。

二十七、左文霞

左文霞，高级工程师，中国白酒工艺大师。1995年，她从无锡轻工大学毕业后一直从事白酒酿酒研发及品质提升工作，组织参与国家"中国白酒'169'计划"项目和"国家高技术研究发展技术（863计划）课题"研究，潜心白酒固体发酵过程控制及智能化装备开发等重大课题。科技创新项目2004年"今世缘国缘酒酿造工艺创新"获得淮安市重大科技进步成果奖，"大曲发酵过程风味物质研究"在国内首次提出大曲生香力的概念，有效地改善了大曲的风味质量，提高基础酒的质量。自主研发的"浓香酿酒机械化生产线"等10余项实用新型专利和发明专利获得授权与应用。

二十八、何松贵

何松贵，1971年出生，南海九江人，中国白酒工艺大师。1991年7月进入广东省九江酒厂有限公司，利用两年时间完成回收米酒发酵产生的二氧化碳并制成食用级二氧化碳的项目的可行性分析，并且将项目工程化，产生了良好的社会效益及经济效益，并获得南海市科技进步奖二等奖。1994年，何松贵师从关栋章、余玉粦学习制曲工艺、米酒发酵的工艺，在传承传统的酿造工艺的基础上，通过改进米酒发酵中的工艺，使米酒出酒率水平处于豉香型白酒的领头地位。1996年开始，参加了新产品"御品九江""乡纯"的研制，并且成功上市。2006年，被中国食品工业协会与酒专业委员会聘为第七届白酒国家评委。2008年，被中国国家标准化管理委员会聘为全国白酒标准化技术委员会（SAC/TC358）委员。

二十九、魏金旺

魏金旺，中国白酒工艺大师。1971年出生于北京市顺义区，1990—1992年就读于北京轻工业学院分院食品专业（现为北京工商大学），毕业后就职于牛栏山酒厂工作至今。1992—1995年担任牛栏山酒业技术员；1995—1998年担任质量部副部长；1998—2006年担任质量部部长；2006年担任厂长助理；2008年至今，担任牛栏山酒业副厂长。

三十、胡风艳

胡风艳，中国白酒工艺大师，中国食品协会白酒国家评委，中国酒业协会白酒国家评委，白酒酿造高级技师，高级品酒师，山东省首席技师，山东省技术能手，全国酿酒行业技术能手。曾在第二届全国白酒品酒技能大赛中获得全国排名第六、山东省第一的好成绩，并获山东省企业技术创新带头人等称号。

三十一、王化斌

王化斌，1974年出生，安徽涡阳人，研究生学历，中国白酒工艺大师，现任安徽双轮酒业有限责任公司总工程师。王化斌从事白酒研发工作数十年，认真钻研白酒酿造技术，虚心向行内专家学习技术，多次求教于中国白酒著名专家曾祖训、高景炎、高月明、沈怡方等，并全力推进产、学、研有效结合。经过他的努力，企业先后与安徽工程大学、江南大学、河南工业大学、国家食品发酵研究院等进行了12个项目的联合开发，涉及微生物发酵、化验检测方法的改进等内容。

三十二、杨强

杨强，1975年出生，中国白酒工艺大师。1996年大学毕业后进入劲牌白酒酿造车间。在劲牌公司工作20多年的时间里，他从一名普通技术工人，做到班长、勾兑师、中国白酒国家级评委。在劲牌公司工作期间先后主持开发了50余个产品，由他主持完成的制曲技术研究项目，填补了国内空白，实现了传统制曲技术突破，使得公司土曲实现了自主供给。

三十三、高传强

高传强，高级工程师，中国白酒工艺大师，第六、七、八届中食协白酒国家评委，国家标准化委员会芝麻香分委会专家。传统小窖酿造工艺的领军人物，开创了中国芝麻香型白酒的第三个时代。

◎思考题

1. 中国第一位在 *Science* 上发表科学论文的微生物学家是谁？

2. 在中国食品、轻工科技领域奋斗近70年，被尊为中国食品工业奠基人和酒界泰斗的人是谁？

第十章　白酒品鉴与健康饮酒文化

人们喜好饮酒,是因为酒不仅能满足我们日常生活中的某些物质需求,而且饮酒能够给我们的生活带来诸多乐趣。适度饮酒有益身体健康,点燃激情,促进人与人之间的情感交流,协助建立密切的人际关系,饮酒过度也会给我们的生活带来麻烦,因此,健康的饮酒文化是酒文化必不可少的内容。

第一节　白酒的辨别

白酒的辨别是一门学问,需要来自生活的积累。白酒的品评是一门科学,自古有之。《世说新语·术解》记载:"桓公有主簿善别酒,有酒辄令先尝。好者谓'青州从事',恶者谓'平原督邮'。"明代胡光岱在《酒史》中,对酒品的"香、色、味"列出了一系列术语。由此可见,用感官对酒的芳香及微妙的口味差别进行鉴别,具有悠久的历史和传统。

白酒的辨别和品评包括两个方面的内容:一方面是确认酒的真伪,即通过感觉器官判断白酒与其标识的品牌是否一致,这是白酒的真假辨别;另一方面是评判酒的质量和等级,即人们运用感觉器官(视、嗅、味、触)来评定白酒的质量,区分优劣,划分等级,判断白酒的风格特征,又称为品评,人们习惯地称为评酒。对酒类品质优、次、劣的确定,仅根据理化分析结果制定的指标是不够的。酒是一种味觉品,它们的色、香、味是否为人们所喜爱,必须通过人们的感觉进行品评鉴定。迄今为止,尚未出现能够全面正确地判断香味的仪器,理化检验还不能代替感官尝评。

一、通过外包装辨别白酒

1.国产瓶装酒的辨别

(1)通过外包装箱辨别

酒箱多用纸板制成,主要是承担运输中的保护功能。正规白酒厂家,尤其是品牌白酒生产厂家一般都很讲究包装质量,定点生产,甚至自行进行包装箱的生产,因此,用的纸箱成色新、折叠整齐、纸质坚硬、不破不烂、印字齐全、字迹清楚。

（2）通过包装盒辨别

包装盒犹如白酒的衣服，一般厂家都会精心设计盒型、图案，十分强调印刷质量。辨别的时候应看包装盒是否光亮、整齐，棱角是否分明，盒上激光防伪标志上的字迹及图案是否清晰，摸一摸外包装是否软硬适中，是否有弹性。一般假冒酒外包装盒字迹及图案较模糊，包装盒较软、无质感、无弹性。

（3）通过酒瓶辨别

正规品牌厂家的酒瓶多半是自己生产，即使是定制酒瓶，也是跟酒瓶生产厂家签订了批量协议，只供一家使用，采用固定用瓶。瓶上有特点、标记，瓶子质量高，表面光洁度好，玻璃质地均匀，泡花极小，不破损，不使用回收酒瓶，更不用杂酒瓶。瓶盖多为铝质扭断式防盗盖或塑胶盖塑胶套，瓶盖上印有厂名或酒名，个别生产厂家还有暗记。倒瓶时无渗漏现象。

（4）通过酒瓶上的酒标辨别

酒标就像白酒的身份证，要看是否粘贴国家饮料酒标签标准的标识，是否注明有生产日期、经营者和联系电话。真酒商标光泽度强，色彩均匀饱满，无粗糙感觉；字体匀称，字迹清晰，线条流畅，轮廓清楚。假冒酒酒标表面没有光泽，纸张模糊。摸一摸名酒商标标志上的品牌字体，均有凹凸感，而假酒商标没有。

（5）通过防伪盖辨别

真品瓶盖上的金属防伪盖与瓶盖是连为一体的，而且做工严密、精细，塑封整洁、光泽；而假酒的防伪盖则是粘上去的，做工粗糙。真酒的防伪盖色彩鲜明，光洁度好，盖身、封口均平整、光滑、容易折断开启，盖上的字迹、图案清晰，印刷规范；一般假冒酒防伪工艺质量差、封口不够平整、光滑，甚至有的还有硬器挤压碰撞造成的痕迹。

（6）通过防伪标志辨别

防伪标志要根据不同厂家的设计确定。一般情况下，真品防伪标志在不同的角度下可出现不同的图案变换，防伪线可撕下来；假酒的防伪标志无光泽，图案变换不明显，防伪线有时是印上去的。

（7）电话查询

有些生产厂家为了防止假酒，给酒贴上防伪码。消费者购买产品之后，按照提示，打电话进行查询，或者利用手机发短信可查询真假。

2. 散装白酒的辨别

中国白酒生产企业众多，很多白酒生产厂家生产的白酒连品牌都没有，而出于实用和价格低廉的需求，很多时候消费者需要购置散装白酒，这就需要掌握散装白酒质量的辨别方法。识别真假散装白酒可以采取"一问、二看、三嗅、四尝"的方法。

一问，是指了解经营者有无酒类备案登记证，有无产品化验合格证，有无产品来源证明。或者了解经营者是否长期经营该企业的产品，以及该企业生产白酒的历史。

二看，是指看酒质是否清亮，有无沉淀，是否熏眼。拿起酒瓶，突然倒转，仔细观察应该无色透明（个别品种允许淡黄色），无悬浮物、浑浊物和沉淀。酒盛于瓶中，瓶上无环状污物。用力摇晃，观察酒花，一般酒花细而透明，堆花时间长者为佳。

三嗅，是指通过嗅香味辨别白酒的质量。纯粮食散酒味醇，用酒精勾兑的散酒刺鼻、呛喉。清香型酒应清香纯正,曲香型酒应芳香浓郁,酱香型酒应酱香突出,米香型酒应蜜香清雅。若香气不正则有可能是劣质酒。

四尝,是指入口应感觉口味醇香,无外来邪、杂异味,无强烈刺激性。纯粮食散装白酒口味甘甜,用酒精、香精勾兑的散装白酒麻口,有苦味,难入喉。

3. 进口白酒的辨别

随着生活水平的提高,越来越多的国人有条件消费进口白酒,在这种情况下,假冒进口酒的情况也逐渐增加,如何辨别假冒洋酒,也有很多技巧。

(1)防伪标志辨别

正规的进口酒,有"中国检验检疫总局中国进口食品卫生监督检验"字样的激光防伪标志及中文版标志。假洋酒瓶上的激光防伪标志较模糊,商标标志印刷不规范且很粗糙。

(2)酒瓶辨别

酒瓶辨别主要是观察瓶子是否破旧,封口是否有磨损。破损的瓶子多来源于回收瓶,假冒洋酒的概率高。

(3)标识辨真伪

合格的洋酒,标识印刷都很精美、细致,标识内容丰富、完整、详细,尤其是产地等信息是明确的。

(4)品名辨别

酒类产品的命名是否过于"豪华"和夸张也是辨别产品真伪的一种方式,比如有些白酒直接以国家名称命名,显然是冒牌的,因为任何酒类产品都不能以国家的名字来命名;还有些酒取名不中不洋,也有假冒的嫌疑。

(5)价格辨别

价格辨别即对比酒的品牌与价格是否吻合,品牌与价格是否"门当户对",是辨别酒的真伪的方法,有些假冒酒定价很低,明显是假货。

(6)说明文字辨别

英文的表达方式有自身的规范,假冒者往往不会很认真地去了解异国文字的特点,于是在假冒酒的标识上往往会出现一些文字表达的错误。比如合格酒类产品的英文说明在换行的时候是不会出现连字符的,也就是说换行前的那个英文单词一定是完整的,不会被拆行;而有些假冒酒则会出现这种错误。

二、通过酒体本身的外观辨别白酒

真酒注重质量,假酒为了追求低成本和暴利,往往会想方设法减少成本。这就会导致假酒与真酒在外观上有细微的差别。因此,酒的真伪,还可以通过酒体本身的外观特性进行辨别。观察酒的外观、色泽、澄清度、有无异物等,是辨别白酒的方法之一,观察的方法是将酒瓶(杯)举起,白纸作底,对光观看,或者直接将酒放到眼前对光观看,基本的要求是确保能够清楚地看见酒。

1. 根据酒体颜色进行辨别

各种酒都有一定的颜色标准,一般情况下,正常的白酒应该是无色、透明、澄清的液体,没有悬浮物和沉淀物。优质白酒必须有适当的贮存期,泸型酒至少贮存3~6个月,多则在1年以上;汾型酒贮存期为1年左右;茅型酒要求贮存3年以上。少数常年窖藏白酒由于发酵或贮存期比较长,成分颇为复杂,带有少数轻微的微黄色,这是许可的。所以无色(绝大多数白酒)或微带黄色(有些浓香型酒)都是白酒的正色。

2. 根据光泽度和浑浊度进行辨别

光泽度是指白酒在正常光线下的光亮程度和透明程度。白酒的光泽度和透明度主要有以下几个等级。

①晶亮:如水晶体一样高度透明。

②清亮:酒液中看不出纤细微粒。

③透明:光线从酒液中通过,酒液明亮。

④略失光:光泽不强或亮度不够。

⑤色暗或失光:酒色发暗失去光泽。

⑥不透明:酒液乌暗,光束不能通过。

浑浊度也是评酒的重要指标。根据浑浊的程度不同,可判断为有悬浮物、轻微浑浊、浑浊、极浑等。

白酒作为典型的蒸馏酒,是不允许有发暗或者是失光现象,更不允许有浑浊。优质的白酒都应具有澄清透明的液相。如果酒液出现不透明、浑浊则是重大的质量问题,是酒有明显缺陷的标志。

3. 根据是否有沉淀物进行辨别

白酒的沉淀是指由于温度、光照、微生物等因素的影响,原来溶解的物质,从酒液中离析出来的现象。沉淀物有各种形状,可能体现为粒状、絮状、片状、块状,闪烁有光的晶体形状。沉淀物也可能有多种不同的颜色,如灰白色、棕色、蓝黑色。一般情况下,除了部分炮制药酒或陈年窖藏酒可能会有少许沉淀物之外,白酒产品是不会有沉淀物的,如果出现沉淀物,就说明酒质有问题。

在有些情况下,质量好的白酒也会出现疑似沉淀物,需要进行产品质量鉴别,鉴别的方法是:

①观察酒液究竟是浑浊还是沉淀。将白酒倒入清洁的无色透明酒杯中,用肉眼观察是浑浊还是沉淀。浑浊的情况下,整个酒液呈现出不透明的现象,而沉淀则是有沉淀物漂游于酒液中,可以据此判断是酒液中含有杂质还是酒质本身有问题。

②观察浑浊现象是否消失或者沉淀物是否溶解。将有疑似沉淀的白酒放置于室温或者是15~20℃的水中,如果沉淀或浑浊立即溶解,则说明该物质非外来物质,可能是酒中的脂肪酸由于气温低使其溶解度下降而析出物质,产生了浑浊或沉淀,这种沉淀当酒温升高时即自然溶解。

4. 观察流动状态

酒液的流动是指酒液在器皿中随器皿的转动表现出来的流动状态。一般情况下,白酒的酒液流动必须是均匀自然的,不能出现黏滞或者是油状漂浮。通常可以通过举瓶(杯)旋转观察酒液的流动是否正常,如果在酒瓶(杯)壁出现浓的、稠的、黏的、黏滞的、油状的等现象则是酒品欠佳的标志。但是一些陈年窖藏的老酒,在流动时会出现挂杯的现象,则是正常的,不过这种陈年老酒的外观同时还会表现出颜色微微泛黄的特点。

第二节 饮酒的利弊

人类发明了酒,并利用酒的习性改善人类的生活,适度饮酒对身体和情绪都会产生很好的调节作用。

一、白酒的功用

1. 白酒是国人社交和生活中最常见的饮品

中国是礼仪之邦,善于交际,白酒是交际中常用物品。在就餐时,将白酒与我国传统名菜配合饮用,有增进食欲的作用。古代有"待坐则听言,有酒则观礼"的礼貌风俗。现代人更把酒作为交往的馈赠礼品。同时,酒也是过节、喜日祝贺、好友相聚、欢庆胜利必不可少的助兴饮品,体现了中华民族特有的风俗文化,给人们的生活增添了和谐和欢乐气氛。

2. 白酒可作为餐饮烹调的辅助材料

白酒可用作鱼、鸡、肉等烹调的料酒,有去腥增香的作用。白酒也可作为食品加工的材料使用,如利用白酒制作风味别致的醉枣、醉虾、醉蟹。白酒还可以用作香肠等肉类加工时的调味调香剂以及用作某些天然香料的浸提剂和一些食品的保存浸泡剂等。

3. 白酒是一种特殊的劳动保护用品

适量饮用白酒,能引起精神兴奋,产生舒适感,利于解除疲劳。同时,适量饮用白酒可以加速血液循环,促进身体发热,利于驱寒、祛湿、解乏,并具有杀菌、消炎、化瘀等作用。因此,白酒还是广大劳动人民,尤其是矿工、林业工人、牧民、渔民、潜水员及寒冷地区工作人员御寒、舒经活血、解乏、焕发精神的特殊劳保用品。

4. 白酒可以作药引子和保健药品

酒为百药之长。白酒可用作某些中药的药引子,也可用它来配制多种药酒、补酒等,起到医疗保健作用。《本草纲目》记载了80种药酒的功效,国外医学研究证明:乙醇在血液中可以增加高密度脂蛋白,能减少由于脂肪的沉积而引起的冠状动脉的血管壁发生病变,有冠心病的人,每天稍微喝点酒可以减少死亡的危险。

二、适度饮酒之利

饮酒之利体现为少量或适量饮酒有益健康,饮酒的好处主要体现在以下几个方面。

1. 带给人体一定的热量

酒是一种很好的营养剂,也带给人体一定的热量。从营养方面看,葡萄酒含有人体需要的氨基酸、维生素等多种营养素,黄酒、啤酒也含有丰富的营养成分。黄酒的主要成分除乙醇和水外,还含有 18 种氨基酸。白酒由于含醇量高,人体摄入量受到一定的限制,营养价值有限,但是其中含有多种香味素,不少香味素是人体健康必需的。此外,白酒提供的热量却远远高于其他酒。在高寒地带,人们常常通过饮酒抵御寒冷。

2. 开胃助消化

适量饮酒可开胃,助消化,增进食欲,可多吃菜肴,增加营养。适量饮用含酒精饮料能够刺激胃酸分泌,增进食欲,促进消化。因为酒精、维生素 B$_2$、酸类物质等都具有明显的开胃功能,能够刺激和促进人体胰液的分泌,并增加口腔中的唾液,胃中的胃液及鼻腔的湿润程度。消化功能减弱的中老年人,饭前适量饮酒可以促使胰岛素分泌,刺激消化系统其他酶系的分泌,使体内各种消化液的数量增多,从而增强胃肠道对食物的消化和吸收能力。

3. 减轻心脏负担

少量饮酒有益于心血管系统,适量饮酒可以减轻心脏负担,预防心血管疾病,轻中度饮酒者较不饮酒者和重度饮酒者,其冠心病的危险性低。

4. 改善生化代谢及神经传导

适量饮酒能够使小动脉血管扩张,能加速血液循环,有效地调节、改善体内的生化代谢及神经传导。

5. 适量饮酒有利于身心健康

许多疾病的产生与环境和人们的心理状况有密切关系。如果人长期处于孤独和紧张状态,就很容易生病,适量饮酒有助于振奋精神,缓和忧虑和紧张心理,有益于人们的心身健康,提高生活情趣。

6. 杀菌消毒和防疫

饮酒具有杀菌、解毒作用和防疫作用。酒精是一种原生质毒物,具有一定杀菌作用。酒进入消化器官,可以将食物带入体内的细菌杀死。我国古代医典中有许多以酒解毒的记载,人们在医疗中,也常常把酒作为消毒剂。此外,酒中的一些成分,特别是药酒中的一些特殊成分使酒具有防治瘟疫的作用。

7. 和肺助气,强心提神

酒对味觉、嗅觉的刺激可造成反射,增加呼吸。所以当人晕倒、虚脱时,在缺医无药的情况下,灌一杯白酒,便可兴奋呼吸中枢,使病人苏醒。

8. 安眠作用

酒可以催人兴奋,但是这种兴奋是短暂的,酒还具有安神镇定的作用,这是因为酒中的乙醇具有麻痹神经的作用,古人曾用酒作为手术时的麻醉药物。因此,睡前适量饮酒,可以使人安然入睡。

9. 饮酒有利于社交

中国人喜欢饮酒,尤其在宴席和社交场合,饮酒可以提振人们的情绪,在饮酒的过程中,人们彼此敬酒,相互赞赏,增进友谊和交流。很多不熟悉的人,在交杯换盏之后成为很好的朋友,而不饮酒的人常常觉得难以融入群体交流。

三、过度饮酒之弊

虽然白酒有很多好处,但是白酒酒度较高,多饮不但易醉误事,而且对身体健康也有影响。《本草纲目》指出："过饮败胃伤胆,丧心损寿……"因此,喝酒一定要适度,不能过量。

饮酒之弊体现在过量饮酒,过量饮酒又跟个体差异和喝酒的次数有关。过量饮酒导致的危害主要表现在以下方面:

1. 增加肝脏负担,导致头痛、昏迷

酒对人体最重要的影响在肝脏。因为肝脏是身体的化工厂、解毒中心,外来化学物质在肝脏里面代谢,酒精代谢会产生乙醛,乙醛再代谢成醋酸,再代谢成脂肪,以热量的方式贮存起来或者消耗掉。这就会对肝脏产生不利的影响,还可能导致脑组织缺血、缺氧,抑制中枢神经系统,引起头痛、昏迷等其他症状。

2. 影响胰脏功能

酒精对胰脏的影响也非常大,胰脏分泌很多酵素,喝酒刺激胰脏,如果引起胰脏发炎的话,代谢功能就会受到影响,甚至引起糖尿病。

3. 影响大脑皮质的抑制功能

饮酒还有一个影响区域就是脑部。大脑皮质基本的作用就是抑制,抑制下面的细胞不要太兴奋,而酒精会制约这种抑制,所以喝酒会让人兴奋。

4. 饮酒对食道与胃部也有不好的影响

过量饮酒会刺激胃黏膜,产生恶心和呕吐症状,过量饮酒还可引起胃黏膜急慢性损伤,原有溃疡病者,还可引起出血、穿孔等严重并发症。这是因为酒精对胃黏膜有较强的刺激作用,酒精可直接破坏胃黏膜屏障,侵入胃黏膜引起黏膜充血、水肿、糜烂等。

5. 导致肥胖

1 克酒精可以产生 7 大卡(1 大卡 = 4.186 千焦)的热量,同时饮酒也刺激消化液的分泌及食欲的增加,因此,饮酒的人常伴有过胖的问题。

6. 妨碍钙质和维生素的吸收

有人发现慢性酒精中毒者骨骼脱矿质的发病率较高,即使一些年轻患者也是如此,骨密度显著降低。慢性酒精中毒者常常伴有继发性吸收不良,或者是酒精性肝硬化使维生素合成进一步受损,具有干扰身体多种维生素吸收的特点,故而饮酒时,食物中维生素 D 和维生素 B_1 等的吸收就会受到影响,所以应该尽量少饮酒。

7. 饮酒乱性

饮酒对家庭生活也会产生影响,饮酒通常会令人精神恍惚,影响工作效率,或者导致情绪激动,情绪失控,判断力不佳,易与人发生冲突,对外界刺激敏感,甚至导致高犯罪率。配偶与家庭成员常成为暴力行为发泄的对象。因此,饮酒容易带来家庭和社会矛盾。

此外,饮酒还可能导致酒依赖,即酒成瘾,这是由反复饮酒所致的对酒渴求的一种心理状态,连续或周期性出现,表现为经常需要饮酒的强迫性体验,对酒精的耐受性增加,导致对酒精的严重依赖。

四、饮酒可引起的疾病和症状

1. 酒精中毒症状

酒精中毒包括急性酒精中毒和慢性酒精中毒。急性酒精中毒主要表现为感情不稳定、知觉和记忆障碍、视力减退、平衡失调；头晕、复视、肌肉协调减退、共济失调、语言含糊；昏迷不醒、感觉缺失、听觉和触觉减退、反射重度抑制，可能导致呼吸中枢麻痹、循环衰竭而死。慢性酒精中毒为长期饮酒所造成，对酒精产生了依赖性，形成酒瘾，并产生相关戒断症状、精神症状等。

2. 消化系统疾病和症状

饮酒导致的消化系统疾病和症状主要有：

①胃、肠功能紊乱，出现恶心、呕吐症状。

②反流性食管炎、急性胃炎、胃溃疡、急性胰腺炎、慢性胰腺炎。

③口腔、咽喉和消化道恶性肿瘤；酒精性脂肪肝、酒精性肝炎、酒精性肝硬化。

3. 心脑血管疾病

饮酒导致的心脑血管疾病包括：

①酒精性心肌病、心肌梗死、心律失常、心力衰竭等。

②高血压、血脂异常、高脂血症、动脉粥样硬化。

③脑血栓、脑出血。

4. 内分泌系统疾病

饮酒导致的内分泌系统疾病主要是糖尿病。

5. 生殖系统疾病

饮酒导致的生殖系统疾病在男性方面主要表现为性功能低下、睾丸萎缩、睾酮水平下降、精子生成受损、促性腺激素分泌低下、男性女性化。在女性方面主要表现为孕妇饮酒所生后代易患"胎儿酒精综合征"，酒精可通过胎盘屏障直接毒害胎儿，影响胎儿正常发育，造成流产、死产、早产或胎儿畸形。

6. 神经系统疾病

饮酒导致的神经系统疾病主要有震颤、外直肌麻痹、共济失调、记忆力丧失、时空定向力障碍、周围神经麻痹等。此外，饮酒还会导致继发性痛风、骨质疏松、营养吸收不良、电解质失常等。同时，饮酒也会导致精神心理上的一些问题。在精神心理上的一般损害有情绪不稳定、人格改变、与心理有关的器官功能性障碍（如性功能障碍）等，严重的还会导致精神障碍、酒精戒断综合征（震颤谵妄）、认知功能损坏（不可逆的损害即痴呆）、抑郁症、自杀、酒中毒性精神病（幻想症、嫉妒妄想等）。

五、醉酒的原因与醉酒状态区分

当一个人饮入一定量的含酒精饮料后，便会出现中枢神经兴奋或者抑制的状态，并且伴有一系列的临床表现。但是，不同的人饮酒后反应不同。人类遗传学家经过多年研究，认为人的酒量大小关键在于体内酶的不同。参加酒精代谢的酶称为乙醛脱氢酶，人们饮酒后，酒精在体内降解为乙醛后，由乙醛脱氢酶进行酸化，分解为二氧化碳和水。正常人应有两个乙醛脱氢酶同工酶，有些人只有一个同工酶，医学上称这些人为乙醛脱氢酶缺陷性。比起有两个同工酶的人，这些只有一个同工酶的人酒精的代谢速率大大降低，对酒精很敏感，少量饮酒也可出现酒精中毒症状。据研究，人群中有36%的人属于乙醛脱氢酶缺陷型，不适宜饮酒。此外,由于女性体重一般比男性轻,体内脂肪又高于男性,酒精在脂肪中无法分解,因此,等量的酒精在女性血液中浓度高于男性,更容易发生酒精中毒。

什么是醉酒? 说法不一,日常生活中往往以"吐不吐酒"作为评价"醉不醉酒"的标准,这是错误的。醉酒没有统一的评价标准。在医学上,醉酒称为酒精中毒、乙醇中毒,是指人体血液中的酒精浓度达到一定程度表现出来的相应生理反应。醉酒并不是一种突然发生的情况,而是随着酒精摄入量的增多而不断发展的过程。无论是酒量小还是酒量大,醉酒一般都会经历一个由清醒到醉酒的过程。每个阶段有不同的表现与特点,显示出不同的醉酒程度,这个变化的过程大致呈现出以下几种状态。

1. 微醉状态

这是醉酒的第一个阶段,一般这时饮酒者体内血液中的酒精浓度为(50～100)毫克/100毫升。此时饮酒者已经有些微醉了。这一阶段,饮酒者面部发热、满面红光,语言、神态和行为都很放松;喜欢讲话,话语较平常多,而且喜欢与人开玩笑,喜欢赞美他人,内心感到放松而愉快;走路正常,不会出现步伐紊乱的情况。

2. 兴奋状态

经过微醉状态之后继续喝酒,就会进入兴奋状态。此时饮酒者体内的酒精浓度一般在(100～200)毫克/100毫升。这个阶段,饮酒者呈现出一定的醉意,语言、神态和行为都比平时放得开。话语更多而且给人以唠叨的感觉,一旦高兴起来,就放声大唱,旁若无人一般。"我没醉"这三个字是这一阶段饮酒者常说的话,也是最明显的标志。这个阶段饮酒者仍有一定的自主意识,走起路来略微有点蹒跚,但不会有过激行为。

3. 张狂状态

张狂状态的饮酒者已经从兴奋转为张狂,感觉酒意越来越浓,却突然发现没酒了或者别人劝停或者没人共饮,于是大喊"拿酒来""我要喝酒""谁敢跟我喝酒"等豪言壮语。此时,他们的血液中酒精浓度一般为(200～300)毫克/100毫升。这个时候人已经完全醉了,说话语无伦次,仿佛舌头很不灵便,行动混乱、胆大包天。顾不得他人,高兴时,觉得自己无所不能,或拍案、或高歌、或挥手、或握住对方之手,畅谈胸怀;愤怒时,则摩拳擦掌,甚至拳脚相加,做出有失理性的事情来。这一阶段的喝酒人所表现的行为具有原始意味,体现"真我风采",除个别巨大隐私不会透露外,所言基本属实。这个时候的饮酒者,若没有人监护,很容易闯祸。

4. 大醉状态

这个阶段,饮酒者已经糊涂了,进入发酒疯的阶段。饮酒者血液中的酒精含量常常达到(300～400)毫克/100毫升,已经无法顾及他人,基本丧失理智,经常说胡话,甚至当众做出不知羞耻的事情而不自知。如在路边小便,在人群中高声歌唱,大骂自己不喜欢的人和事,放声大哭等。

5. 烂醉状态

烂醉时期,饮酒者已经烂醉如泥,完全丧失意识,甚至可以倒在马路上昏睡不起,严重的会大小便失禁。此时饮酒者血液中的酒精浓度高达500毫克/100毫升,处于非常危险的生理状况,假如酒精浓度再高一点,就会出现急性酒精中毒,有生命危险。

　　在醉酒的几个阶段中,只有微醺期比较安全,这个时候应该立即停止饮酒,开始解酒,避免进一步醉酒,否则就会给自己和他人带来不好的影响。饮酒最主要的原则就是适量、适时和适体,也就是要根据自己的身体情况,把握适度的量和节奏间隔。把握得好,就有利于身体健康,也有利于人际关系的发展;把握不好,则既无益于身体健康,而且会给人际关系带来负面影响。

第三节　如何做到健康饮酒

　　健康饮酒不仅事关个人身体,而且涉及社会稳定。在中国这种特殊的文化背景下,面对酒这种特殊消费品,要做到饮之有度,是比较困难的事,但是,我们必须要明白饮酒对身体的危害,对饮酒进行合理的控制,才能确保酒成为有助于我们生活的消费品。

一、饮酒要考虑的因素

　　饮酒要考虑多种因素,当不利于饮酒的因素存在时,应当考虑完全不饮酒或者少饮酒,以保证将身体受到的酒精损害减少到最低。饮酒需要考虑的因素主要有以下方面。

　　1. 职业因素

　　总体上讲,凡是与人打交道的工作和一些操作风险大、难度大的工作都不适宜饮酒。如管理者,在从事管理活动之前和过程中,如果饮酒导致神经亢奋或者麻痹,就会出现判断失误或者决策误差,影响管理活动。国家有关法律规定,一些特殊的职业不适宜饮酒,如飞行员、高空作业者、司机都不宜饮酒。司机在驾驶前和驾驶中,均不应饮酒。法律规定,驾驶时,司机的每100毫升血液中不得超过20毫克酒精。设备操作者,高空作业者,从事需要注意力、技能或者协调性的工作者,在工作前和工作时,均不应饮酒。酒精可以对中枢神经起抑制作用,从而降低注意力和对速度、距离和意外情况的判断力,处理事件的反应时间会延长,视觉和意识可能会模糊,有可能会失去肌肉的控制力和协调性。这意味着很可能发生交通事故或工伤事故,甚至造成死亡和重大灾害。有研究表明,饮酒后,见红灯踩刹车的反应速度会慢0.2秒,即60千米/时的汽车将前行3.3米,这就大大增加了车祸的概率。

　　2. 年龄因素

　　未成年人不宜饮酒,如需少量饮用含酒精饮料,应该有成年人监督,并予以指导。我国《酒类流通管理办法》第十九条明确规定,酒类经营者不得向未成年人销售酒类商品,并应当在经营场所显著位置予以明示。2006年10月,国家质检总局发布实施的《预包装饮料酒标签通则》要求,包括啤酒、葡萄酒、果酒、白酒在内,将推荐相关企业在酒瓶标签上采用"过度饮酒有害健康""孕妇和儿童不宜饮酒"等相关劝说语句。酒精对未成年人的影响与他们的身材和发育阶段有关。未成年人一般比成年人身材更小,对酒精度的耐受性也小,同时也缺乏饮酒的经验,没有饮酒行为的衡量尺度。有数据表明,喝酒年龄越小,在随后的时间内,受到的酒精危害越大。所以,应帮助未成年人了解饮酒及酒精的危害,帮助他们对饮酒形成正确认识,以减低酒精对他们以及他人的危害。健康成年人如需饮酒应不超过自己能够承受的限度。老年人饮酒应适当减量或者不饮酒,以适量饮用低度酒为宜。对于许多老年人而言,饮酒给他们带来心理上、社交上的益处比较大,但其身体对酒精的耐受性却随年龄段增加而降低。老年人常患有许多疾病,往往会因为饮酒而加重病情。过量饮酒是引起老年抑郁症的因素之一,还会加速老年痴呆的病情。此外,许多老年人服用的药物都可能与酒精产生相互作用而带来危害。同时,饮酒后老年人摔倒的危险性也大大增加。

3. 性别因素

女性应该比男性少饮酒,因为女性比男性更容易受到酒精的影响。而且女性属于乙醛脱氢酶缺陷型的比男性多,多数不善饮酒。由于性别因素,女性醉酒后不能很好地保护自己,会产生更多不安全因素。

4. 时间因素

根据人体的生物节律特点,体内的各种酶一般在下午活性较高,因此,在晚餐时适量饮酒对身体的伤害比较小。

5. 特殊人群

一些特殊的人群不宜喝酒,如妊娠期妇女和一些特殊病例的患者。处于妊娠期和哺乳期的妇女也不应该饮酒,调查发现孕期饮酒对胎儿和新生儿有影响。妊娠期饮酒常常导致流产、低体重儿、新生儿认知缺陷和先天痴呆、先天畸形等。在怀孕的早期,饮酒的危险程度最高,包括从受孕到第一次停经,其间如果饮酒,都会产生危害。而且不论男女,饮酒后受孕,酒精会随着孕妇的血流进入胎儿体内,对其直接产生不良影响。最安全的措施是孕妇和打算怀孕的妇女,均应当禁酒。哺乳期的妇女更不应该饮酒,因为血液中的酒精会通过乳汁分泌而对新生儿造成不良影响。一些特殊病例患者如肝炎、高血压、心脏病患者,胃溃疡、胃炎、肠炎、肾炎患者等都不宜饮酒,有痔疮的人也不宜饮酒,近视眼、青光眼病人也不要过量饮酒。

此外,如果有酒精过敏或者正处于用药状况的,应当禁酒。酒精是药品不良反应的催化剂,很多药物,如中枢神经抑制药(巴比妥类)、精神安定剂、抗过敏药、降糖药、降压药、利福平、苯妥英钠、氨基比林、头孢菌素类、阿司匹林、磺胺类、灰黄霉素、地高平、硝酸甘油等药物,都会与酒精发生相互作用,使不良反应得到强化。

二、饮酒的禁忌

饮酒有诸多禁忌,应了解这些禁忌,防止因为饮酒而带来对身体的不良影响。

1. 空腹饮酒

由于肠胃里没有食物消化,酒精入肚以后会直接进入胃肠消化和吸收。根据检查,在这种情况下,仅仅需要一个半小时就可以把90%以上的酒精吸收,因此,空腹时饮酒易醉,而且对人体的伤害很大。

2. 饱餐饮酒

饱餐以后,消化系统急需大量的血液和氧气消化、吸收食物,这样就增加了心脏的负担,如果这时饮酒,在酒精对心血管的刺激下,心脏的负担会更加沉重,容易导致心脏病的发生。

3.精神状况不好的时候饮酒

心情舒畅、愉悦,有值得庆贺的事情,可饮用少量或者适量的酒,而心情烦躁、郁闷、孤独和不开心时,最好不要饮酒。因为人的身体条件、精神状况良好时,对酒精的分解能力相对较强,而心情不好的时候,少量的酒精都会让人觉得难受。这个时候酒精不易被分解和代谢,而且会对人体造成更大的伤害。所以饮酒解闷、饮酒浇愁是不可取的。

4.饮冰镇酒

饮冰镇酒对人的消化系统有很大的伤害,严重的会导致胃黏膜缺血,急性胃炎等情况,还容易患上慢性胃炎。所以饮冰镇酒更要注意适量,注意环境气温等因素。

5.与汽水混饮

饮酒的时候同时饮汽水,会增加酒精饮料对胃的刺激,导致消化系统功能失调,而且在汽水中的二氧化碳作用下,人体会增加对酒精的吸收,从而更加容易醉酒。

6.夜间饮酒

夜间是人体的各个系统、脏腑处于休息的时候,此时如果大量饮酒,会造成各个系统、脏腑无法休息与运行,从而导致其功能失调。

7.饮酒时食用刺激性食物

饮酒时,如果同时食用辣椒、生姜、大蒜、花椒、芥末等辛辣而性烈的食物,无疑是雪上加霜。酒精加上辛辣食物的刺激,就会使消化系统受到很大伤害。

此外,饮酒的同时吸烟也是不好的习惯。香烟中的尼古丁能够降低人体血液中的酒精浓度,饮酒吸烟会在无形中增加人的酒量。而且在饮酒的同时,吸烟会增加对心血管和肝脏的损害,更会增加饮酒者患口腔癌、食道癌的概率。

三、推延醉酒时间的方法

过量饮酒不仅对身体有害,也会损坏个人形象。因此,如何避免醉酒,推延醉酒的时间也很重要。常见的推延醉酒时间的方法有以下几种。

1.先吃饭再喝酒

饮酒之前先吃些食物,对于推延醉酒的时间有帮助。边吃边喝也可以推迟醉酒时间。这是因为饮酒之前"有货垫底"或者饮酒的过程中同时吃一些饭菜,就会延长酒精在肠胃内的消化、吸收时间,给机体一个充足的时间用以代谢,这样就可以延迟醉酒的时间。

2.多吃酸甜食物

在酒桌上多吃酸甜食物有利于推迟醉酒的时间。酸甜食物中含有的糖分及酸味食物中所含有的酸性物质,不仅是解酒的帮手,也能延缓醉酒时间。首先,糖分能够保持人体血糖的充足,如果缺糖则容易产生低血糖现象,这样会使人饮酒后更容易出现头晕等症状。同时,酸味食物所含有的醋酸、乳酸、琥珀酸等成分既可以促进酒精的分解,又可以与酒精产生酯化反应,从而降低酒精对人体中枢神经的作用,延缓醉酒的时间。所以,糖醋鱼、糖醋瓜条等都是不错的伴酒食品。

3. 适量增加高蛋白食物

鸡蛋、鸡肉、鱼肉、猪肝、豆制品等高蛋白食物不仅对人体有益,而且可以减缓肠胃消化和吸收的过程,能在一定程度上起到抑制酒精吸收的作用,因此在酒桌上吃一些这类食物也有利于推迟醉酒的时间。

4. 多吃蔬菜和水果

蔬菜和水果富含水分,而且含有较多的 B 族维生素成分和维生素 C 等营养素,这些成分的摄入不仅能够补充酒精对人体造成的营养消耗,还能够起到促进酒精分解、代谢、排泄,从而推迟醉酒的时间。

5. 将高度酒稀释后饮

对于白酒、威士忌等烈性酒,可以向酒水中兑入适量的白水、果汁或冰块,这样既能降低高度酒对人体口腔、食管和胃黏膜的刺激,又能减少人体对酒精的吸收,从而推延醉酒时间。

6. 饮酒时伴饮茶

茶叶中含有咖啡因、茶碱等成分,这些成分能够促进人体尿液的排泄,从而加速酒精的排泄,这样就能缓解醉酒的发生,但是要注意的是茶水浓度不能太高。

四、古今人们饮酒能力的差异推测

古诗有"会须一饮三百杯""速宜相就饮一斗""李白斗酒诗百篇""三杯通大道,一斗合自然""斗酒勿为薄""一石差可温枯肠"等诗句,古人对饮酒动辄以升斗甚至以百计之,难道古人的酒量都比今人大吗?

明谢肇淛在《五杂俎》中对古酒的容量单位进行了考证,"古人量酒多以升、斗、石为言,不知所受几何。或五米数,或云衡数,但善饮有至一石者,其非一石未及百斤明矣"。《朱翌杂记》云:"淮以南酒皆计升,一升曰爵,二升曰觚,三升曰觯。"此言较近。盖一爵为升,千爵为斗,百爵为石。以今人饮量较之,不甚相远矣。

有学者认为,古人饮酒,动辄以升斗计量,主要是当时的酒度数低。唐代以前,没有蒸馏的谷物酒,只有压榨酒或漉酒,酒精度相当于今天的啤酒与黄酒的度数。同时当时各朝各代的度量衡制度与今天的都不一样。以《简明中医辞典》推算,西汉时的一升仅合今天的 242.3 毫升;东汉时更少,只有 198.1 毫升;唐代一升相当于今天的 594.4 毫升;宋代一升相当于今天的 664.1 毫升。如果按李白所说"一斗合自然",饮酒一斗,则相当于今天的 5 944 毫升,不足当今的 10 瓶啤酒。现代人一次能饮 10 瓶啤酒,甚至一打者,大有人在,至于一升酒约为现今的一瓶或半瓶,则更不足为奇了。

古人通常以酒器计算,如一爵为一升,一觚为二升等;后人也用斤两计算,现在仍有酒坊沽酒时用酒提子计酒,有半斤提、四两提两种,也有以瓶装计算,如一斤瓶装、半斤瓶装等。

第四节 如何解酒

控制自己,尽量不醉酒是最好的方法。解酒是不得已的事,醉酒之后要解酒,才能使人感觉舒服,也有利于身体健康。解酒要讲究方法,才能收到良好的效果。

一、解酒的要点

解酒关键是要延缓人体对酒精的吸收,促进酒精在人体内的分解和代谢,从而加快酒精的排泄,达到解酒的效果。因此,解酒要注意以下要点:

1.利尿

为了促进人体排泄酒精,从而起到解酒的作用,就需要使用一些利尿的食品或者饮料,比如使用南瓜、冬瓜、西瓜和苦瓜等食物,大量饮水、饮淡茶等。

2.发汗

发汗是排泄体内酒精的方法之一,通过发汗,降低人体内酒精的浓度,可以加快解酒。这对于容易出汗的人尤其有效,可以通过饮热茶等方法使人体发汗。这也是流汗的人有更大酒量的原因。

3.中和、分解酒精

酒精的中和与分解可以降低人体吸收酒精的量。人体的肝脏承担着酒精的分解和代谢功能,通过食用米醋,可以降低体内的酒精和乙醛浓度。因此,食用米醋是中和酒精作用较好的饮品。

4.减缓酒精的吸收

解酒要减缓人体对酒精的吸收,同时增强对酒精的代谢,因此,在饮酒前多食用一些肉类食物,能够较好地减缓酒精的吸收。

二、常用的解酒方法

解酒的方法多种多样,常见的方法有:

1.食醋解酒法

食醋能解酒,主要是由于酒中的乙醇与食醋中的肌酸在人体的胃肠内相遇而起醋化反应,降低乙醇浓度,从而减轻了酒精的毒性。食醋解酒法分为很多种,主要有:用食醋烧1碗酸汤服下;食醋1小杯(20~25毫升),徐徐服下;食醋与白糖浸蘸过的萝卜丝(1大碗),吃服;食醋与白糖浸渍过的大白菜心(1大碗),吃服;食醋浸渍过的松花蛋2个,吃服;食醋50克,红糖25克,生姜3片,煎水服。

2.豆腐解酒法

饮酒时宜多以豆制品类菜肴作为下酒菜。这是因为豆腐中的半胱氨酸是天然氨基酸之一,能解乙醛毒,食后能使之迅速排出。

3. 酸枣葛花根解酒

酸枣、葛花根各 10 ~ 15 克,一同煎服,具有很好的醒酒、清凉、利尿作用。

4. 绿豆、红小豆、黑豆解酒

三种豆各 50 克,加甘草 15 克,煮烂,豆、汤一起服下,能提神解酒,减轻酒精中毒。

5. 生蛋清、鲜牛奶、霜柿饼解酒

将三者煎汤服,可消渴、清热、解醉。

6. 葛花解酒

葛花 10 克,水煎服,解酒效果甚佳。

7. 糖茶水解酒

糖茶水可冲淡血液中酒精的浓度,并加速排泄。

8. 芹菜解酒

芹菜挤汁服下,可去醉后头痛、脑涨和颜面潮红。

9. 甘蔗解酒

甘蔗 1 根,去皮,榨汁服。

10. 食盐解酒

饮酒过量,胸膜难受,可在白开水里加少许食盐喝下去,立刻就能醒酒。

11. 柑橘皮解酒

将柑橘皮焙干、研末,加食盐 1.5 克,煮汤服。或者将鲜橙(鲜橘也可)3 ~ 5 个,榨汁饮服或食服。

12. 白萝卜解酒

白萝卜 1 千克,捣成泥取汁服用;也可在白萝卜汁中加红糖适量饮服;也可食生萝卜。

13. 橄榄(青果)解酒

橄榄 10 枚,取肉煎服。

14. 鲜藕解酒

鲜藕洗净,捣成藕泥,取汁饮服。

15. 生梨解酒

吃梨或挤梨汁饮服。

对酒醉神志不清者,如果用上述方法仍不能使其解酒缓解,可用干净鸡毛一支轻轻摩擦其喉咙或用手捏其喉咙,使其呕吐残留在胃中的酒液,可使醉状缓解。若仍无效果,则应就医诊治。

三、常用的解酒食物

以下食物都可以在一定程度上起到解酒的作用。

1. 水果类

苹果、梨子、橘子、柚子、菠萝、草莓、柿子、香蕉、葡萄、西瓜、橄榄、柠檬等水果,由于含有较多的水分和葡萄糖,能够起到稀释酒精、降低酒精浓度、分解酒精及促进排泄的作用。

2.蔬菜类

蔬菜含有丰富的营养成分,对人体极为有益,蔬菜富含水分,可以利尿,促进酒精排泄,而且大多数蔬菜含有维生素 C 和维生素 B 等成分,能够有效地分解肝脏内的酒精,加速酒精在人体内的分解和代谢,解酒作用也很明显。常见的解酒蔬菜有冬瓜、苦瓜、大白菜、芹菜、白萝卜、番茄、花椰菜、莲藕、甘薯、茭白等。

3.粮豆类

绿豆、黄豆、扁豆、黑豆、薏米等粮食作物也富含营养成分,具有利尿、解毒等功效,有利于解酒毒和酒后不适等症状。

4.中药类

人参、苦参、乌梅、五味子、桑葚、白豆蔻、肉豆蔻、草果、葛花、菊花、白茅根等中药具有解酒的功效。

5.饮料类

可以用作解酒的饮料有茶、醋、酸梅汤、蜂蜜、牛奶等。

四、拒酒的方法

随着生活水平的提高,人们相互交往和聚会的机会越来越多,聚在一起,难免会共餐,无酒不成席,所以饮酒的机会也大大增加。但是,并不是所有的人都适合饮酒,哪怕很少的酒,对有些人的身体健康也会产生很坏的影响。也不是所有的时候,人都适合饮酒。所以,拒酒就成为一个永恒的话题。

1.树立健康的饮酒观

饮酒助兴,这是人们交往应酬饮酒的主要原因。一大桌人坐在一起吃饭,话题总是有尽头,有了酒,酒酣之际,说一些无关痛痒的废话,往往会被人理解和接受。在频频举杯的过程中,相互间表达谢意和情感也让人们觉得愉悦。但是,过度饮酒伤身。因此,每个人都要树立健康饮酒的观念,养成适度饮酒的习惯。自己不要过度饮酒,也不要强迫别人饮酒,强迫别人饮酒实际上表现出对别人的不尊重,这对双方的感情是伤害。如果大家都有这样的观念,酒席就会既有气氛,又有节制,既不伤身,又很快乐。

2.创造拒酒的环境

坐在酒宴上,不同的人酒量有高下之分,酒量大的人要照顾酒量小的人。主动展示自己的绅士风度,不勉强别人喝酒,为酒量少的人提供拒酒的机会。最重要的是酒席的东道主,虽然希望客人开怀畅饮,也要保护客人的身体,在饮酒之前提醒大家各尽所能、各取所需,不要过量饮酒,使不饮酒、酒量少的人有理由推辞,从而创造拒酒的环境,这对酒席的适度饮酒很重要。

3.千万不要轻易"开口"

对于一些身体不适合饮酒的人而言,拒酒的最好办法就是不要"开口"。不"开口"有两种情况:一是如果身体本身就不适合喝酒,那么在任何时候都不要喝酒,以免落人口实,让人觉得你喝酒择对象;二是在因某些特殊原因不能喝酒的情况下,酒席一开始的时候就不要喝酒,千万不要待别人喝得差不多的时候,自己推翻自己的理由或者违背先前的表态又喝酒,让人觉得你没有诚意。

4. 给一个合理可信的理由

不愿意喝酒的时候，要给大家一个合理、可信的理由，不要让主人和其他客人觉得你不愿意参与或者跟大家有距离。一般可以以自己饭后要开车、要上班、要去见长辈或者重要人物、要去处理重要的事务为托词。也可以以身体不适或者正在吃药作为托词。不管以什么作为托词，首先，要因人而异，不同的人对不同的托词认可度不一样，要根据面对的群体确定托词的种类。其次，托词要有说服力，让对方觉得可信而且一定不能喝酒。最后，找托词千万不能穿帮。找理由好像是在说假话，但是这样的假话有利于彼此的身体健康，是可取的。有些人在酒桌上，喝酒有量却不愿意看到别人比自己喝得少。面对这种情况，不能喝酒的人要给对方一个合理可信的理由，使对方理解自己。

5. 不要只顾自己吃饭

饮酒往往与交往应酬的礼仪紧密相连。在获得大家认可不喝酒之后，一定不要只顾自己吃饭而忘掉了桌席的礼仪。可以以茶代酒，像其他喝酒的人一样与人互敬，但是自己不喝酒不能要求别人喝酒，也不能要求对方喝多少酒，不管自己是否喝酒，都要给对方自由选择是否喝酒、喝多少酒的权利。

6. 择人而饮

有一些人有事无事找人喝酒，喝酒的时候总是希望把别人喝醉，面对这种情况，要找理由拒绝参与、少参与。或者在每次饮酒前对对方过度劝酒的做法表示不满，表示自己跟他喝酒感觉压力大，说明喝酒后自己的痛苦状况，使其能够形成印象，以便在以后相聚的时候不会勉强你喝酒。

五、戒酒的方法

由于有人类的参与和体验，酒变成了一个矛盾体。人们爱酒，爱酒的芳香、饮酒的快感，饮酒让人舒爽而自在，饮酒还可以结交朋友、融洽关系；人们也恨酒，由爱酒到嗜酒，身体吃不消，想戒又戒不掉。所以对一些嗜酒的人来讲，戒酒是一件很困难的事情。戒酒要讲究方法，讲究恒心和毅力，只要做到有毅力，有正确的方法，戒酒也不是难事。

1. 树立正确的饮酒理念

适度饮酒有利于健康，便于社交，过度饮酒伤害身体，无益他人。过度饮酒主要体现在一些社交场合。要戒酒，首先要树立正确的饮酒理念。酒是人类文明成果之一，社交饮酒也是人类文化活动的体现，饮酒只是增添人生乐趣、建立友谊的手段，醉酒不是饮酒的目的。因此，应该文明饮酒，形成良好的酒德。具体表现就是适量饮酒、自我控制，不强行劝酒，不纠缠喝酒，不以酒量逞英雄，不以喝酒的多少判断一个人是否可信、可靠，是否有诚意。

2. 戒酒从减量开始

戒酒是循序渐进的过程，也是长期的行为养成过程。对于有饮酒习惯的人，在短期内戒掉饮酒习惯是困难的，科学的方法是从减量开始戒酒。嗜酒者多豪饮，通过减量可以逐渐转变饮酒的习惯。先是减少每次饮酒的量，然后减少饮酒的次数，这样既可以帮助戒酒者坚持下去，避免突然停饮给他人带来的错愕不适和给自己带来的不适反应，又可以做到循序渐进,比较轻松地戒掉酒瘾。

3. 从换酒开始戒酒

烈性酒能够使人产生更强的依赖,嗜酒者多饮高度的烈性酒,因此戒酒可以从酒精度开始,从喝高度酒逐渐转喝低度酒,这样既可以降低饮酒对人体的伤害,又可以在不知不觉中使酒精依赖程度降低。

4. 从细节开始戒酒

戒酒讲究循序渐进,也讲究细节。打算戒酒的人,在严格控制和减少酒量、饮酒次数、降低酒精度的同时,要注意家庭中的一些小细节,比如少陈设酒,减少让嗜酒者产生饮酒联想的机会,转移嗜酒者的注意力。

5. 以茶代酒

亲朋好友聚会,免不了喝酒。近年来,出于对健康的重视,越来越多的人也愿意放下酒杯,端起茶杯。以茶代酒,是不想喝酒又盛情难却时用茶来代替酒,这是不胜酒力者所行的礼节。中国素有"以茶代酒"的习俗,古人也有不少这方面的诗文,每逢宴饮,不善饮酒或不胜酒力者,往往会端起茶,道一句"以茶代酒",以尽礼数,既推辞摆脱了饮酒,又不失礼节,而且极富雅意。但是,需要注意的是,"以茶代酒"的原则是尊重对方、各取所需,不能强求别人喝酒而自己喝茶。

◎**思考题**

1. 适量饮用白酒,除了促进人们的社交外,还有些什么功用呢?

2. 过量饮酒会有哪些危害?

3. 如何做到健康饮酒,才能确保酒成为有助于我们生活的消费品?

4. 如何识别真假散装白酒?

第十一章　酒的礼俗文化

礼俗作为一种重要的文化形式,一直在中国社会生活中占有非常重要的地位,饮酒自古便与礼相连,并在历史发展过程中形成了独特的习俗。

在中国古代,巫师利用所谓的"超自然力量"进行各种活动,都要用酒。古代统治者认为:"国之大事,在祀与戎。"祭祀活动中,酒作为美好的东西,首先要奉献给上天、神明和祖先享用。战争决定一个部落或国家的生死存亡,出征的勇士,在出发之前,要用酒来激励斗志。《周礼》中对祭祀用酒有明确的规定。如祭祀时,用"五齐""三酒"共8种酒。主持祭祀活动的人具有很大的权力。但是在整个人类的历史长河中,不同种族、不同信仰、不同职业的人,对饮酒的态度和礼俗要求是不一样的。

第一节　中国节日饮酒的习俗

中国人一年中的重大节日,几乎都有相应的饮酒活动。不同的地域和民族,饮酒的节日有所差异。在一些地方,如江西民间,春季插完禾苗后,要欢聚饮酒,庆贺丰收时更要饮酒,酒席散尽之时,往往是"家家扶得醉人归"。在诸多与饮酒有关的节日中,代代相传,得到普遍认可的节日有6个。

一、春节饮酒的习俗

春节俗称过年。汉武帝时规定正月初一为元旦,辛亥革命后,正月初一改称为春节。春节期间要饮用屠苏酒、椒花酒(椒柏酒),寓意吉祥、康宁、长寿。"屠苏"原是草庵之名。相传古时有一人住在屠苏庵中,每年除夕夜里,他给邻里一包药,让人们将药放在水中浸泡,到元旦时,再用这水兑酒,合家欢饮,使全家人一年中都不会染上瘟疫。后人便将这草庵之名作为酒名。饮屠苏酒始于东汉,明代李时珍的《本草纲目》中有这样的记载:"屠苏酒,陈延之《小品方》云,'此华佗方也'。""椒花酒"是用椒花浸泡制成的酒,饮用方法与屠苏酒一样。梁宗懔在《荆楚岁时记》中有这样的记载:"俗有岁首用椒酒,椒花芬香,故采花以贡樽。正月饮酒,先小者,以小者得岁,先酒贺之。老者失岁,故后与酒。"宋代王安石在《元日》一诗中写道:"爆竹声中一岁除,春风送暖入屠苏。千门万户曈曈日,总把新桃换旧符。"北周庾信在诗中写道:"正旦辟恶酒,新年长命杯。柏叶随铭至,椒花逐颂来。"

二、清明节饮酒的习俗

清明节的时间在阳历 4 月 5 日前后。人们一般将寒食节与清明节合为一个节日,始于春秋时期的晋国,在这个节日,有扫墓、踏青的习俗,饮酒不受限制。清明节饮酒有两方面的原因:一是寒食节期间,不能生火吃热食,只能吃凉食,饮酒可以增加热量;二是借酒来平缓或暂时麻醉人们哀悼亲人的心情。白居易在诗中写道:"何处难忘酒,朱门羡少年。春分花发后,寒食月明前。"唐代段成式著的《酉阳杂俎》记载,唐宪宗李纯于清明节在宫中设宴饮酒之后,又赐给宰相李绛酴酒。

三、端午节饮酒的习俗

端午节大约形成于春秋战国时期,又称端阳节、重午节、端五节、重五节、女儿节、地腊节、天中节。每年农历五月五日,人们为了辟邪、除恶、解毒,有饮菖蒲酒、雄黄酒的习俗。唐代光启年间(885—888 年)即有饮"菖蒲酒"的文献记载。唐代殷尧藩在诗中写道:"少年佳节倍多情,老去谁知感慨生。不效艾符趋习俗,但祈蒲酒话升平。"历代文献对菖蒲酒都有所记载,菖蒲酒是我国传统的时令饮料,而且历代帝王也将它列为御膳时令香醪。明代刘若愚在《明宫史》中记载:"初五日午时,饮朱砂、雄黄、菖蒲酒、吃粽子。"清代顾铁卿在《清嘉录》中也有记载:"研雄黄末、屑蒲根,和酒以饮,谓之雄黄酒。"《女红余志》、清代南沙三余氏撰的《南明野史》对饮蟾蜍酒、夜合欢花酒都有所记载。过去人们还习惯将饮用之后剩下的雄黄涂粉末抹在脸上,据说可以驱虫、辟邪、杀菌。由于雄黄有毒,现在人们不再用雄黄兑制酒饮用了。

四、中秋节饮酒的习俗

每年农历八月十五日为中秋节,又称仲秋节、团圆节。在这个家人团聚的节日里。无论家人团聚,还是朋友相会,都离不开赏月饮酒。文献诗词中对中秋节饮酒的反映比较多,《说林》记载:"八月黍成,可为酎酒。"五代时期王仁裕著的《开元天宝遗事》记载,唐玄宗在宫中举行中秋夜文酒宴,并熄灭灯烛,月下进行"月饮"。韩愈在诗中写道:"一年明月今宵多,人生由命非由他,有酒不饮奈明何?"

中秋节正逢桂花盛开季节,一般要饮桂花酒。我国用桂花酿制露酒有悠久的历史,战国时期,已酿有"桂酒"。《楚辞》有"奠桂酒兮椒浆"的记载。汉代郭宪的《汉别国洞冥记》也有"桂醪"及"黄桂之酒"的记载。唐代酿桂酒较为流行,有些文人也善酿此酒。宋代叶梦得在《避暑录话》有"刘禹锡传信方有桂浆法,善造者暑月极美、凡酒用药,未有不夺其味、沉桂之烈,楚人所谓桂酒椒浆者,要知其为美酒"的记载。金代酿制"百花露名酒",其中就包括桂花酒。清代酿有"桂花东酒",为京师传统节令酒,也是宫廷御酒。文献中有"于八月桂花飘香时节,精选待放之花朵,酿成酒,入坛密封三年,始成佳酿,酒香甜醇厚,有开胃,怡神之功"的记载。

五、重阳节饮酒的习俗

重阳节在农历九月初九,又称重九节、茱萸节。历代人们逢重九就要登高、赏菊、饮酒。重阳节登高饮酒的习俗始于汉朝。宋代高承在《事物纪原》中记载:"菊酒,《西京杂记》曰:'戚夫人待儿贾佩兰,后出为段儒妻,说在宫内时,九月九日佩茱萸,食蓬饵,饮菊花酒,云令人长寿。'"《续齐谐记》曰:"汝南桓景随费长房游学累年,长房谓之曰:'九月九日,汝家当有灾厄,宜急去,令家人各作绛囊盛茱萸以系臂,登高饮菊花酒,此祸可消。'景如言,举家登山,夕还,见鸡犬牛羊一时暴死。长房闻之曰:'此可以代矣。'今世人每至九月九日登高饮酒,妇人带茱萸囊,因此也。"自此以后,饮酒登高延续不衰。

李时珍在《本草纲目》中说常饮菊花酒可"治头风,明耳目,去痿,消百病""令人好颜色不老""令头不白""轻身耐老延年"等。因而古人在食其根、茎、叶、花的同时,还用来酿制菊花酒。各朝各代酿制菊花酒的方法不尽相同。晋代是"采菊花茎叶,杂秫米酿酒,至次年九月始熟,用之"。明代是用"甘菊花煎汁,同曲、米酿酒。或加地黄、当归、枸杞诸药亦佳"。清代则是用白酒浸渍药材,而后采用蒸馏提取的方法酿制。因此,从清代开始,所酿制的菊花酒,就称为"菊花白酒"。

六、除夕饮酒的习俗

一年最后一天的晚上俗称大年三十,即除夕。在除夕,人们有别岁、守岁的习俗,即除夕夜通宵不寝,回顾过去,展望未来。除夕始于南北朝时期。梁代徐君茜在《共内人夜坐守岁诗》一诗中写道:"欢多情未及,赏至莫停杯。酒中喜桃子,粽里觅杨梅。帘开风入帐,烛尽炭成灰。勿疑鬓钗重,为待晓光催。"除夕守岁都是要饮酒的,唐代白居易在《客中守岁》一诗中写道:"守岁尊无酒,思乡泪满巾。"孟浩然写有这样的诗句:"续明催画烛,守岁接长筵。"苏轼在《馈岁/别岁/守岁》中写道:"岁晚相与馈问为馈岁,酒食相邀呼为别岁,至除夕夜达旦不眠为守岁。"

除夕饮用的酒品有"屠苏酒""椒柏酒"。这原是正月初一的饮用酒品,后来改为在除夕饮用。苏辙在《除日》一诗中写道:"年年最后饮屠酥,不觉年来七十余。"明代袁凯在《客中除夕》中写道:"一杯柏叶酒,未敌泪千行。"唐代杜甫在《杜位宅守岁》一诗中写道:"守岁阿戎家,椒盘已颂花。"除夕午夜,全家聚餐又名为团圆酒,向长辈敬辞岁酒,这一习俗延续到今。

除了以上 6 个节日之外,得到较多认可的还有灯节和中和节。灯节始于唐代,又称元宵节、上元节,时间在农历正月十五,是三官大帝的生日,过去人们都向天宫祈福,必用五牲、果品、酒供祭。祭礼后撤供,家人团聚畅饮一番,以祝贺新春佳节结束。晚上观灯、看烟火、食元宵(汤圆)。中和节又称春社日,在农历二月初一祭祀土神,祈求丰收,有饮中和酒、宜春酒的习俗。清代陈梦雷撰的《古今图书集成·酒部》记载:"中和节,民间里闾酿酒,谓宜春酒。"据说喝中和酒可以医治耳疾,因而人们又称之为"治聋酒"。《广记》记载:"村舍作中和酒,祭勾芒种,以祈年谷。"

值得一提的是,现代社会,人们经常也会饮酒应酬,只是日常的饮酒应酬跟节日无关。

此外，人们越来越忙于工作应酬，除了有假期的传统节日之外，很多传统节日因为没有假期而被人们逐渐忽视和淡化。

第二节　交际饮酒的基本礼仪与习俗

饮酒礼仪强调酒德，一般人只是以为饮酒过量，便不能自制，容易生乱。其实，酒德不仅仅在于要求一个人饮酒要有节制这么简单。"酒德"一词最早见于《尚书》和《诗经》，其含义是说饮酒者要有德行，不能"颠覆厥德，荒湛于酒"。《尚书·酒诰》集中讲解了儒家的酒德，这就是"饮惟祀""无彝酒""执群饮""禁沉湎"等。这不仅是对一个人喝酒提出要求，也成为一种社会礼节。如果在一些重要的场合下不遵守，就有违章作乱的嫌疑。

一、酒席的格局

1. 酒宴的主题

不是所有宴席都是主题明确的，但是所有的宴席都有主题，设宴饮酒一定是有缘由的，只不过有些时候组织者不便讲明主题而已。如果参与者不清楚主题，往往容易在酒席中给别人带来不愉快或者讨人厌恶。因此，一定要搞清楚为何设宴，主题是什么。

酒宴的主题多种多样，最初级的是临时起意，即大家遇到一起了，反正要吃饭，于是就一起聚聚饮酒；有的是纯粹情感的聚会，大家久了不见，需要交流；有的是为了表达敬意，比如请老师或者老领导喝酒；有的是为了密切关系；有的是为了求人办事；有的是为了答谢别人的帮忙。东道主针对不同的主题，要采用不同的礼节，进行不同的安排。而且东道主在方便的情况下，最好明确说明宴会的主题，以免客人无法应对。客人、陪客要根据不同的主题选择自己在酒席中的角色及其行为方式；主人要根据宴会的主题和档次选择相匹配的宴请地点、环境和宴席的档次。根据宴请的主宾的饮食习惯选择宴席的风味和菜品。

2. 东道主的地位

每次宴会都有一个东道主，酒席要坚持以东道主为中心。一般情况下，东道主也是召集者，有些时候东道主不是召集者，客人一定要注意区分。为了更加清楚格局，客人可以事先问清楚，如果不清楚，赴宴时首先应观察参与者的行为，注意听他们交流的内容，环视参与者的神态表情，分清主次，不要单纯地为了喝酒而喝酒。同时，在酒席进行过程中，说话尽量选择稳妥的话，或者附和别人的观点，不要做引申。如果明确了主题，要注意不要跑题，自觉维护宴席秩序，更不要让某些哗众取宠的酒徒搅乱东道主的本意。

3. 祝酒的形式

要围绕主题进行祝酒活动。宴席开始之前，一般会由主人家（东道主）提头说话，表示酒席开始，东道主则阐明宴席的主题或者表达对客人的欢迎，希望大家吃好、开怀畅饮等。并非所有宴会均有祝酒程序。如果是规模较大的宴席，需要另请人祝酒，祝酒者应了解宴请性质,为何人、何事祝酒,以及对方饮酒习惯,使祝酒的语言不失高雅并有针对性。在毫无准备的情况下,被推举出来提议祝酒可能是非常令人紧张的,此时最好的解决办法就是说出你的感受,说一些简单的话摆脱困境。但是如果你想表现得更有风度,更有口才,就应该增加一些回忆、赞美以及相关的故事或笑话,祝酒词不应太长,应当与场合相吻合。缺乏幽默感会显得不合时宜,但是幽默也应注意场合的需要,比如在婚礼上的祝酒词应该侧重于情感方面,向退休员工表达敬意的祝酒词则应当侧重于怀旧。

4.酒席上的言行

在明确了宴会的主题之后,要根据宴会的性质、档次进行着装的选择,使自己的着装与宴会的气氛相协调。同时,要根据宴席的主题确定自己的言行。

一般情况下,不要在未开席的时候就自行动筷子吃东西。不要在东道主尚未入席前就提前离席或者东道主刚刚坐下来吃饭就离席。离开宴会现场的时候,要向东道主道别,表示感谢,以示尊重。同时,也要向其他参与者表示歉意。席间不要高谈阔论或滥酒,不能拖延宴席的时间,以免影响东道主的安排和客人的休息。

喝酒的速度尽可能地不要超过宴会的主人,尤其是女士要慢慢地喝,免得被人看成酒鬼,一饮而尽是很难看的姿态,慢喝也是防醉的办法;喝酒要注意姿势,体现优雅的风度,敬酒时,上身挺直,双腿站稳,不要让人觉得没有教养;喝酒的时候尽量不要抽烟,以免给别人带去不愉快;喝酒之后不要表现得过分亲热,尤其是对异性,不能借着酒兴搂搂抱抱,行为粗俗。

酒桌上可以显示出一个人的才华、常识、修养和交际风度,应该知道什么时候该说什么话,语言得当,围绕主题展开话题。同时根据宴席的主题和气氛,可以使用诙谐幽默的语言活跃气氛,给客人留下好的印象,客人和陪客劝酒要围绕东道主的主题和兴趣,以东道主的态度为准,不能喧宾夺主,更不能口出狂言或者少数人长时间地私下交流。值得注意的是,在有异性的时候,不要在酒席上摆谈不雅话题。正式宴会上,女士一般不宜首先提出为主人、上级、长辈、男士的健康干杯。

5.饮酒的度

饮酒有度,表现在饮酒的量要合适、饮酒的进度要合适。

首先,饮酒最忌讳过量。一方面,劝酒要适度。东道主高兴,希望大家多喝点,可以理解,但是不能根据别人喝多喝少来衡量别人是否高兴。客人劝酒也要适度,既不能把东道主灌醉了,也不能在客人之间相互灌酒,被酒精左右,举止失态。另一方面,要适量饮酒。每个人的酒量是不同的,即使同一个人在不同的时间和情况下,酒量也不同。不能用自己的酒量去衡量别人的酒量。赴宴之前,最好先吃点点心,免得空肚子饮酒,容易酒醉失态。要知道自己的酒量大小,最多喝到八分就停,不要自信心过强。自己还应该清楚自己喝什么酒容易醉、喝混合两种以上的酒会有什么反应等。

其次,饮酒要把握好节奏,不能刚刚坐上酒桌就猛喝猛灌。这既不利于自己的身体健康,也容易喝醉。同时,由于酒席的气氛需要慢慢形成,一开始就让人觉得有很大压力,酒席气氛就不好了。所以要循序渐进,有请有敬,有劝有拒,把握好和谐融洽的气氛。

6.拒酒的方法

在宴席上,如果不会喝酒或不打算喝酒,可以在赴宴之前说明不饮酒的原因,或者找一个得体的理由,不要让主人家为难,争取东道主的理解和支持。在酒宴上,主动要一些非酒类饮料作为替代,如茶、汽水、果汁、矿泉水或白开水等。也可以让斟酒者在自己杯子里斟上一点,但可以不喝。当斟酒者向自己杯子里斟酒时,用手轻轻敲击酒杯的边缘,表示"我不能喝酒,谢谢"。喝酒到一定程度,不愿意再喝,当侍者进行斟酒服务时,可轻声告诉他"我已经够了,谢谢""不用了,谢谢"。而不是动手把杯子挪开,或捂住杯口,这样会引人侧目。但是面对强行劝酒的情况,宾客也不必太拘泥礼节,以免喝醉。如果自己不是东道主或者主宾,在万般无奈的情况下,还可以悄悄离席,然后发手机短信给东道主说明自己身体欠佳,先离席一步。

二、酒席中的秩序

酒席就是一个小社会,而且是一个以礼节和客套为主的场合,因此特别讲究秩序,这就是礼节。

1.主宾座次

礼被认为是个人的文化学识与心性修养的反映。"不学礼,无以立"。礼的核心是人在社会交往中的行为规范。中国宴会礼仪的中心环节,是座次之礼。两汉以前,以面朝东座为上。后来,在坐北朝南的"堂"上,以南向为最尊。现代,座次的尊位通常是以餐室的方位与装饰设计风格而定,一般来说,面门居中者为上,或取朝阳,或以厅室设计装饰风格所体现出的重心与突出位置设首位。

大型宴会时,服务员摆台以口布折叠成花、鸟等造型,首位造型会非常醒目,使人一望而知。而隆重宴会则往往在各餐台座位前预先摆放座位卡(座席签),所发请柬上则标明与宴者的台号。这样可由司仪导入,或持柬按图索骥、对号入座,确保宴会秩序。

目前中餐通行的规范是:主人座在上方的正中,主人左侧的位置是主宾位;副主宾居其右,其他与宴者,按身份依次按先左后右、从上向下排列。

宾主双方的其他赴宴者有时候不必交叉安排,可以令主人一方的客人坐在主位的左侧,客人一方的人坐在主人的右侧,也就是主左宾右。家宴首席为辈分最高的长者,末席为最低者。在大型宴会上,当出现两张以上的餐桌时,桌次排列的基本要求是:居中为上,居前为上、以右为上、以远为上(离房间正门越远,地位越高)。一般首席居前居中,右边依次2,4,6席,左边为3,5,7席,根据主客身份、地位、亲疏分坐。宴席位次的设定属约定俗成,因时因地而有所不同,依我国目前的习惯,在桌席安排中,首先依据职务尊卑,其次讲究年龄长幼。

2.斟酒的次序

敬酒之前需要斟酒。按照规范,除主人和服务人员外,其他宾客一般不要自行给别人斟酒。如果主人亲自斟酒,应该用本次宴会上最好的酒斟,宾客要端起酒杯致谢,必要的时候应该起身站立。

大型商务用餐,都应该是服务人员来斟酒。一般应先给长辈、远道客人或职务、职衔较高者斟酒。从位高者开始,然后顺时针逐位斟酒。斟酒顺序应从男主人左侧的女宾或男主宾开始,接着是男主人,由此按顺时针方向左右交替进行。如宴会规格较高,须由两人担任服务,其中一人从主人开始,顺时针斟酒,至女主人或第二主人右侧的宾客为止;另一服务人员从主人右侧的第二主宾开始,逆时针斟酒,至前一侍者开始的邻座为止。

宴席上斟酒时,接受斟酒者可以起身或俯身,以手扶杯或作欲扶杯状表示感谢或恭敬。接受斟酒时,酒杯置于桌上原处即可,只需对斟酒者微笑致意,便符合礼仪了。如果不需要酒了,则可以把手挡在酒杯上,说声"不用了,谢谢"就可以了。这时候,斟酒者就没有必要非得一再要求斟酒。对于拒绝斟酒的人,斟酒者(尤其是主人)应该持理解和宽容的态度,不应该强人所难。

中餐里,别人斟酒的时候,也可以回敬以"叩指礼"。特别是自己的身份比主人高的时候。即以右手拇指、食指、中指捏在一起,指尖向下,轻叩几下桌面表示对斟酒的感谢。

3. 敬酒的礼仪

在正式宴席上,一般先由主人向列席的来宾或客人敬酒,会饮酒的人则回敬一杯。如果宴席规模较大,主人可依次到各桌敬酒,各桌可由一位代表到主人所在的餐桌上回敬。向客人敬酒时,应按礼宾顺序由主人首先向主宾敬酒。敬酒应按职位高低、宾主身份、年龄大小为序,回敬前一定要充分考虑好敬酒的顺序,分清主次,避免出现尴尬的情况。如果分不清主次或职位,身份高低不明确,就按顺时针的顺序敬酒,比如先从自己身边按顺时针方向开始敬酒,或是按照从左到右、从右到左的顺序来敬酒。一般情形下,客人、长辈、女士不宜首先向主人、晚辈、男士敬酒。

在一桌酒席上,敬酒的顺序一般是主人提议三杯,然后开始主人敬主宾、敬陪客,主宾敬陪客、敬主人,陪客敬主人、敬主宾,陪客互敬。客人绝不能喧宾夺主率先敬酒,那样是很不礼貌,也是很不尊重主人的。敬酒时态度要热情、大方,应起立举杯并且目视对方,而且整个敬酒过程中都不应将目光移开。敬酒的时候要看对方是否有空,如果对方正在吃菜,就暂时不要敬酒。敬酒要适可而止,见好就收。因为在很多情况下,敬酒就意味着将杯中的酒喝干。借敬酒之名,行灌醉别人之实是有违礼仪要求的。

4. 酒席的时间

酒席也有时间限制。关于酒席的时间问题,首先是不能迟到。一般请客吃饭,主人应该先到,若遇特殊情况,主人会迟到,一定要安排第二主人或者主陪提前到达安顿客人。客人也要提前到达,迟到是很不礼貌的行为。酒席的宴饮时间不宜过长,一般情况下,每人敬一轮,即可告结束。主人可以客气地提议继续敬酒,视客人的反应做出决定。但是客人不能再提议,以免拖延宴席的时间。

三、饮酒的心态

1. 与大家同乐

大多数酒宴宾客都较多,得到多数人的认同。由于个人的兴趣爱好、知识面不同,应尽量多谈论一些大部分人能够参与的话题,避免唯我独尊而忽略了众人。不要与人贴耳小声私语,给别人一种神秘感,影响酒席的气氛。

2.随和宽容

一般宴席聚会都是高兴的事情,这个时候主客双方都要维护宴席的大局,不要因为个人情绪或者意外事件而导致言行损害宴席气氛。随和是饮酒第一要紧的礼貌。在主持人或者东道主等人致辞讲话的时候,客人不要用餐,要尽可能朝向主持人和东道主所在方向。如果不得已需要先用餐,一定要保持清静,切忌显示出与宴会主题气氛不一致的言行和声音。一般情况下,除非身体不适,不管是什么情况,都要尽可能服从东道主的安排。比如,如果主人有各种品牌的酒,客人可以选自己喜欢的酒喝,如果没有,则不宜提出来。身为客人向主人要求喝某种品牌的酒,是不懂礼貌的行为,只有很熟的朋友之间才可以指定你要喝的酒。

3.快乐的心情

酒席上,难免会遇到自己不愿意遇见的人,或者有人会提及自己不愿意提及的话题。在这种情况下,要装着不知或者没有听见。如果有人故意用语言刺激你,或者谈一些不愉快的话题,要将话题岔开,避免与之交锋。如果不能摆脱对方的纠缠,可以找个借口离席。

四、开展喝酒助兴活动

一般的商务应酬或者桌席上有德高望重的人不适宜开展喝酒助兴的活动,但是在知己相遇或者好朋友相聚的时候,大家难免会情绪高涨,开展一些饮酒助兴的活动。这种情况下,首先注意不要以灌酒为目的,重在参与;其次可以开展高雅的助兴活动。

饮酒行令是中国人饮酒助兴的一种特有方式。酒令由来已久,开始时可能是为了维持酒席上的秩序而设立"监"。汉代有了"觞政",就是在酒宴上执行觞令,对不饮尽杯中酒的人实行某种处罚。在远古时代就有了射礼,为宴饮而设的称为"燕射。"即通过射箭决定胜负,负者饮酒。古人还有一种被称为投壶的饮酒习俗,源于西周时期的射礼。酒宴上设一壶,宾客依次将箭向壶内投去,以投入壶内多者为胜,负者受罚饮酒。实行酒令主要目的是活跃饮酒时的气氛,酒席上有时坐的都是客人,互不认识是很常见的,行令就像催化剂,可以使酒席上的气氛活跃起来。

酒令是筵宴上助兴取乐的饮酒游戏,最早诞生于西周,饮酒行令在士大夫中特别风行,他们还常常赋诗撰文予以赞颂。后汉贾逵并撰写《酒令》一书。清代俞敦培辑成《酒令丛钞》四卷。酒令有雅令和通令之分。

1.雅令

雅令的行令方法是,先推一人为令官,或出诗句,或出对子,其他人按首令的要求续令,所续必在内容和形式上与首令相符,不然则会被罚饮酒。行雅令时,必须引经据典,分韵联吟,当席构思,即席应对,这就要求行酒令者既有文采和才华,又要敏捷和机智。

2.通令

通令的行令方法主要有掷骰、抽签、划拳、猜数等。通令很容易造成酒宴中热闹的气氛,因此较流行。但通令掳拳奋臂、叫号喧争,有失风度,也显得粗俗、单调、嘈杂。

第三节　不同饮酒场合的礼仪

一、商务饮酒礼仪

1. 迎来送往的要求

商务应酬很重要的一个环节就是迎来送往。商务饮酒的时候,主人一方要做好迎接客人的准备。一般在确定的宴会时间之前,主人一方应该先到,做好准备工作。然后到酒楼下或者宴会厅门外恭候客人来临,也可根据情况安排随同人员迎接;在餐叙结束之后,要留下一个随同结账,主人要亲自把客人送上车或者送到酒楼外边,跟客人话别,行走的时候,主人要走在前面一点,充当引路的角色。如果客人没有带车,还要替客人招呼出租车,待客人上车之后挥手告别。在有些地方,热情的主人还要预付出租车司机一定的车费,使客人不用出车费就可以回家。

2. 入席介绍的要求

一般商务应酬多半会有不熟悉的人,坐上桌子的时候,主人要介绍彼此不认识的人相互认识。一般先向客人介绍自己单位的人,再向自己单位的人介绍客人。在介绍的时候,主人方的人要表现出热情的态度,向客人致意,要让客人感觉到自己谦恭的姿态。客人也要表示对认识对方感到愉快。

3. 敬酒的要求

敬酒应该在特定的时间进行,以不影响来宾用餐为首要考虑。敬酒分为正式敬酒和普通敬酒。正式的敬酒,一般是在宾主入席后、用餐开始前就可以敬,一般首先是主人敬,同时还要说正式和规范的祝酒词。普通敬酒,只要是在正式敬酒之后就可以开始了。如果向同一个人敬酒,应该等身份比自己高的人敬过之后再敬。

无论是主人还是来宾,如果是在自己的座位上向集体敬酒,就要站起身来,面含微笑,手拿酒杯,面朝大家。当主人向集体敬酒、说祝酒词的时候,所有人应该一律停止用餐或喝酒。主人提议干杯的时候,所有人都要端起酒杯站起来,互相碰一碰。就目前国内的酒文化而言,通常第一杯要喝干,之后可以随意。按国际通行的做法,敬酒不一定要喝干。但即使平时滴酒不沾的人,也要拿起酒杯抿上一口,以示对主人的尊重。

在商务宴请中,除了主人向集体敬酒之外,来宾也可以向集体敬酒。一般应由来宾中位阶最高的或者最年长的向集体敬酒。来宾的祝酒词应该说得更简短。平时涉及礼仪规范内容更多的还是普通敬酒。当别人向你敬酒的时候,要手举酒杯到双眼高度,在对方说了祝酒词或"干杯"之后,再喝。喝完后,还要手拿酒杯和对方对视一下,这才算敬酒过程的结束。

敬酒无论是敬的一方还是接受的一方,都要因地制宜、入乡随俗。我们大部分地区特别是东北、内蒙古等北方地区,敬酒的时候往往讲究"端起即干"。在他们看来,这种方式才能表达诚意、敬意。所以,自己酒量欠佳应该事先诚恳说明,不要看似豪爽地端着酒去敬对方,而对方一口干了,自己却只是"意思意思",就会引起对方的不快。

中餐里还有一个讲究,即主人亲自向你敬酒干杯后,要回敬主人,和他再喝一杯。回敬的时候,要右手拿着杯子,左手托底,和对方同时喝。干杯的时候,可以象征性地和对方轻碰一下酒杯,不要用力过猛,以免撞出太大响声。如果和对方相距较远,可以用酒杯杯底轻碰桌面,表示碰杯。出于敬重,在碰杯时,可以使自己的酒杯较低于对方酒杯。

4. 席间的应酬要求

商务应酬的首要目的是要让客人感到如坐春风,因此,在整个宴席的过程中,主人一方可以向自己一方的人介绍主宾的情况,增加自己人对主宾的了解,彰显主宾的地位,同时给主宾面子。要跟客人聊一些大家熟悉和关心的话题,同时要尽可能给客人表达观点和意见的空间,不要只顾自己发表意见。商务应酬的时候,因为彼此了解不深入,所以说话要保留一定的分寸,留有余地。气氛要先淡后浓。在席间,主人一方的人要注意观察客人的情况,看客人有何需求,及时提供帮助。大家话题说得差不多、酒喝得恰当的时候,要准备主食,要提前问客人喜好什么主食,以便酒楼提早准备。

二、干群、师生间饮酒的礼仪

干群之间、师生之间在一起饮酒,双方的地位有明显的区别,不管是谁请客,做部下的一方和学生的一方,都要表现出一种谦恭的姿态,言行举止要给对方足够的尊重,这是最基本的要求。

1. 开席的礼节

如果是尊贵的一方请客,位阶低的一方不能主导宴席的走向,这个时候,要做好配合和服务工作。一般由尊方提出开席,宣布主题,祝酒。位阶低的一方则端酒杯站立碰杯并表示感谢。然后根据主人的安排进行接下来的饮酒程序。如果是位阶低的一方请客,则在客人到齐,开席之前,询问位阶高的一方是否可以开席。经过同意,就开席,致祝酒词。如果陪客没有到齐,就要视情况确定何时开席,不要让主宾久等。

2. 席间的礼节

由于位阶有明显的区别,酒席期间,位阶低的一方要注意自己的言行,说话不能口无遮拦,要把说话的机会给位阶高的一方,不能抢着说话,最好是在位阶高的人说完之后自己再说,要附和对方的观点,不能跟对方争执。说话的声音不要高于对方。谈话的话题最好是双方都熟悉的话题,对老师则要谈当初在接受老师教育时的感受或者当时的同学的情况;举止要得体,要主动给位阶高的一方提供服务。比如斟酒、添汤、夹菜等。要站立或者走到对方的面前敬酒,在敬酒的过程中,要说感谢栽培、感谢教育之类的话。不能强迫对方喝酒,一般是由对方确定喝与不喝、喝多与喝少。

3. 话别的礼节

宴席快结束的时候,如果是位阶高的一方请客,另外一方不得提出结束宴席的建议,要等待对方安排。如果是位阶低的一方请客,则请客的一方要征求对方的意见,看对方是否吃好了,是否可以结束宴席。在得到对方认可之后,宣布宴席结束。宴席结束的时候,位阶低的一方要注意对方是否有随身物件遗留在房间内。在离开宴席房间或者行走出酒楼的过程中,要走在后面一点,体现"拱卫"出行和跟随的格局,要等对方离开之后再离开。

三、朋友间、老同学间饮酒的礼仪

所谓朋友,在这里是指双方非常熟悉、交往较深入、多次在一起饮酒的人。所谓老同学,是指以前同窗共学的时候结下了深厚的友谊,日后相聚的同学。朋友间饮酒和老同学饮酒是很随便的一种场合,一般在这种场合都不会太计较礼节问题。但是这种情况并非不要礼节。一方面,即使是老同学、朋友之间,也要相互尊重,不能因为熟悉就无所顾忌,说话做事要留有余地;另一方面,在有些情况下,不能仅仅考虑到老同学、朋友感情,还要考虑到对方的感受。

1. 身份地位有较大差别时的礼节

朋友之间、老同学之间,如果身份地位有明显的差别,在席间的时候就会自然形成一定的"势差"。所谓势差,是指身份地位的差别,导致在交往中,身份地位高的人具有更多的话语权,处于相对的强势状态。尽管因为是朋友和老同学关系,双方都不应该因为这种地位差别而有太多顾忌,但是也要注意到彼此的生活应酬习惯。身份地位高的一方要尽量降低身份,尽量不要让自己的身份地位高于对方的格局体现出来。身份地位低的一方既不要过分谦卑,也不要因为是知根知底的关系就完全不给对方面子,导致对方心情不愉快。此外,也不要提及对方曾经的不光彩或者不幸遭遇,以免影响情绪。

2. 同桌有其他人的时候的礼节

朋友聚会、老同学聚会,有时候会有彼此的家属、老师、领导在场。虽然主题是朋友聚会、老同学聚会,但是由于旁边的人跟聚会的主要双方缺乏共同的生活交往环境,对交往双方的关系感受就不一样。因此,谈话的时候,要彼此顾及对方的感受,给对方面子。不要揭老底,说一些让对方在其家人、老师或者领导面前觉得很丢份的话。要共同回顾彼此在一起的快乐的事和值得骄傲的事。同时,在席间不要只顾朋友和老同学,要跟他们的家人、老师和领导交谈,用行为对他们表示尊重,这样才可以彰显对方的地位,使对方在自己的家人、老师和领导面前有地位。

3. 话题的控制

朋友之间、老同学之间彼此熟悉和了解,对对方的情况知道很多,这是交往的有利因素,可以使自己在席间避免谈及一些对方敏感的话题。比如对方的感情变故、家庭危机、仕途失意等。但是由于是相当熟悉的关系,有时候也往往会让人不自觉地放松了礼节方面的顾忌,信口提及或者询问对方不愿意提及的话题,这也是需要顾忌的。

四、家人饮酒的礼仪

逢年过节,家人团聚,或者有闲暇的时候,一家人在一起吃饭,难免会有饮酒的时候。这时候的饮酒也有一些必须注意的事项。

1. 遵守家人之间的尊卑和伦理关系

家人之间也有尊卑关系,这在过去是没有问题的,而在现在,很多人没有这个意识,长者不像长者,幼者不像幼者,导致家庭关系紧张和无序。因此,要特别强调家庭内部的尊卑意识和伦理关系,尤其是在饮酒的时候。

2. 只能小酌不能豪饮

长辈与小辈进餐的时候,要注意身份,不能开过分的玩笑。喝酒要有节制,不能过量,以免损害自己的形象。小辈与长辈饮酒吃饭的时候不能太尽兴,要有所克制。一般情况下,在家庭内部,长辈不向小辈敬酒,但是小辈可以向长辈敬酒,敬酒不能过于频繁,要适可而止,不能劝长辈喝太多的酒。敬酒的时候要认真、严肃。

3. 行令要慎重

长辈与小辈之间饮酒最好不要猜拳行令,因为猜拳行令有输赢之分,往往会与长幼之分相冲突。如果长辈有此爱好,需要通过博弈的形式营造气氛,可以选用比较高雅的博弈方式,避免采用彼此身份相冲突的博弈方式。晚辈最好不要赢长辈,但是不能故意输得太明显,当长辈输了的时候,长辈可以随意。

4. 话题要轻松愉快

家人在一起饮酒,是为了享天伦之乐,要维护这个主题气氛。一般大家可以谈谈桌席上的菜肴口味、养身保健的知识、时事新闻、影视节目或者周边有趣的事。在谈论这些话题的时候,要注意回避可能导致观点冲突或者与家庭矛盾相牵连的话题。席间,长辈可以给小辈夹菜,以示关心和爱护,小辈也可以给长辈夹菜,表示尊重和体贴。家庭宴饮没有高潮,要始终保持一种轻松、愉快、和睦的气氛。

五、结婚饮酒的习俗

"喜酒"是婚礼的代名词,置办喜酒即办婚事,去喝喜酒,也就是去参加婚礼。婚宴中的饮酒有一些特殊的要求。

1. 交杯酒

汉族人结婚,有一个必要习俗就是饮"交杯酒",即夫妻同饮一杯酒。这是我国婚礼程序中的一个传统仪式,在古代又称为"合卺"(卺的意思本来是一个瓠分成两个瓢),《礼记·昏义》有"合卺而醑",有学者解释道"以一瓠分为二瓢谓之卺,婿之与妇各执一片以醑"(即以酒漱口),合卺又引申为结婚的意思。在唐代即有交杯酒这一名称,到了宋代,在礼仪上,盛行用彩丝将两只酒杯相连,并挽成同心结之类的彩结,夫妻互饮一盏,或夫妻传饮。这种风俗在我国非常普遍,如在绍兴地区喝交杯酒时,由男方亲属中儿女双全,福气好的中年妇女主持。喝交杯酒前,先要给坐在床上的新郎新娘喂几颗小汤圆,然后,斟上两盅花雕酒,分别给新婚夫妇各饮一口,再把这两盅酒混合,又分为两盅,取"我中有你,你中有我"之意,让新郎新娘喝完后,向门外撒大把的喜糖,让外面围观的人群争抢,以示喜庆。

2. 会亲酒

在举行订婚仪式时,要摆酒席,喝"会亲酒"。喝了"会亲酒",表示婚事已成定局,婚姻契约已经生效,此后男女双方不得随意退婚、赖婚。

3. 回门酒

结婚的第二天,新婚夫妇要"回门",即回到娘家探望长辈,娘家要置宴款待,俗称"回门酒"。回门酒只设午餐一顿,酒后夫妻双双回家。

六、丧事祭拜饮酒的习俗

我国各民族普遍都有用酒祭祀祖先和在丧葬时用酒举行一些仪式的习俗,也保留了在一些节日来临的时候,在宴饮前祭拜先人的习惯。

1.豆豆酒

人死后,亲朋好友都要来吊祭死者,汉族的习俗是"吃斋饭",也有的地方称为吃"豆腐饭"、喝"豆豆酒",这就是葬礼期间举办的酒席。虽然都是吃素,但酒还是必不可少的。

2.祭拜先人

汉族人在清明节为死者上坟,往往会带上酒肉祭拜先人。

中国人有为死去的祖先留着上席的习俗,即在一些重要的节日举行家宴时,先敬先人。一家之主这时也只能坐在次要位置,在上席为祖先置放酒菜,并示意让祖先先饮过酒或进过食后,一家人才能开始饮酒进食。在祖先的灵前,还要插上蜡烛,放一杯酒,若干碟菜,以表达对死者的哀思和敬意。

3.丧事饮酒的礼节

丧事是不愉快的,所以办丧事的时候,大家都没有笑容,大家只是很严肃地把亡故的人送走。所以一般丧事宴饮喝酒都不会高声喧哗,大家只是很平静地吃饭饮酒,饮酒也只是浅尝辄止,不纠缠、不过量,更不能够划拳打骂。祭拜先人的时候,也是很严肃地开展一系列活动,比如烧香、点烛、叩拜等,然后吃饭、饮酒。与办丧事一样,祭拜先人也应低调沉闷,不能有兴高采烈或者嬉皮笑脸的行为。

第四节　少数民族饮酒习俗与礼仪

中国各少数民族中,几乎没有不饮酒的,除部分信奉伊斯兰教的穆斯林外,一般都有"无酒不成礼"的待客心理,只是饮酒者在民族人口中占的比例、饮酒场合的多少及耗酒量的大小不同而已。

一、少数民族与酿酒

《史记·七十列传·大宛列传》说:"安息在大月氏西可数千里。其俗土著,耕田,田稻麦,蒲陶酒。"《史记·大传》又说:"宛左右以蒲陶为酒,富人藏酒至万余石,久者数十岁不败。俗嗜酒,马嗜苜蓿。"可见当时当地酿酒业很发达。《汉书·西域传》载,张骞出使西域后,武帝与西域和亲,公主嫁乌孙国王昆莫,公主"至其国,自治宫室居,岁时一再与昆莫会,置酒饮食,以币、帛赐王左右贵人"。乌孙族最初活动在祁连、敦煌之间,汉文帝后元三年(公元前161年)左右西迁今伊犁河和伊塞克湖一带。南北朝时迁葱岭北,辽代以后渐与邻族融合,近代哈萨克族中尚有乌孙部落。诸多文献都说明当时酒在少数民族的生活中已普遍存在。由于受气候等因素的影响,各种粮食在我国的区位分布不同,因此,各地少数民族采用不同的粮食酿酒,各具特色。

1. 北方少数民族的烧酒和大麦酒

烧酒原本是阿拉伯人创造的,元代经西域民族地区传入中原,成为中国人传统的主要的烈性饮料。过去欧洲人造酒,是利用麦芽淀粉糖化的方法。但是中国以麦酿酒,却出现较晚。小麦在中国是天山南麓的古代民族最先种植的。《旧唐书·党项羌传》载,党项人以大麦酿酒,这是中国北方有麦酒的最初记载。

2. 蒙古、哈萨克等游牧民族的奶酒

奶酒又称乳酒,是中国北方蒙古、哈萨克等游牧民族的传统饮料,奶酒最初产生于古代北方游牧民族,以马、牛、羊的乳汁发酵加工而成。他们以皮囊盛奶,在游牧颠簸的过程中乳汁变酸发酵成奶酒,流传至今。自然发酵而成的奶酒度数不高,不易醉,以蒸馏法制成的奶酒浓度高,酒劲大。鲁不鲁乞在《东游记》中记载的奶酒制法是:把奶倒入一只大皮囊里,然后用根特制的棒开始搅拌,这种棒的下端像人头那样粗大,是挖空了的。当他们很快地搅拌时,马乳开始产生气泡,像新酿葡萄酒一样,并且变酸和发酵。继续搅拌,提取出奶油,当它有辣味时,就可以当酒喝了。

《史记·匈奴传》称,"其攻战,斩首虏赐一壶酒",可见当时酒在匈奴人的生活中已普遍应用。匈奴人饮的酒,除汉王朝送的以外,主要是乳酒。蒙古人饮用马奶酒的记载最早见于《蒙古秘史》,该书说成吉思汗第十一代先祖布旦察尔,曾在通戈格河畔游牧的一个部落中饮用过类似于马奶酒的"额速克"。《马可·波罗游记》也有"鞑靼人饮马乳,其色类白葡萄酒,而其味佳,其名曰忽迷思"的记述。"忽迷思"即马奶酒。清代基城主人《出塞集·塞外竹枝词》注说,蒙古人"以马乳酿酒,每饮必烂醉而后已"。可见马奶酒不仅多,而且好喝。马奶酒确有丰富的营养成分,不仅能促进人体的新陈代谢、补肾活血、助消化,而且对胃病、气管炎、神经衰弱和肺结核等疾病有明显疗效。在元代,马奶酒已成为宫廷国宴的饮料,直到现在,蒙古族男女老幼皆喜饮马奶酒。

3. 西藏藏族的青稞酒

青稞、大麦是青藏高原的古代先民培育出来的。青藏高原的少数民族以藏族居多,藏族喜欢喝青稞酒,逢年过节、结婚、生孩子、迎送亲友,必不可少。青稞酒,藏语叫作"羌"。在藏区,几乎家家户户都能制。首先选出颗粒饱满、富有光泽的上等青稞,淘洗干净,用水浸泡一夜,再将其放在大平底锅中加水烧煮两小时,然后将煮熟的青稞捞出,晾去水汽后,把发酵曲饼研成粉末均匀地撒上去并搅动,最后装进坛子,密封贮存。如果气温高,一两天即可取出饮用。2011年11月,青稞酒及其酿造技术被评为中国三类非物质文化遗产。

4. 米酒和高粱酒

长江下游和西南地区的少数民族的传统酿酒跟汉族差不多,主要是米酒和高粱酒。稻谷是长江下游的古代民族("东夷"中的一部分)最早种植的。高粱最早产生于中国西南的少数民族地区,宋代以后才开始在中原地区种植。这些粮食都为各少数民族酿酒提供了原料。

二、少数民族的饮酒礼仪

各民族都有自己的酒文化,呈现出丰富多彩的特点,主要体现在以下几个方面。

1.讲究敬老的礼节

锡伯族的年轻人不许和长辈同桌饮酒,其中原因大致有二:一是长幼有别,不能没大没小;二是酒喝多了容易失礼,锡伯族认为对长辈的不敬是最丢脸的事。

朝鲜族晚辈也不得在长辈面前喝酒,若长辈坚持让小辈喝,小辈双手接过酒杯来也只能转身饮下,并表示谢意。

蒙古族家中来客后,谁的辈分最高,谁坐在上座主席位置上,不分主客。客人不走,年轻媳妇不能休息,哪怕彻夜畅饮长谈,也得在客厅旁边听候家长召唤,好随时斟酒、添菜、续茶。

满族家中来客,由长辈接待,晚辈一般不得同席,年轻媳妇侍立在旁,装烟倒酒,端菜盛饭。

彝族家中酿好酒之后,第一杯敬神,第二杯敬给家中老人,晚辈不得先喝。凉山彝族群聚饮酒时,要按年龄大小、辈分高低分先后次序摆杯斟酒,并由在场英俊聪明的小伙子先给老人敬酒。敬酒者双手捧杯,右脚向前跨一大步,弯腰躬身,头稍向左偏,不得直视被敬者。被敬酒的老者一般会谦和地说"年轻人啊,对不起了,老朽站不起来了",或者说"借给你这一杯",表示回敬,小伙子便立身饮尽,否则为不敬。民间谚语说"酒是老年人的,肉是年轻人的",所以敬酒献客时,必须从老人或长辈开始,如此才合乎"耕地由下(低)而上(高),端酒从上而下"的传统规矩。

壮族请客时,与客人同辈的长者才能与老年客人同坐正席,年轻人则站在客人身旁,待给客人斟酒之后才能入座。给客人添饭时勺子不能碰响锅,免得客人担心饭少不敢吃饱。夹菜时,得由陪客的长者先给客人把最好的菜夹到碟中后,其他人才能依长幼之序夹菜。年轻妇女一般不能到堂屋的宴席上共餐,能饮点酒的老年妇女则可。

少数民族饮酒中的敬老习俗,还反映在对祖先的崇敬上。广西毛南族请客人吃饭时要请客人坐上席,先给客人斟酒夹菜,而客人在端杯饮酒时,须先用手指尖或筷子头蘸点酒,弹洒几滴于地上,表示首先敬献主家的祖宗,然后主客碰杯,互相说祝福的吉祥话。晚辈吃饱饭离席时,要很恭敬地向客人说:"请慢吃!"

2.重视和谐热烈的气氛

凉山彝族喜欢喝寡酒,即不用下酒菜,因此可以随时随地喝。相识者邂逅,买碗酒,或买瓶酒,几个人围圈而蹲,仅用一两只酒杯,或干脆不用酒杯,一人一口轮流喝,称为喝"转转酒"。若用酒杯,便先从最年长者开始,从右至左,一人一杯,接力轮流,不得轮空。众人用一酒杯,称为"杯杯酒",谁也不嫌弃谁,同乐同喜。

土家族有插竹管于酒坛咂饮的传统,传说明代土家族士兵赴东南沿海抗倭时,百姓送行,置酒于道旁,经过酒坛的兵,咂一口即可前行,不误行军。嘉庆年间鄂西长阳(今民阳土家族自治县),土家诗人彭淦在描写此酒俗的竹枝词中说:"蛮酒酿成扑鼻香,竹竿一吸胜壶觞。过桥猪肉莲花碗,大妇开坛劝客尝。"

羌族把插竹管于酒坛咂饮的饮酒方法叫"咂酒",但不是众人共用一吸管,而是一人一根长而细的吸管,围坛咂酒,在喝酒的过程中还穿插有歌舞。黎族和布依族也喝咂酒,其形式与羌族相似。

壮族喝咂酒的记载,距今已有 1 000 多年的历史,最早见于《岭外代答》。书中说,单州钦州壮族村寨,客人至,主人铺席于地,置酒坛于席中,注清水于坛内,插一竹管于坛中,依先宾后主的次序吸饮。饮前由主妇致欢迎词,男女同坛同管,水尽可添,酒乃甜酒。广西大新县壮族人家在客人光临时,在饭桌上主人先给客人和自己斟杯酒,主客共饮交臂酒之后,客人才能随意饮餐。一喝交臂酒,气氛马上就显得很轻松融洽。

云南傈僳族和怒族在待客饮酒时,主客共捧一碗酒,相互搂着对方的肩膀,脸贴脸把嘴凑在酒碗边,同时仰饮之。至亲好友及贵客光临,或要结为兄弟之谊,皆须如此饮酒,谓之喝"同心酒"。

侗族的"团圆酒"气氛更为热烈和谐,大家围桌而坐,每人将自己的酒杯用左手递到右邻的唇边,右手搂他的肩膀,依次形成一个圆圈,主人一声"干杯",大家同时欢呼一声并饮尽,如此三轮,方可自由敬酒。至此,大家已觉得亲密无间,不仅谈笑风生,而且还有酒歌阵阵。

少数民族有些饮酒活动比一般待客更讲究情谊。例如黔西南布依族的"打老庚"。"打老庚"可理解为"结拜兄弟"或结交同年好友。异姓小伙子,不论生辰年月是否相同,只要年龄相差无几,征得父母同意便可约定日子聚饮,结拜为"老庚"。此仪式之后,双方父母即把"打老庚"者都当作自己的儿子对待。

四川黑水县的羌族,同辈同年的年轻人,不论男女皆可"打老庚",只是男女分别举行活动而已。一般在农历正月同龄人相约择日携带酒肉到村寨野外聚餐,大家把鞋带放在一起,轮流去抽,抽到了同一双鞋的两根鞋带的相互结为"老庚",在今后的生活中不仅要同甘苦,共命运,两家人也要同心同德,团结互助。

旧时蒙古族民间在结交推心置腹的朋友时,双方要共饮"结盟杯"酒,杯乃饰有彩绸的牛角嵌银杯,非常精美,交臂把盏,一饮而尽,永结友好。

我国台湾的高山族排湾人,不仅新婚夫妇要喝"连杯酒"(也叫连欢酒),亲朋好友也要共饮"连杯酒",即两个酒杯连在一起。这种酒具像一副担子,木雕彩绘,"担子"两头各雕有一酒杯。斟满酒后,两人比肩而立,各以外侧之手执酒具一端之把手,只能同时举杯同时饮,否则酒就会洒掉。这种饮酒方式极有象征意义,既表示必须平等(端平),又表示必须同甘共苦(不论生活的酒是甜是苦,我们都得同干)。高山族在喜庆节日里常聚饮狂欢,男女杂坐同乐。最亲近友好者,饮酒时并肩并唇,高举酒具(竹筒、瓢、木勺等),倾酒下泻,如仰饮山泉,流入口中,酒到地上,尽情尽兴,大为快乐。

满族人结婚时的"交杯酒"是在入夜、洞房花烛齐亮的时候,新郎给新娘揭下头盖后坐在新娘左边,娶亲太太捧着酒杯,先请新郎抿一口;送亲太太捧着酒杯,先请新娘抿一口;然后两位太太将酒杯交换,请新郎新娘再各抿一口。满族人在举行婚礼前后还举行"谢亲席",即将烹制好的一桌酒席置于特制的礼盒中,由两人抬着送到女家,以表示对亲家养育了女儿给自家做媳妇的感谢之情。另外,还要做一桌"谢媒席",用圆笼装上,由一人挑上送到媒人家,表示对媒人成全好事的感激之情。

达斡尔族的"接风酒"和"出门酒"是指送亲的人一到男家,新郎父母要斟满两盅酒,向送亲人敬"接风酒",也叫"进门盅",来宾要全部饮尽,以示已是一家人。尔后,男家要摆三道席宴请来宾。婚礼后,女方家远者多在新郎家住一夜,次日才走,在送亲人返程时,新郎父母都恭候门旁内侧,向贵宾一一敬"出门酒"。

3.礼仪隆重和坦诚真挚

贵州苗族人家待客,在酒席上每巡给客人敬酒都是双杯,表示主人祝福客人好事成双、福禄双至,也寓意"客人是双脚走来的,仍能双脚走回去",健康平安。若客人推辞,女主人就会捧杯唱起敬酒歌,直至客人领受他们的祝愿。

青海土族在招待贵客时,讲究"三杯酒",即客人进门饮三杯酒洗尘,客人上炕就座入席,饮"吉祥如意三杯酒",客人告辞时饮"上马三杯酒",有酒量的一饮而尽,表现出豪爽真诚,主人很高兴。不胜酒力的,只需以左手无名指蘸酒向空中弹3次,表示敬神、领情和致歉,主人绝不勉强,因为强迫别人饮酒则无快乐,可谓体贴入微。

布依族在客人进门入座后,马上捧出一碗"茶"献客,有经验者不会贸然饮,因为这是以酒当茶,客人只需慢慢吸饮,歇脚缓气即可。

高山族某些支系,当贵客来访时,由部落头领带领青年人在路旁吹奏民间乐器,夹道欢迎,直至主人家中。贵客在屋中高凳上就座,青年男女围贵客歌舞,同时以客人数指派同样数量的年轻人敬酒。他们手捧斟满酒的小葫芦瓢,弓身屈腰,将酒由下向上慢慢递到贵客胸前,动作谨慎,态度谦恭,显得十分礼貌。

赫哲族待客时少不了名贵鱼馔,有向客人敬鱼头表示尊重的习惯。桌席上的鱼头朝向客人,主人敬酒后,用筷子点点鱼头,示意请客人先品尝享用。若吃杀生鱼,则不上鱼头,但酒是必不可少的。

在四川凉山彝家做客,进门入座后,主人先捧上一碗或一杯酒献客。客人若不是彝族,主人会说:"汉人贵在茶,彝胞贵在酒。"客人可以自己的酒量随意饮多饮少,若客人谢绝接酒,则有不敬之嫌,主人会感到失望。客人哪怕仅仅抿一小口,主人也很高兴。

佤族民间俗话说"无酒不成礼,说话不算数"。喝酒时喜邀亲友欢聚同乐,主人给客人敬酒,必须给在座客人一一敬到,若有疏漏,便有违阿佤礼仪。敬酒时,双手捧竹节酒筒,走到客人面前,躬身将酒筒由自己胸前沉下,再向上送到客人嘴边。客人双手把住酒筒,将它推向主人嘴边,主人喝一口,再次敬给客人,客人一饮而尽。第一个被敬酒的人是在场客人中最受敬重者或最年长者,他接过酒后,以右手无名指沾出几滴酒弹洒于地,口诵祝词,表示对主人祖先的敬献。拒绝阿佤人的饮酒邀请是不礼貌的表现,喝多少可以量力而行,主人绝不会勉强。

到藏族家做客,讲究"三口一杯",即客人接过酒杯(碗)后,先喝一点,主人斟满,再喝一点,主人又斟满,至第三口时干杯。若客人不能饮酒,可用右手无名指蘸酒向右上方弹酒三次,表示敬天地神灵、父母长辈和兄弟朋友。主人便不再勉强,一般喝完三口一杯之后,客人便可随意饮用。客人起身告辞时,最后得干一杯方合礼节。在喜庆节日里,藏族同胞往往以歌舞劝酒,客人若能唱,要在接过酒杯唱完答谢的酒歌后再饮尽。主人会继续歌舞敬酒,客人若不能再喝,可装出喝醉了的样子狂歌乱舞一通,表示酒好,忍不住喝多了。众人及主人都会开怀大笑,再不强劝。

西藏门巴族在客人到家时，主人便用铜瓢或竹节筒盛满酒，先倒点酒在自己手掌心，当众吸啜，表示酒中无毒，自己待客以诚。然后依次向客人每人敬酒一瓢或一竹筒，客人须一饮而尽。旧时无专门酒具，门巴人以芭蕉树皮卷成小酒槽给客人敬酒，贵客四槽，一般客人两槽。珞巴族在客人到家时，主妇便赶快洒水扫地，在临窗处铺熊皮或棕编坐垫，摆上长方形矮餐桌，上些常备的应急炒玉米。接着女主人把储存在葫芦里的鸡爪谷酒倒进一个吊着的竹筒中，再加入温水，稍停片刻，拔掉筒底活塞，让过滤了的酒注入筒下的石锅（珞巴族有使用石锅做饭的原始石烹遗风）中。女主人右手执瓢，左手端木碗或竹碗，双膝跪在客人面前，将碗放到桌上，再将瓢中酒先倒一点在左手心，用嘴浅尝一下，尔后给客人碗中斟满。陪客的男主人双手捧酒碗递给客人，女主人同时说"酒不好，别见怪"，夫妇配合十分默契。客人喝口酒，说"酒味很好"以示谢意。客人每喝一口酒之后，主妇都立即将酒碗斟满，当地习俗以始终保持酒满为待客之道。珞巴族酒席上的山珍是鼠肉。这种出没于山野的野鼠长近盈尺，重约千克，体圆肉细。平时珞巴人随捕随吃，年节前则要储存鼠干准备待客。客人莅临，主人即将野鼠干穿上棍，燎毛刮净，扔掉内脏，切成小块，以石锅炖烂，佐以调料，肉嫩味鲜，百食不厌。以鼠肉作美食下酒敬客的还有黎族（食山鼠、田鼠和松鼠）、傣族（食竹鼠）和贵州省镇远县涌溪一带的部分苗族。

广西红水河两岸的瑶族在客人光临前，即把一只灌满酒的酒葫芦挂在堂屋门背后，待客人将近大门时，即斟酒一碗，迎上前去，一手搭在客人肩上，一手递到客人面前，说："请饮进门酒。"客人忙说："我喝干，我喝干。"客人若无酒量，可浅尝辄止，表示谢意。若逢节日或喜庆日子，客人喝完酒后，主人还要朝天鸣放鸟枪，向全寨人通报有喜客光临。"进门酒"之后，主人家的全体成员出来迎客进屋。广西巴马瑶族在迎接村寨的集体客人或十分重要的单个客人时，要设"三关酒"迎接，即主家派人在屋外必经之路上设三道酒关，每经一关须饮两杯，三关之后，方进屋饮宴。

云南傈僳族在待客时，主人用精致的竹筒斟满酒后，先往地上倒一点，表示敬祖，接着自己先喝一口，请客人放心，然后再斟满其他竹筒，双手捧到客人面前请客人畅饮。

滇西北高原的普米族认为客人临门是种荣耀和吉兆。对待客人，不论生熟亲疏，都要热情接待。有客人光临时，家人都会出来帮客人牵马拿东西，请客人进屋。客人在火塘旁坐定后，主妇便端上水果、食品和一碗酥里玛酒。普米族以火塘上方的一块长方形石柱代表家族祖先神灵，称之为"锅庄"。主人先敬家神，在锅庄上滴几滴酒，若是燃起火焰，则为最吉，主人会很高兴。主人看到酒燃，便念道："客人到，福气到，贵客犹如金太阳照，给我家暗淡的房子里，带来了光明和吉兆。客人到，福气到，贵客好像吉星照，木楞房里充满了喜庆与欢笑，彩色的祥云在我头上飘。"祝颂毕，主妇捧酒献客。客人先抿一口，不得有吸饮的响声，随即说"真醉人"，以表赞美和感谢。此后客人便根据自己的需要随便饮酒。若有主家的长辈在场，客人要主动请长辈坐上席，并请其先品尝酒。客人用饭，主人家人均在旁侍候，客人吃完，主人家才围坐在一起吃饭，若客人第二天就要登程，主人还要为他准备鸡腿、鸡蛋、肉块、油炸粑粑等路上使用的食品。

海南省黎族将远道而来的客人待为上宾，有客光临乃家中之喜事，必以佳肴款待。若是男客，先酒后饭；若是女宾，先饭后酒。饮酒分三段进行，第一段是相互敬酒，属一般的感情交流。第二段是开怀畅饮,以酒酣微醉为度。第三段是主客对歌饮酒,感情融洽,烂醉亦无妨。给客人酒,表示自己的礼数已到;让客人喝醉,则表示亲密到了不拘礼的程度。主人向客人敬酒时,先双手捧起酒碗向众人致敬,尔后一饮而尽,把空碗亮给大家看,表示自己的诚意,接着向客人敬酒,客人饮尽之后,主人马上夹一块肉送到客人嘴里。客人不得拒绝,只能笑纳方合礼数。

甘肃裕固族待客时,先敬茶,后敬酒。敬酒讲究敬双杯。男主人敬过后,女主人接着敬,如果客人不喝,女主人会说:"你瞧不起女人。"接着是孩子敬酒,如果谢绝,小孩也会说:"你看不起小孩。"有时还唱敬酒歌敬酒,唱一支歌敬一杯酒。若客人实在不能喝,主人也觉得自己的心意完全尽到了,不会勉强。之所以如此,主要怕客人客气拘礼,不能尽兴。

4.重视邻里关系

少数民族尤其是南方的少数民族,在请客饮酒时,特别重视同乡邻里的友好关系。

在贵州水族村寨,往往是一家来客,全寨各家轮流宴请。若客人逗留时间短,无法到所有人家去赴宴,就得去赴"见面席",即到各家的席上露面致谢,尝几口菜就告辞,再到下一家去,有时一天得走遍全寨,满载各家的盛情而归。

过去,到广西壮族村寨做客,也往往会得到各家的轮流宴请,特别是贵宾,有时一顿饭吃四五家是常有的事。按壮族习俗,客人是不能推辞的,所以有经验的客人绝不会在第一家就吃得酒足饭饱,因为谢绝邀请是失礼的,喝醉了失态会丢脸。

◎ **思考题**

1.酒席上要注意遵守哪些秩序?

2.请说说中国人在哪些节日会饮酒。

3.请说说商务饮酒礼仪的要点。

4.中国各民族都有自己的酒文化,呈现出丰富多彩的特点,请你谈谈他们的共同特点有哪些?

第十二章 酒的典故趣事

酒陪伴国人多年,中国的历史浸润着酒文化,中国的酒文化也体现着中国的历史,在漫长的历史长河中发生的诸多惊天动地的事件和百姓生活琐事,不少都与酒相关,从一个侧面反映社会的美丑善恶,由此沉淀下许多与酒有关的典故趣事,有的以成语、典故的形式表现出来,有的以故事的方式传播下来,成为人们文化生活的一个组成部分。

第一节 酒与成语、俗语

一、酒与成语

中国历史文化悠久,白酒生产和经营的历史也源远流长,不仅民间流传很多关于酒的俗语,也有很多关于酒的成语。比如:

画蛇添足:这是一句人们常用的成语,意思是做无用功、费力不讨好。故事见于《战国策·齐策》。说楚国有人祭祀,祭毕有一卮酒,叫门客享用。主人道:"这点酒分享太少了,不如由一个独饮,请大家在地上画一条蛇,谁先画成,谁就独饮这卮酒。"其中一人首先画成,便取酒在手,说:"我还可以给蛇添上足。"于是他在蛇身上画起脚来。这时,另一个人已画成了蛇,立即夺取了那人手里的酒,说道:"蛇本来就没有足,安上了足不是蛇了,酒该我享用。"于是喝完了那卮酒。

酒人舌出:形容人喝酒以后喜欢唠叨。

把酒持螯:手持蟹螯饮酒,古人视为人生一大乐事。语出《晋书·毕卓传》:"卓尝谓人曰'得酒满数百斛船,四时甘味置两头,右手持酒杯,左手持蟹螯,拍浮酒船中,便足了一生矣'。"

使酒骂座:称在酒宴上借酒使性,辱骂同席的人。

高阳酒徒:秦末汉初时,陈留郡圉县高阳乡(今河南杞县)有一个叫郦食其的人,家境贫穷,又没有职业,只好在乡里做了里监门(相当于地保)。当刘邦率军路过陈留的时候,郦食其碰见了一位老乡,是刘邦手下的一个骑兵。他让这个人向刘邦推荐自己,说可以帮助刘邦成就大事业。这个小兵真的向刘邦推荐郦食其,刘邦不见,说:"为我谢之,言我方以天下为事,未暇见儒人也。"郦食其睁大眼睛,按着宝剑对传话的人说,去告诉沛公,我是高阳酒徒也,不是儒生。于是被刘邦召见,并得以重用(见《史记·郦食其列传》)。后指任性放荡的嗜酒者。

张公吃酒李公醉:同张公吃酒李公颠,后有移花接木或顶缸之义。宋·李榮《北里志·张住住》曲中唱曰,张公吃酒李公颠,盛六生儿郑九怜。

其他关于酒的成语很多,简单罗列如下:醇酒妇人、杯酒戈矛、杯酒解怨、箪食壶酒、茶余酒后、沉湎酒色、饭囊酒瓮、愁肠殢酒、愁肠殢酒、槌牛酾酒、醇酒美人、村酒野蔬、貂裘换酒、浆酒藿肉、斗酒百篇、斗酒双柑、斗酒学士、斗酒只鸡、对酒当歌、饭坑酒囊、放歌纵酒、狗恶酒酸、醉酒饱德、桂酒椒浆、好酒贪杯、黄公酒垆、金钗换酒、借酒浇愁、恋酒迷花、金貂换酒、酒肉兄弟、灯红酒绿、对酒当歌、茶余酒后。

二、酒与俗语

俗语,也称常言、俗话。我国历史文化丰富,俗语很多,关于酒的俗语也多,酒与饮酒方面的俗语,让人读起来感到朗朗上口,且有一定的趣味性和幽默感,其含义深刻,耐人寻味。如敬酒不吃吃罚酒;酒不醉人人自醉;自己酿的苦酒自己喝;醉翁之意不在酒;开怀畅饮,一醉方休;无酒不成席;药治真病,酒解真愁;酒里乾坤大,壶中日月长;今朝有酒今朝醉,不管明日是和非(明日有愁明日忧);今日酒灌肠,天塌又何妨;酒杯一端,无法无天(政策放宽);三杯酒下肚,后果不顾等。下面列举几条:

姜是老的辣,酒是陈的香:意思是说年长的人经验丰富,具有解决问题的智慧,很多事物,需要经过一段时间才能真正体现其价值。从科学上讲,酒经过存放老熟,口感更好,更香。陈年佳酿一直为饮酒者所信赖,受此影响,白酒市场兴起一股"年份酒"之风。各种概念的年份酒纷至沓来,争奇斗艳。表面繁荣的背后,是鱼龙混杂,品质差异大。

酒好不怕巷子深:这句话完整的说法是"真金不怕红炉火,酒香不怕巷子深"。意思是如果酒酿得好,就是在很深的巷子里,也会有人闻香知味,前来品尝购买。陈窖一开香千里,酒客不会因为巷子深而却步,终究会找到它。也作"酒香不怕巷子深",引申为东西或产品很好,哪怕不去做营销推广、广告宣传,寻找起来十分困难,人们(消费者)也会知道它。不过随着社会的发展,特别是市场经济下,当供大于求,"酒香不怕巷子深"已成为一句具有争议的营销术语,与之相对立的是"酒香也怕巷子深"。这并不是说"酒"可以不香了,而是说酒香重要,加强宣传和告知消费者也很重要。

富人一席酒,穷汉半年粮:说明贫富悬殊的社会现象和阶级差别,同时也有规劝人们应该注意节约之意。

白酒红人面,黄金黑人心:说的是喝烈性酒易醉,引起吵架斗殴。钱财交往中容易使一些人坏了良心。这句俗语用白、红、黄、黑四个字,做鲜明的对比和映衬。

酒肉朋友,柴米夫妻:酒肉朋友指的就是吃喝玩乐、嘻嘻哈哈的朋友。柴米夫妻指的是那些经历风风雨雨仍然共患难的真心相爱的人。男人就好像是柴,女人就是米,只有把两者结合在一起才会有一顿朴实而充满香味可口的饭。这说明柴米比肉平常,但在平常生活中更为重要。

酒逢知己千杯少：形容性情相投的人，聚在一起很愉悦。酒是一种催化剂，也是一种黏合剂，美酒若遇到知己，它的催化和黏合效应便可以发挥得淋漓尽致了。

第二节 古代酒的典故

一、饮酒误事类

1. 酒池肉林亡国

商朝的贵族多酗酒，商朝晚期的帝王，多是淫暴之主，一味追求安乐。商纣王是一个好色好酒的人，《史记·殷本纪》称："以酒为池，县（悬）肉为林，使男女裸相逐其间，为长夜之饮。"后人常用"酒池肉林"形容生活奢侈，纵欲无度。商纣的暴政，加上荒淫的作风，导致了商朝的灭亡。

2. 子反醉酒丧命

楚恭王与晋国的军队在鄢陵大战，楚国打了败仗，楚恭王的眼睛也中了一箭，为准备下一次战斗，召大司马子反前来商量，子反却喝醉了酒，无法前来。楚恭王只得对天长叹，说"天败我也"，将因酒误了战事的子反杀了，班师回朝。

3. 桓公丢帽自诫

齐桓公因为醉酒，将帽子丢了，为此感到羞耻，于是三天不上朝，反躬自省。恰逢粮荒，管仲只好自作主张，打开公家的粮仓，救济灾民。灾民欣喜若狂，当时流传的民谣说：（齐桓公）为什么不再丢一次帽子啊！

4. 李白醉酒失礼

李白，字太白，号青莲居士，祖籍甘肃静宁西南，幼时随父迁居四川江油青莲乡，史称李白"少有逸才""飘然有超世之心"。25岁起漫游各地，对社会生活多有体验。于27岁时招赘于湖北安陆退休的宰相许家，他曾说"酒隐安陆，蹉跎十年"。42岁时受人力荐，入朝做供奉翰林，为皇帝草拟文诰、诏令之类的文件。有一次，唐玄宗游赏白莲池，召李白撰写序文，但那时李白正醉卧于街市的酒家，只得由他人搀扶去见皇帝。又有一次，唐玄宗携杨贵妃夜游禁苑。正值牡丹盛开之际，玄宗嫌艺人演奏的乐曲太老，又欠雅意，就叫人找李白写些乐府新词。但酒醉的李白根本不在意什么圣旨，对来人说"我醉欲眠卿且去"。来人只得将李白捆起来送进宫去，玄宗见状哭笑不得，令人用冷水将李白喷醒。李白醒后就笔走龙蛇似的一连写下了10余篇，其中就有"云想衣裳花想容，春风拂槛露华浓""一枝红艳露凝香，云雨巫山枉断肠"等名句。

唐朝时候，其他邦国进表，都使用满朝无人可识的"蛮文"。于是，李白由贺知章保荐入朝，李白持表宣读如流、一字不误，玄宗甚喜。一次，又有其他邦国进表，玄宗命李白用"蛮文"草诏，以示国威。李白乘机请旨让宰相杨国忠替他研墨，宠臣大太监高力士为他脱鞋。

如此戏弄他人,自然招致嫉恨。

李白入朝仅一年余即被"解职"而离开长安。安史之乱中,曾为永王李璘的幕僚,因李璘失败而受牵连,被流放于夜郎,中途遇赦,晚年漂泊困苦,醉后到采石矶的江中捞月亮而溺死,享年61岁。李白一生以酒为伴,暮年时甚至将悬在腰间多年心爱的宝剑也摘下来换酒喝,正如郭沫若先生所说,"李白真可以说是生于酒而死于酒"。

5. 杜甫嗜酒致贫

杜甫十四五岁即为酒豪,"往昔十四五,出游翰墨场。斯文崔魏徒,以我似班扬。七龄思即壮,开口咏凤凰。九龄书大字,有作成一囊。性豪业嗜酒,嫉恶怀刚肠。脱略小时辈,结交皆老苍。饮酣视八极,俗物都茫茫"。到晚年时,喝酒更加厉害,经常酒债高筑,质当衣服来喝酒,在其诗中有"莫思身外无穷事,且尽生前有限杯"。天宝六年(公元747年),杜甫赴长安应试,未被录取,认识了一位酒友,即广文馆博士郑虔。此人多才多艺,诗、画、书法、音乐乃至医学、兵法、星历无所不通,但因生活困顿,常向朋友讨钱买酒。两人关系颇好,若一人得钱,即毫不吝啬地买酒找对方共饮。杜甫诗有"朝回日日典春衣,每日江头尽醉归。酒债寻常行处有,人生七十古来稀"之句,活到58岁而死。

6. 石达开兵败大渡河

石达开是太平天国的领导人之一。1863年5月,石达开兵败于四川大渡河畔;6月,被诱至清营,旋即解往成都杀害。石达开惨败的原因固然是多方面的,但与饮酒也有点关系。《石达开传》描述,石达开的太平军在遭清军围困之前,石达开喜得贵子,他被得子之喜冲昏了头脑,在大敌当前、全军生死攸关的紧急关头,竟下令全军放假3天,痛饮庆贺,不但丧失了东渡的宝贵时机,而且在清军的猛烈进攻下,全军上下醉酒迎战,战斗力大大减弱,全军覆没是必然的结局。

二、酒助人事类

1. 箪醪劳师

东周春秋时代,越王勾践被吴王夫差战败后,为了实现复国大略,"十年生聚,十年教训",鼓励人民生育,并用酒作为生育的奖品:"生丈夫,二壶酒,一犬;生女子,二壶酒,一豚。"越王勾践率兵伐吴,出师前,越中父老献美酒于勾践,勾践将酒倒在河的上游,与将士一起迎流共饮,士卒士气大振。绍兴现在还有"投醪河"。

2. 穆公劳军

《酒谱》所载,战国时,秦穆公讨伐晋国,来到河边,秦穆公打算犒劳将士,以鼓舞将士,但酒醪却仅有一钟。有人说,即使只有一粒米,投入河中酿酒,也可使大家分享,于是秦穆公将这一钟酒倒入河中,三军饮后都醉了。

3. 荆轲饮燕市

战国时期的齐国人荆轲喜欢读书击剑,他游于燕国,与燕国的狗屠和善击筑的高渐离友善。"日与狗屠及高渐离饮于燕市,酒酣以往,高渐离击筑,荆轲和而歌于市中,相乐也,已而相泣,旁若无人者。"后为燕太子丹刺秦王,临别前,作《渡易水歌》曰:"风萧萧兮易水寒,壮士一去兮不复还。"最后,失败被杀。刺客的行为并不可取,但是他的事迹确有感人之处。

4. 关羽温酒斩华雄

曹操会合袁绍、公孙瓒、孙坚等十七路兵马攻打董卓。刘备、关羽和张飞追随公孙瓒一同前往。董卓手下的大将华雄打败了统领十八路兵马的先锋孙坚，又在阵前杀了两员大将。十八路诸侯都很惊慌，束手无策，袁绍说："可惜我的大将颜良、文丑不在，不然，就不怕华雄了。"话音刚落，关羽高声叫道："小将愿意去砍下华雄的脑袋！"袁绍认为关羽不过是个马弓手，就生气地说："我们十八路诸侯大将几百员，却要派一个马弓手出战，岂不让华雄笑话。"关羽大声说："我如果杀不了华雄，就请砍下我的脑袋。"曹操听了，十分欣赏。就倒了一杯热酒，递给关羽说："将军喝了这杯酒，再前去杀敌。"关羽接过酒杯又放在桌上说："等我杀了华雄回来再喝吧！"说完，提着大刀上马去了。关羽武艺高强，没一会儿，就砍下了华雄的脑袋。他回到军营，曹操连忙拿起桌上的酒杯递给他，此时，杯中的酒还是热的，如图 12-1 所示。

图 12-1 关羽温酒斩华雄

5. 武松醉打猛虎

施耐庵著作《水浒传》中讲述梁山好汉武松回家探望哥哥，在景阳冈遇到一只猛虎，在喝醉的情况下把这只猛虎打死，被世人传为佳话。

武松在景阳冈下一酒店喝了很多酒，跟跄着向冈上走去。行不多时，见一棵树上写着："近因景阳冈大虫伤人，但有过冈客商，应结伙成队过冈，请勿自误。"武松认为这是酒家写来吓人的，于是继续往前走。太阳快落山时，武松来到一破庙前，见庙门贴了一张官府告示，武松读后，方知山上真有虎，待要回去住店，怕店家笑话。由于酒力发作，便找了一块大青石，仰身躺下，刚要入睡，忽听一阵狂风呼啸，一只斑斓猛虎朝武松扑了过来，武松急忙一闪身，躲在老虎背后。老虎一纵身，武松又躲了过去。老虎急了，大吼一声，用尾巴向武松打来，武松又急忙跳开，并趁猛虎转身的那一霎间，举起哨棒，运足力气，朝虎头猛打下去。只听"咔嚓"一声，哨棒打在树枝上。老虎兽性大发，又向武松扑过来，武松扔掉半截棒，顺势骑在虎背上，左手揪住老虎头上的皮，右手猛击虎头，没多久就把老虎打得眼、嘴、鼻、耳到处流血，趴在地上不能动弹。武松怕老虎装死，举起半截哨棒又打了一阵，见那老虎确实没气了才住手。武松为当地老百姓除去一大害，被人们称为"打虎英雄"，如图 12-2 所示。

图 12-2 武松醉打猛虎

6. 张飞的酒坛子与醋坛子

阆中东北十五里的双山垭,是古代进入汉中的官道。在这险峻的山梁上有座瓦口关,传说是张飞饮醋退张郃的地方。

张飞出任巴西郡守镇守阆中以后,曹操命令大将张郃领兵进犯。张郃与张飞在瓦口关相遇,血战 50 昼夜后,张郃占据瓦口关,坚守不出。张飞求战不成,无计可施。一天,张飞与部将雷铜坐在瓦口关对面的棋盘山饮酒下棋,观看张郃动静。张飞一边喝酒一边下棋,慢慢地不觉有了醉意,下起棋来也有些心不在焉。雷铜看在眼里,举起棋子,趁张飞酒醉连连发起进攻,被张飞抓住破绽,乘势反击,连赢了数盘,从中领悟出诱敌出关的妙计。接下来两天,张飞与雷铜照常在山上饮酒下棋,诱张郃出关交战。第四天,张飞又带雷铜等部将到瓦口关前讨战,大骂张郃小人,不敢出关交战。张郃仍是闭关不出,张飞与雷铜又坐在山顶饮酒下棋。时近正午,张飞酒醉,还抬来几缸陈年老酒,同部卒狂喝烂饮,口中不住辱骂张郃。张郃在关内听得探子禀报,亲自察看,见张飞脱靴去袍,跌跌撞撞,满口污言秽语,大骂不止;手下部卒,也是东倒西歪。张郃不知是计,立即点齐人马,一窝蜂杀出关来。张飞见张郃引兵出关,拿起丈八蛇矛慌忙迎敌,几个回合,逐渐抵挡不住,被众将簇拥着且战且退。张郃催动人马直追到营盘湾张飞大营。只听瓦口关后金鼓齐鸣,喊声大起,原来是张飞部将张遵、张绍从关后杀进了瓦口关。张郃知道上当,急率大军回救,张郃腹背受敌,拼死苦战,杀出一条血路,趁着夜色,狼狈逃回汉中。

其实张飞酒醉乃是假的,阆中本地生产一种用麸皮酿成的食醋,有很好的解酒功能,喝醉了酒,喝一点醋,酒气就慢慢消除。张飞和部卒们边喝酒,边饮醋,哪有醉意! 张郃败北不久,曹操得知详情仰天大笑。下人皆为奇怪:"主公何以发笑?"曹操则扬起手指笑曰:"原来翼德还是个醋坛子!"

三、以酒设计类

1. 鸿门宴

秦末,刘邦与项羽各自率军攻打秦王朝的部队,刘邦率军先攻破咸阳(秦始皇的都城),在霸上驻军。刘邦的左司马曹无伤派人在项羽面前说刘邦打算在关中称王,项羽非常愤怒,下令次日一早让兵士饱餐一顿,攻打刘邦的军队。从项羽的季父项伯口中得知此事后,刘邦大吃一惊。刘邦两手恭恭敬敬地给项伯捧上一杯酒,祝项伯身体健康长寿,并约为亲家,刘邦的感情拉拢,说服了项伯,项伯答应为之在项羽面前说情,并让刘邦次日前来谢项羽。

第二天,项羽设宴款待刘邦,鸿门宴由此拉开序幕。鸿门宴暗藏杀机,项羽的亚父范增,一直主张杀掉刘邦,在酒宴上,一再示意项羽发令,但项羽却犹豫不决,默然不应。范增召项庄舞剑为酒宴助兴,想乘机杀掉刘邦。项伯为保护刘邦,也拔剑起舞,掩护了刘邦。在危急关头,刘邦部下樊哙带剑拥盾闯入军门,怒目直视项羽。项羽见此人气度不凡,问来者为何人,当得知为刘邦的参乘时,即命赐酒。樊哙立而饮之,项羽命赐猪腿后,又问能再饮酒吗。樊哙说,臣死且不避,一杯酒还有什么值得推辞的。樊哙还乘机说了一通刘邦的好话,项羽无言以对,刘邦乘机一走了之。刘邦部下张良入门为刘邦推脱,说刘邦不胜饮酒,无法前来道别,现向大王献上白璧一双,并向大将军(亚父范增)献上玉斗一双,请收下。不知深浅的项羽收下了白璧,范增却气得拔剑将玉斗撞碎。后人将鸿门宴喻指暗藏杀机,如图 12-3 所示。

图 12-3　鸿门宴

2. 煮酒论英雄

我国著名历史小说《三国演义》描述,东汉末,曹操挟天子以令诸侯,势力很大。刘备虽心有图谋,却势单力薄,屈居曹操手下,为防曹操谋害,不得不在住处后园种菜,亲自浇灌,以为韬晦之计。关云长和张飞蒙在鼓中,说刘备不留心天下大事,却学小人之事。曹操想探测刘备的心理活动,看他是否想称雄于世,精心设计了"煮酒论英雄"的聚会。

一天,刘备正在后园浇菜,曹操派人请刘备,刘备只得胆战心惊地一同前往入府见曹操。曹操不动声色地对刘备说:"在家做得大好事!"说者有意,听者更有心,刘备吓得面如土色。曹操又转口说:"你学种菜,不容易。"这才使刘备稍稍放心下来。曹操说:"刚才看见园内枝头上的梅子青青的,想起以前一件往事,今天见此梅,不可不尝,恰逢煮酒正熟,故邀你到小亭一会。"刘备听后心神方定,随曹操来到小亭,只见几上已经摆好了各种酒器,盘内放置了青梅,于是就将青梅放在酒樽中煮起酒来了,二人对坐,开怀畅饮。酒至半酣,突然阴云密布,大雨将至,曹操大谈龙的品行,又将龙比作英雄,并问刘备,当世英雄是谁。刘备装作胸无大志的样子,说了几个不对路的人,都被曹操否定。为了进一步了解刘备的心事,曹操又说:"夫英雄者,胸怀大志,腹有良谋,有包藏宇宙之机,吞吐天下之志者也。"刘备问:"谁能当英雄呢?"曹操单刀直入地说:"当今天下英雄,只有你和我两个!"刘备一听,吃了一惊,手中拿的筷子,也不知不觉地掉到地上。正巧突然下大雨,雷声大作,刘备灵机一动,从容地低下身拾起筷子,说是因为害怕打雷,才掉了筷子。曹操此时才放心地说:"大丈夫也怕雷吗?"刘备说:"连圣人面对迅雷烈风也会失态,我还能不怕吗?"刘备经过这样的掩饰,使曹操认为自己是个胸无大志、胆小如鼠的庸人,曹操从此再也不疑刘备了。

　　3. 杯酒释兵权

　　宋代开国皇帝赵匡胤自从陈桥兵变,一举夺得政权之后,却担心他的部下也会效仿自己的行为,拥兵自重,造反作乱,于是想解除手下一些大将的兵权。他安排酒宴,召集禁军将领石守信、王审琦等饮酒,叫他们多积金帛田宅以遗子孙,歌儿舞女以终天年,从此解除了他们的兵权。几年以后,又召集节度使王彦超侍宴饮,解除了他们的藩镇兵权。宋太祖的做法后来一直为其后辈沿用,主要是为了防止兵变,但这样一来,兵不知将,将不知兵,能调动军队的不能直接带兵,能直接带兵的又不能调动军队,虽然成功地防止了军队的政变,但却削弱了部队的作战能力。以致宋朝在与辽、金、西夏的战争中,连连败北,如图 12-4 所示。

图 12-4　杯酒释兵权

　　4. 群英会蒋干中计

　　《三国演义》描述,赤壁之战,曹操与孙刘联军陷入僵持状态。周瑜的同窗好友、曹操的帐下谋士蒋干主动请缨,凭借与周瑜之旧去招降周瑜。曹操欣然应允。于是蒋干驾一叶扁舟过江去找周瑜。一见面,周瑜就故意指出蒋干是说客,蒋干不承认,周瑜假装相信了,把他留在营中,并为蒋干大摆宴席,故意让太史慈佩周瑜剑作监酒,下令席间禁止提起军旅之事,若有提起,就斩首。于是蒋干并不敢提起招降之事。宴会结束后,周瑜佯装大醉,拉起蒋干入帐同宿。夜间蒋干起身,看见周瑜桌上有蔡瑁、张允(两人都是曹操手下的大将,水军都尉,不过是从刘表处刚刚降曹,因此曹操对二人颇不信任)写给周瑜的书信,信中言二人要叛变并杀曹操。蒋干将书信藏于怀中,第二天一早就逃回曹营向曹操汇报。结果曹操把蔡、张都杀了。两个深得水军之妙法的将军被除掉了,周瑜也就赢得了很大的主动权。这只是小说中的描述,与史书的记载相差很远,不过故事编得脍炙人口,十分有趣。

四、趣事类

1. 鲁酒薄而邯郸围

楚宣王召集诸侯聚会,鲁国恭公后到并且送的酒显得礼轻,楚宣王甚怒。恭公说:"我是周公之后,勋在王室,给你送酒已经是有失礼节和身份的事了,你还指责酒薄,不要太过分了。"于是不辞而归。宣王于是邀齐国发兵攻打鲁国。齐国的梁惠王一直想进攻赵国,但却畏惧楚国会帮助赵国,这次楚国有求,便不必再担心楚国来找麻烦了,于是放心攻打邯郸,赵国的邯郸因为鲁国的酒薄而不明不白地做了牺牲品。

2. 杯弓蛇影

据说晋朝有个做官的人叫乐广,因很久没有看到他的好朋友,便登门拜望,只见朋友半坐半躺地倚在床上,脸色蜡黄。乐广这才知道朋友生了重病,就问他的病是怎么得的。朋友支支吾吾不肯说。经过再三追问,朋友才说:"那天在您家喝酒,看见酒杯里有一条青皮红花的小蛇在游动。当时恶心极了,想不喝吧,您又再三劝饮,出于礼貌,只好饮下了酒。从此以后,心里就总是觉得肚子里有条小蛇在乱窜,想要呕吐,什么东西也吃不下去。到现在病了快半个月了。"乐广心生疑惑,酒杯里怎么会有小蛇呢? 但他的朋友又分明看见了,这是怎么回事儿呢? 回到家中,他看见墙上挂着一张弓,灵机一动:是不是这张雕弓在捣鬼? 于是,他斟了一杯酒,放在桌子上,移动了几个位置,终于看见那张雕弓的影子清晰地投映在酒杯中,随着酒液的晃动,真像一条青皮红花的小蛇在游动。为了解除朋友的疑惑,乐广马上用轿子把朋友接到家中。请他仍旧坐在上次的位置上,仍旧用上次的酒杯为他斟了满满一杯酒,问道:"您再看看酒杯中有什么东西?"那个朋友低头一看,立刻惊叫起来:"蛇!蛇! 又是一条青皮红花的小蛇!"乐广哈哈大笑,指着壁上的雕弓说:"您抬头看看,那是什么?"朋友看看雕弓,再看看杯中的蛇影,恍然大悟,顿时觉得浑身轻松,心病也全消了。后来,人们就用杯弓蛇影这个成语讽刺那些疑神疑鬼的人。

3. 竹林七贤

"竹林七贤"指的是晋代七位名士:阮籍、嵇康、山涛、刘伶、阮咸、向秀和王戎。他们放荡不羁,常于竹林下,酣歌纵酒。其中最有名的酒徒是刘伶。刘伶曾任西晋的建威将军,但他志不在仕途,而是"唯酒是务,焉知其余",连出游时也念念不忘喝酒。刘伶出游用的是"鹿车",也就是用鹿驾驶的车,在车上装载大量的酒,一路走,一路喝。车上还备了一把铁锹,有人问这把铁锹干嘛用? 刘伶得意地说:"我喝酒多了,说不定会醉死,我吩咐仆人,在哪里醉死,就在哪里挖土埋葬。"刘伶喝酒总是喝得酩酊大醉,喝醉以后更是不拘礼节、放浪形骸,居然在屋子里脱光衣服,赤身裸体,习以为常。客人们见了大为不悦,纷纷谴责。刘伶却振振有词地答道:"谁说我没有穿衣服? 谁说我赤身裸体? 我把天地当作大房子,把屋子当作贴身穿的衣裤,你们为什么钻进我的裤裆里呢?"于是"天地为栋宇,屋室为裤衣"就成了常用的典故。《世说新语·任诞》还记载了一个刘伶更有意思的故事,刘伶病酒,渴甚,从妇求酒。妇捐酒毁器,涕泣谏曰:"君饮太过,非摄生之道,必宜断之。"伶曰:"甚善! 我不能自禁,唯当祝鬼神自誓断之耳,便可具酒肉。"妇曰:"敬闻名。"供酒肉于神前,请伶祝誓。伶跪而祝曰:"天生刘伶,以酒为名(名和'命'通用)。一饮一斛,五半解醒。妇人之言,慎不可听。"便引酒进肉，隗然已醉矣。一天，刘伶外出喝酒，和一个酒鬼发生口角，争吵起来。那酒鬼撸起袖子对着刘伶一拳头打过去。刘伶不是酒鬼的对手，只见他不慌不忙，敞开前襟，说："别忙，您瞧瞧，我这两排鸡肋，哪配接受您高贵的拳头？"那酒鬼真被刘伶逗乐了，收回自己"高贵"的拳头，和刘伶对饮起来。

阮咸饮酒更是不顾廉耻，他每次与宗人共饮，总是以大盆盛酒，不用酒杯，也不用酒具，大家围坐在酒盆四周用手捧酒喝。猪群来饮酒，阮咸不但不赶，还凑上去与猪一齐饮酒。史料记载，魏文帝司马昭欲为其子求婚于阮籍之女，阮籍借醉 60 天，使司马昭没有机会开口，只好作罢。

4. 饮中八仙

饮中八仙趣事多多。贺知章是八仙中资格最老、年事最高的一个。在长安，他曾"解金龟换酒为乐"。他喝醉酒后，骑马的姿态就像乘船那样摇来晃去，醉眼蒙眬，眼花缭乱，跌进井里竟会在井里熟睡不醒；汝阳王李琎是唐玄宗的侄子，属于皇亲国戚，有资格袭领封地，宠极一时，所谓"主恩视遇频""倍比骨肉亲"，因此，他敢于饮酒三斗才上朝拜见天子。他的嗜酒心理也与众不同，路上看到酒车，竟能流起口水来。古人相传酒泉"城下有金泉，泉味如酒，故名酒泉"，李琎听信此言，恨不得要把自己的封地"移封"迁到酒泉去。李适之于天宝元年，代牛仙客为左丞相，雅好宾客，夜则燕赏，饮酒日费万钱，豪饮的酒量有如鲸鱼吞吐百川之水。开宝五载李适之为李林甫排挤而罢相，在家与亲友会饮，虽酒兴未减，却不免牢骚满腹。崔宗之是一个倜傥洒脱、少年英俊的风流人物。他豪饮时，高举酒杯，用白眼仰望青天，睥睨一切，旁若无人。喝醉后，宛如玉树迎风摇曳，不能自持。苏晋一面耽禅，长期斋戒，一面又嗜饮，经常醉酒，处于"斋"与"醉"的矛盾斗争中，但结果往往是"酒"战胜"佛"，嗜酒而得意忘形，放纵而无所顾忌。诗酒同李白结了不解之缘，说过"百年三万六千日，一日须倾三百杯"，李白嗜酒，醉中往往在"长安市上酒家眠"，习以为常，不足为奇。张旭"而好酒，每醉后，号呼狂走，索笔挥洒，变化无穷，若有神助"，当时人称"草圣"。张旭三杯酒醉后，豪情奔放，绝妙的草书就会从他笔下流出。焦遂是个平民，喝酒五斗后方有醉意，一旦喝醉，神情卓异，高谈阔论，滔滔不绝。

5. 李白醉酒议政

有一次，唐玄宗召集翰林学院士们在偏殿饮酒。在李白酒酣之际，玄宗问他："我朝与天后之朝如何？"李白答道："天后朝政出多门，国由奸幸。任人之道，如小儿市瓜，不择香味，惟拣肥大者；我朝任人，如淘沙取金，剖石采玉，故皆得其精粹者。"这里的"天后"即武则天，"市瓜"指买瓜。玄宗听后心喜，笑曰："学士过有所饰。"

6. 李白测字

有一天，李白酒后独游金陵，见一测字摊，摊主正打瞌睡，于是上前拱手问："先生怎么不见生意？"摊主笑曰："无人测字，只得打盹。"李白说："且让老夫一试。"就手摇测字用的"文王简"，并口中念念有词："半仙测字，其灵无比。"这时走来一个瘦高个子的人对李白说："在下本体胖，因上月家父身亡，思恋悲切而体瘦。祸不单行，近日又将常佩于手腕的一对玉镯丢失，乃是家父的遗物。烦请先生高测，言明该物失落何方？"李当即叫那人抽一字卷，打开一看，为一个"酉"字。李白说道："酉加三点是为酒，酒酒酒，有有有，玉未碎，镯未走，必在缸中。"那人听后将信将疑地回家了,顷刻即手举手镯跑来连声说:"先生真仙人矣!"高兴地付钱而归。摊主疑惑地问李白:"先生怎知那玉镯必在缸中呢?"李白说:"在那人伸手抽字卷时,我闻到他身上有酒气,想必此人以卖酒为生。又据他说是原胖后瘦,故料定他近来因丧父而神志恍惚,在忙乱之中把镯脱落在酒缸里未能察觉。"

7. 文君当炉

《史记·司马相如列传》讲,临邛有一富家卓王孙之女文君新寡,因爱慕司马相如,与之私奔到四川成都。因家徒四壁,文君家开始又不予资助,两人到临邛,尽卖其车骑后,买了一酒舍沽酒,而令文君当炉。这个故事后来成为爱情坚贞不渝的佳话。唐代罗隐的《桃花》诗曰:"数枝艳拂文君酒。"传说中还有"文君井"。陆游《文君井》诗曰:"落魄西州泥酒杯,酒酣几度上琴台。青鞋自笑无羁束,又向文君井畔来。"历史上临邛是酿酒之乡,名酒辈出,文君酒为历史名酒,如图12-5所示。

图 12-5 文君当炉

8. 陶渊明葛巾漉酒

陶渊明又名陶潜,出身于破落的地主家庭,是东晋时代的大诗人。据粗略估计,在他现存的百余篇诗中,有"酒"者约近半数,其中有一组《饮酒》诗共20首,集中地表达了他以酒解忧排恨的思想情感,成为在中国史上以诗咏酒的第一人。

陶渊明喜欢饮酒,但由于家贫,故不能常常买酒喝,亲戚朋友知道了,就时常请他去喝酒,他总是酩酊大醉而归。当酒发酵成熟时,陶渊明就取下头上的葛巾过滤酒液后,再戴到头上。当时名气很大的庐山东林寺僧慧远,曾邀请陶渊明去做客。但陶渊明说:"若允许我到了那里可以喝酒,那我就去。"按规矩寺里是不能饮酒的,但慧远却破例答应了。陶渊明好饮但常无酒。有一年的重阳节,他苦于无酒,于旁的东篱下采了一大把菊花久坐时,看到迎面而来一个白衣人,原来是江州刺史王弘派人送酒来。二人当即就酌,那人尽醉而归。后人就用"白衣送酒"来表达雪中送炭、遂心所愿之意。陶渊明有位把杯倾心的知己,叫颜延之。有一天,颜延之特地来看望陶渊明,临走时还留下两万钱,接济他的生活。陶渊明将这笔钱悉数放到酒家那里,以便日后随时可去喝酒。九江境内有陶渊明埋藏的酒,有个农夫凿石,发现一只石盒内有一个有盖的铜制酒壶,刻有16个字:"语出花,切莫开,待予春酒熟,烦更抱琴来。"人们怀疑这酒不能喝,就全部倒在地上,结果香数月不绝。

9. 乾隆千叟宴

千叟宴始于康熙,盛于乾隆时期,是清宫中规模最大,与宴者最多的盛大御宴。按照清廷惯例,每 50 年才举办一次千叟宴。康熙六十一年(1722 年),康熙帝在阳春园宴请全国 70 岁以上老人2 417人。后来雍正、乾隆两朝也举办过类似的"千叟宴"。乾隆五十年(1785 年),四海承平,天下富足,适逢清朝庆典,乾隆帝为表示其皇恩浩荡,在乾清宫举行了千叟宴。被邀请的老人约有 3 000 名,这些人中有皇亲国戚,有前朝老臣,也有的是从民间奉诏进京的老人。乾隆皇帝还亲自为 90 岁以上的寿星——斟酒。当时推为上座的是一位最长寿的老人,据说已有 141 岁。当时乾隆和纪晓岚还为这位老人做了一个对子,"花甲重开,外加三七岁月;古稀双庆,内多一个春秋"。根据上联的意思,两个甲子年 120 岁再加三七二十一,正好 141 岁。下联是古稀双庆,两个七十,再加一,正好 141 岁,堪称绝对。

◎思考题

1. 请讲述"高阳酒徒"的故事。

2. 请列出古代因饮酒而误事的典故。

3. 《三国演义》中煮酒论英雄的故事讲的是曹操与谁的故事?

4. "护国军兴事变迁,烽烟交警振阛阓。酒城幸保身无恙,检点机韬又一年。"这是谁写的诗?

5. 千叟宴始于康熙,盛于乾隆时期,是清宫中规模最大,与宴者最多的盛大御宴。按照清廷惯例,每 50 年才举办一次千叟宴。乾隆和纪晓岚还为一位 141 岁的老人写了一个对联,这个对联的内容是什么?

第十三章　酒与文化艺术形式

文化艺术形式是人类在生产劳动和社会交往中的智慧结晶,文化艺术形式与人类的习性密切相连。酒与人类长相随,在人类历史上扮演着重要的角色。因此,酒与文化同样密不可分,如影随形。适度饮酒既可以燃烧激情,搅动情绪,又可以促进思维运转,所以酒与文化艺术常常结下不解之缘。很多文化形式都反映出如酒一般强烈的个性。

第一节　酒与文学作品

一、酒与诗词

1.隋唐之前的酒诗

现代酒与文化的渗透远比古代更甚,但好酒越来越多,好诗好词却越来越少,饮酒的商业味太浓。古时文人墨客好酒,他们找一近水亭阁,红桌石凳,依山傍水,或三五团坐,侍女斟酒,书童摇扇,天上镜月高挂,地下黄菊盛开;或孤身一人,自饮自酌。酒过三巡,菜过五味,吟诗、作画、书法,与其说是在饮酒,不如说是在习诗书画艺,其情其景颇为风雅。在《诗经》中,与酒有关的就有40多首。

(1)《诗经》中的酒

清酒既载,骍牡既备。以享以祀,以介景福。

——《大雅·旱麓》

自今以始,岁其有。君子有穀,诒孙子。于胥乐兮。

——《鲁颂·有駜》

敦弓既坚,四鍭既钧。舍矢既均,序宾以贤。

——《行苇》

(2)屈原诗中的酒

蕙肴蒸兮兰藉,奠桂酒兮椒浆。

——《九歌》

操余弧兮反沦降,援北斗兮酌桂浆。

——《九歌》

（3）宋玉诗中的酒

粔籹蜜饵,有餦餭些。瑶浆蜜勺,实羽觞些。挫糟冻饮,酎清凉些。
华酌既陈,有琼浆些。……
美人既醉,朱颜酡些。……
酎饮尽欢,乐先故些。

——《招魂》

（4）苏武诗中的酒

骨肉缘枝叶,结交亦相因。四海皆兄弟,谁为行路人。况我连枝树,与子同一身。
昔为鸳与鸯,今为参与辰。昔者常相近,邈若胡与秦。惟念当离别,恩情日以新。
鹿鸣思野草,可以喻嘉宾。我有一樽酒,欲以赠远人。愿子留斟酌,叙此平生亲。

——《别诗四首·其一》

（5）曹操诗中的酒

对酒歌,太平时,吏不呼门。王者贤且明,宰相股肱皆忠良。

——《对酒》

对酒当歌,人生几何! 譬如朝露,去日苦多。慨当以慷,忧思难忘。
何以解忧？唯有杜康。青青子衿,悠悠我心。但为君故,沉吟至今。
呦呦鹿鸣,食野之苹。我有嘉宾,鼓瑟吹笙。明明如月,何时可掇？
忧从中来,不可断绝。越陌度阡,枉用相存。契阔谈讌,心念旧恩。
月明星稀,乌鹊南飞。绕树三匝,何枝可依？山不厌高,海不厌深。
周公吐哺,天下归心。

——《短歌行》

（6）曹植诗中的酒

公子敬爱客,终宴不知疲。清夜游西园,飞盖相追随。
明月澄清景,列宿正参差。秋兰被长坂,朱华冒绿池。
潜鱼跃清波,好鸟鸣高枝。神飚接丹毂,轻辇随风移。飘飘放志意,千秋长若斯。

——《公宴》

（7）刘伶诗中的酒

有大人先生,以天地为一朝,以万期为须臾,日月为扃牖,八荒为庭衢。行无辙迹,居无室庐,幕天席地,纵意所如。止则操卮执觚,动则挈榼提壶,唯酒是务,焉知其余？

有贵介公子,搢绅处士,闻吾风声,议其所以,乃奋袂攘襟,怒目切齿,陈说礼法,是非锋起。先生于是方捧罂承槽、衔杯漱醪,奋髯踑踞,枕麹藉糟;无思无虑,其乐陶陶。兀然而醉,豁尔而醒;静听不闻雷霆之声,熟视不睹泰山之形,不觉寒暑之切肌,利欲之感情。俯观万物,扰扰焉,如江汉之载浮萍;二豪侍侧焉,如蜾蠃之与螟蛉。

——《酒德颂》

2. 隋唐时期的酒诗

隋唐时期,不少诗人与酒结缘,成酒中豪杰。大诗人白居易自称"醉司马",诗酒不让李杜,作有关饮酒之诗800首,比李白的170多首、杜甫的300首都多,并写有讴歌饮酒之文《酒功赞》。据查,在5万首《全唐诗》中,涉酒诗篇竟多达1/5。

(1)岑参诗中的酒

老人七十仍沽酒,千壶百瓮花门口。道傍榆荚巧似钱,摘来沽酒君肯否。

——《戏问花门酒家翁》

(2)李白诗中的酒

君不见黄河之水天上来,奔流到海不复回。君不见高堂明镜悲白发,朝如青丝暮成雪。

人生得意须尽欢,莫使金樽空对月。天生我材必有用,千金散尽还复来。

烹羊宰牛且为乐,会须一饮三百杯。岑夫子,丹丘生,将进酒,杯莫停。

与君歌一曲,请君为我侧耳听。钟鼓馔玉不足贵,但愿长醉不复醒。

古来圣贤皆寂寞,惟有饮者留其名。陈王昔时宴平乐,斗酒十千恣欢谑。

主人何为言少钱,径须沽取对君酌。五花马、千金裘,呼儿将出换美酒,与尔同销万古愁。

——《将进酒》

(3)杜甫诗中的酒

知章骑马似乘船,眼花落井水底眠。汝阳三斗始朝天,道逢麹车口流涎,恨不移封向酒泉。左相日兴费万钱,饮如长鲸吸百川,衔杯乐圣称避贤。宗之潇洒美少年,举觞白眼望青天,皎如玉树临风前。苏晋长斋绣佛前,醉中往往爱逃禅。李白斗酒诗百篇,长安市上酒家眠,天子呼来不上船,自称臣是酒中仙。张旭三杯草圣传,脱帽露顶王公前,挥毫落纸如云烟。焦遂五斗方卓然,高谈雄辩惊四筵。

——《饮中八仙歌》

(4)王翰诗中的酒

葡萄美酒夜光杯,欲饮琵琶马上催。醉卧沙场君莫笑,古来征战几人回?

——《凉州词》

(5)王维诗中的酒

渭城朝雨浥轻尘,客舍青青柳色新。劝君更尽一杯酒,西出阳关无故人。

——《送元二使安西》

(6)李商隐诗中的酒

龙池赐酒敞云屏,羯鼓声高众乐停。夜半宴归宫漏永,薛王沉醉寿王醒。

——《龙池》

(7)王禹偁诗中的酒

无花无酒过清明,兴味萧然似野僧。昨日邻家乞新火,晓窗分与读书灯。

——《清明》

（8）罗隐诗中的酒

得即高歌失即休，多愁多恨亦悠悠。今朝有酒今朝醉，明日愁来明日愁。

——《自遣》

（9）戴复古诗中的酒

把酒冰壶接胜游，今年喜不负中秋。故人心似中秋月，肯为狂夫照白头。

——《中秋李漕冰壶燕集》

3. 元明清时期的酒诗

至元明清时期，诗酒联姻的风气仍然浓厚，饮酒作诗硕果累累。

（1）唐寅诗中的酒

桃花坞里桃花庵，桃花庵下桃花仙。桃花仙人种桃树，又摘桃花换酒钱。
酒醒只在花前坐，酒醉还来花下眠。半醒半醉日复日，花落花开年复年。
但愿老死花酒间，不愿鞠躬车马前。车尘马足富者趣，酒盏花枝贫者缘。
若将富贵比贫者，一在平地一在天。若将贫贱比车马，他得驱驰我得闲。
别人笑我忒疯颠，我笑他人看不穿。不见五陵豪杰墓，无花无酒锄作田。

——《桃花庵歌》

（2）曹溶诗中的酒

江南小，近日不藏春。朱户半开眠宿酒，粉娥成队散轻尘。弦管正愁人。
江南恨，亭榭少人看。醉里不堪啼鴂早，梦余初觉卖花寒。风雨又漫漫。

——《望江南》（选二）

二、酒与小说、散文

1. 酒与小说

小说作者借助酒的神力，努力刻画人物性格的豪、侠、勇、猛、义、礼、信、智，揭示人物的思想情趣，推动情节的发展，渲染生活气氛，把日常生活和人物描写得更加真实生动。

中国小说创作源于古代的神话和历史传说，到魏晋南北朝时期初具雏形。很多小说描述了与酒相关的情景。在河南汲县出土的战国时期魏襄王墓中发现的竹简《穆天子传》，记叙了周穆王姬满驾车西游千万里，抵达"西王母之邦"，西王母迎周穆王于瑶池之上，开怀畅饮的故事。以后的《汉武帝故事》《汉武帝内传》讲武帝与西王母的故事，都是从这个情节发展而来。

中国小说发展到南北朝时开始繁盛，作品数量多，内容丰富，广泛地、多方面地反映社会生活。内容大体可分为志怪小说和志人小说（轶事小说），志怪小说成就最高的是《搜神记》，其中一则记载了"千日酒"的故事：中山人狄希能造千日酒，即此酒饮后一醉三年不醒。有位叫刘玄石（有说即刘伶）的去求酒喝，由于酒还没有酿好，狄希不肯给他喝，禁不住他再三相求，只好给了他一杯。刘玄石只饮了这一杯，一醉三年方醒。醒后第一句话："快哉，醉我也。"一些被他的酒气冲入鼻中的人，"亦各醉卧三月"。志人（轶事）小说如托名刘歆（据《唐书经籍志》著录实为晋代葛洪所撰）的《西京杂记》内容庞杂，记述了西汉的宫室制度、风俗习惯、怪异传说等多方面内容，很多是"意绪秀异，文笔可观"的佳作，而且与酒相关。其中

《鹔鹴篇》写司马相如和卓文君的爱情故事。

刘宋王朝的宗室、袭封临川王的刘义庆编撰的《世说新语》,主要掇拾汉末至东晋的士族阶层人物的趣闻轶事,计有德行、言语、政事、文学等 36 篇。它是记叙轶闻的笔记小说的先驱,也是后来小品文的典范,对后世文学有深远的影响,其中多篇用简约的文字,把魏晋名士们纵酒放诞的性格描摹得活灵活现。

唐代牛僧孺的《玄怪录·古元之》,描写了一个比"桃花源"还要理想的"和神国":和神国恍如仙境,人得足食,不假耕种,既无蚊虻虫害,又无虎狼之恶,人无忧戚,寿可逾百。一国之人,皆自相亲,每日午时一餐,吃的是酒浆果实,且十亩有一酒泉,味甘而香。人们整日游览歌咏,饮酒尽欢,陶陶然也。

2. 酒与散文

酒与散文的关系也很密切,其中最著名的大概是欧阳修的《醉翁亭记》,文中写道:"山行六七里,渐闻水声潺潺,而泻出于两峰之间者,酿泉也。峰回路转,有亭翼然临于泉上者,醉翁亭也。作亭者谁?山之僧智仙也。名之者谁?太守自谓也。太守与客来饮于此,饮少辄醉,而年又最高,故自号曰醉翁也。醉翁之意不在酒,在乎山水之间也。山水之乐,得之心而寓之酒也……"

第二节　酒与书画

一、书法家与酒书

历史上流传着很多书法家酒后书法的奇闻逸事,据记载,汉朝杨雄,即喜"作奇字,嗜酒,好事者载酒肴从游学",反映出古代文人与酒的密切关系。绘画与酒也有着千丝万缕的联系,酒可品可饮,亦可入画图中,中国历代画家数万名,作品有不少涉及酒的题材。艺术家的作品往往是自己本性的化身,是其对真善美认识的具体反映。有关酒的作品大多痛快淋漓,自然天成,毫无矫揉造作之态。

1. 唐宋时期的书法家与酒书

唐文宗时期,李白的诗歌、裴旻的剑舞和草圣张旭的草书,被称为当世"三绝"。张旭又称张颠,很喜欢饮酒,"每大醉,呼叫狂走乃下笔,或以头濡墨而书,既醒目视为神"。与张旭齐名的怀素和尚,"每酒酣兴发",他曾用诗句道破酒后创作的感受"醉来得意两三行,醒后却书书不得","人人细问此中妙,怀素自云初不知","忽然绝叫三五声,满壁纵横千万字",意思是酒后进行书法创作,完全在有意与无意之间。

宋代诗人苏轼是集诗人、书画家于一身的艺术大师,书画作品往往是乘酒醉发真兴而作。他自己说:"枯肠得酒芒角出,肺肝槎牙生竹石。森然欲作不可留,写向君家雪色壁。"黄山谷(黄庭坚)题苏轼竹石诗说:"东坡老人翰林公,醉时吐出胸中墨。"他还说苏东坡"恢诡谲怪,滑稽于秋毫之颖,尤以酒为神,故其筋次滴沥,醉余频呻,取诸造化以炉锤,尽用文章之斧斤"。

2.明清时期的书法家与酒书

明末清初的归庄"性豪放,善饮,酒酣落笔,辄数千言不能止",他酒后赴考,提学御史元炜"怪而黜之",但又"惜其才,旋复焉"。由于嗜酒,归庄几乎名落孙山。姜宸英更是如此,好几次因为醉后赴考而被赶出考场。李正华因为嗜酒,中年时曾经大病一场,几乎丢了性命,因而自号为"醉余生"。他"将临必饮酒,无日不临池,也无日不醉酒也。微醺时作书,益淋漓酣畅,笔墨飞舞",他的朋友庄茹甫感叹说:"观君作书,每心惊气窒,不知其笔之自何处起何处止也。"张迁禄"善草书……性豪嗜酒",他常常用自己的书法作品换酒饮,晚年归隐时,曾经醉后对自己的随从说"可将去藏之,二十年后,必有知宝贵者也",可见他对自己的书法自信到了何种程度。

清代的道士白玉蟾,"喜饮酒,不见其醉,随身无片纸,落笔满四方",他的大字草书,"若龙蛇飞动"。但是,酒能醉人,酒能使书家的书法佳妙,却又往往误事。郑板桥由于喜欢酒肉,而误落沽名钓誉、故作清雅的盐商的骗局,被骗去书画。京城有一个"打钟庵"落成,主持僧求傅山书写庵名,傅山则以此僧的品行不端为由拒绝。主持僧求傅山的朋友帮助,此友设席灌醉傅山,又假装写不好预先镶有"打钟庵"三个字的诗,就请傅山帮忙。此时的傅山已醉,上当而为之书写。事后,傅山就和他的朋友断交了。

二、画家与酒

1.王洽

王洽以善画泼墨山水被人称为王墨,其人疯癫酒狂,放纵江湖之间,每欲画必先饮到醺酣之际,以墨泼洒在绢素之上,墨色或淡或浓,随其自然形状,为山为石,为云为烟,变化万千。

2.吴道子

唐朝"画圣"吴道子名道玄,在学画之前先学书于草圣张旭。《历代名画记》中说他"每欲挥毫,必须酣饮"。所画人物衣褶飘举,线条遒劲,人称莼菜条描,具有天衣飞扬、满壁风动的效果,被誉为吴带当风。唐明皇命他画嘉陵江三百里山水的风景,他一日而就。

3.郭忠恕

宋初的郭忠恕是著名的界画大师,有人说他画的门窗好像可以开合,殿堂给人以可摄足而入之感。郭忠恕从不轻易动笔作画,谁要拿着绘绢求他作画,他必然大怒而去。可是酒后兴发,就要自己动笔。一次,安陆郡守求他作画,被郭忠恕毫不客气地顶撞回去。郡守不甘心,又让一位和郭忠恕熟悉的和尚拿上等绢,乘郭忠恕酒酣之后赚得一幅佳作。大将郭从义镇守岐地时,从不开口索画,常宴请郭忠恕,宴会厅里就摆放着笔墨,如此数月。一日,郭忠恕乘醉画了一幅作品,被郭从义视为珍宝。

4.励归真

五代时期的励归真,被人们称为异人。善画牛虎鹰雀,造型能力极强,他笔下的一鸟一兽,都生动传神。传说南昌果信观的塑像是唐明皇时期所作,常有鸟雀栖止,人们常为鸟粪污秽塑像而犯愁。励归真知道后,在墙壁上画了一只鹊子,从此雀鸽绝迹,塑像得到了妥善的保护。励归真平时身穿一袭布裹,入酒肆如同出入自己的家门。他说:"我衣裳单薄,所以爱酒,以酒御寒,用我的画偿还酒钱,除此之外,我别无所长。"

5. 高克恭

元初的著名画家高克恭被誉为元代山水画第一高手。善画山水、竹石,又能饮酒,但不肯轻易动笔,遇有好友在前或酒酣兴发之际,信手挥毫。虞集在《道园学古录》中说:"不见湖州三百年,高公尚书生古燕。西湖醉归写古木,吴兴为补幽篁妍。国朝名笔谁第一?尚书醉后妙无敌。"

6. 郭畀

郭畀酒量惊人,"有鲸吸之量",醉后信笔挥洒,墨神淋漓,尺嫌片楠,得之者如获至宝。杨维桢在他画的《郭天锡春山图》上题了一首诗,写道:"不见朱方老郭髯,大江秋色满疏帘。醉倾一斗金壶汁,貌得江心两玉尖。"

7. 元四家

元朝画家中喜欢饮酒的人很多,著名的元四家(黄公望、吴镇、王蒙、倪瓒)中就有三人善饮。倪瓒善画山水,一生隐居不仕,常与友人诗酒留连。吴镇善画山水、竹石,作画多在酒后挥洒。王蒙元末隐居杭县黄鹤山,善画山水,酒酣之后往往"醉拈秃笔扫秋光,割截匡山云一幅"。

8. 吴伟

明朝画家中最喜欢饮酒的莫过于吴伟,史书典籍中有关吴伟嗜酒的记载比比皆是。詹景凤《詹氏小辨》说他"为人负气傲兀嗜酒"。有一次,吴伟到朋友家去做客,酒阑而雅兴大发,将吃过的莲蓬,蘸上墨在纸上大涂大抹,主人莫名其妙,吴伟抄起笔来又舞弄一番,画成一幅精美的《捕蟹图》,赢得在场人们齐声喝彩。一次,成化皇帝召他去画画,吴伟喝醉了,蓬头垢面,被人扶着来到皇帝面前。皇帝见他这副模样,也不禁笑了,命他作松风图。他踉踉跄跄碰翻了墨汁,信手就在纸上涂抹起来,片刻,就画完了一幅水墨淋漓的《松风图》,在场的人们都看呆了,皇帝夸他真仙人之笔也。

9. 汪肇

汪肇善画人物、山水、花鸟。《徽州府志》记载他"遇酒能象饮数升"。他常自负地炫耀自己"作画不用杇,饮酒不用口"。有一次,他误乘贼船,为了博取贼首的好感,他自称善画,愿为每人画一扇。扇画好之后,众贼高兴,叫他一起饮酒,汪肇用鼻吸饮,众贼见了纷纷称奇,手舞足蹈喝得沉睡过去,汪肇得以脱险。

10. 唐伯虎

唐伯虎诗文书画无一不能,曾自雕印章曰"江南第一风流才子"。他在《把酒对月歌》中写道:"李白能诗复能酒,我今百杯复千首。"民间流传着许多唐伯虎醉酒的故事,说他经常与好友祝允明、张灵等人装扮成乞丐,在雨雪中唱着莲花落向人乞讨,讨得银两后,他们就沽酒买肉到荒郊野寺去痛饮,自视这是人间一大乐事。还有一次,唐伯虎与朋友外出吃酒未尽兴,大家都没有多带银两,于是,典当了衣服当酒资,继续豪饮,竟夕未归。唐伯虎乘醉涂抹山水数幅,晨起换钱若干,才赎回衣服回家。

11. 扬州八怪

扬州八怪是清代中期活动于扬州地区一批风格相近的书画家总称,或称扬州画派。有说"八怪"为罗聘、李方膺、李鱓、金农、黄慎、郑燮(又名郑板桥)、高翔和汪士慎。也有的书籍罗列的"八怪"有高凤翰、华嵒、闵贞、边寿民等。"八怪"中有好几位画家都喜好饮酒。郑板桥一生与酒结缘,说自己"郑生三十无一营,学书学剑皆不成。市楼饮酒拉年少,终日击鼓吹竽笙。"郑板桥喝酒有自己熟悉的酒家并和酒家结下了深厚的友谊。黄慎善画人物、山水、花卉,草书亦精。其上乘佳作,多是酒酣耳热之际信笔挥洒而成,意足而神完。

三、画中的酒

1.《醉僧图》

《醉僧图》(图13-1)是南宋刘松年所作。画一枝虬曲古松,一葫芦挂于枝杈,青藤缠绕树身;松下坡石旁坐一僧,袒肩,做奋笔疾书状;僧前一童伸纸,僧左一童捧砚侍候。在坡石醒目处款书"嘉定庚午刘松年画"八字。画面右上方有人题七绝一首:"人人送酒不曾沽,每日松间挂一壶。草圣欲成狂便发,真堪画入醉僧图。"

图 13-1　醉僧图　　　　　图 13-2　华灯侍宴图

2.《华灯侍宴图》

《华灯侍宴图》(图13-2)是南宋知名的宫廷画家马远所绘,很有技巧地展示了宫廷宴会的生活。在灯火通明的宫殿里,隐约可见几位官员屈身随侍皇帝饮宴。宫殿外头,乐舞的宫女摇曳着身姿;而一旁的树林,似乎也随着音乐起舞,枝丫栖斜,显得姿态横生。这些树林,由近而远,渐渐隐没于雾色之中,只见宫殿后矗立着几棵松树,和远处数抹青山。有御题(也作南宋宁宗杨皇后所题)的一首长诗:"朝回中使传宣命,父子同班侍宴荣。酒捧倪觞祈景福,乐闻汉殿动骧声。宝瓶梅蕊千枝绽,玉栅华灯万盏明。人道催诗须待雨,片云阁雨果诗成。"画家虽然没有让饮宴的帝王直接出现在画面上,画上的题诗却点出了画题。此画下笔严正,用雄奇简练的笔法,表现树枝坚挺有力,水墨苍劲,用焦墨作树石,石皆方硬,危崖峭壁。树干瘦硬如屈铁,但刚健中又见柔和,其笔法豪放而谨严,变化多而融合,刚柔相济,豪放又严谨,整体上给人以气势纵横,雄奇简练的印象。

3.《王宏送酒图》

《王宏送酒图》(图13-3)也是马远所绘。写人物于高台,四周丛菊开放,前有顽石苍松、鹤鸣期间,后作起伏远山,意境清阔,可供眺望。人物线描简洁,劲挺且沉着,多顿跌转折、粗细变化,是典型的马远佳品。画右上端有宋宁宗皇后杨妹子簪花妙笔两行:"人世难逢开口笑,黄花满目助清欢"。诗画相映,益显其妙。

图13-3　王宏送酒图

图13-4　醉眠图

4.《醉眠图》

《醉眠图》(图13-4)是黄慎写意人物中的代表作,画中李铁拐背倚酒坛,香甜地伏在一个大葫芦上,作醉眼态。葫芦的口里冒着白烟,与淡墨烘染的天地交织在一起,给人以茫茫仙境之感,把李铁拐这个无拘无束、四海为家的"神仙"的醉态刻画得独具特色,画面上部草书题:"谁道铁拐,形肢长年,芒鞋何处,醉倒华颠"16个字,再一次突出了作品的主题。

5.《醉八仙图》

《醉八仙图》(图13-5)也称《饮中八仙图》《酒中八仙图》,明清时期纹样之一。"醉八仙"指唐代嗜酒的八位文人学士,即贺知章、汝阳王、李适之、崔宗之、苏晋、李白、张旭、焦遂。唐朝诗圣杜甫有《饮中八仙歌》,对他们的品行、性格做了淋漓尽致的描述。明清瓷器上的醉八仙图,就是根据杜甫的诗意描绘而成。

图 13-5 醉八仙图

第三节 酒与音乐、影视戏剧、武术

一、酒与音乐、歌曲

在中国音乐史中提到酒，有的是作为歌曲的由头，有的是写饮酒之人的精神状态，抒发饮酒之人的思想感情，有的是以酒为歌唱的重要内容，有的是为了推销酒，有的是作为古代"礼"的重要内容而涉及，情形各不相同。

1. 西周至春秋时期

歌曲主要分风、雅、颂三类。风是民歌，雅是贵族和士大夫根据民歌改编创作的歌曲，颂是祭祀乐歌。孔子所编的《诗经》一书 305 首歌曲中，有不少与酒有关，其中《鹿鸣》《四牡》《皇皇者华》《鱼丽》《南有嘉鱼》《南山有台》《关雎》《葛草》《卷耳》《鹊巢》《采蘩》《采苹》12 首风、雅歌曲被称为《风雅十二诗谱》，经常被士大夫用于"乡饮酒礼"。

《九歌》本是古代乐歌，《离骚》《天问》都曾提到它。传说它是夏启从天上偷来的。屈原在这部民间祭神的乐歌的基础上创作了用于朝廷大规模祭典的同名祭歌，《东皇太一》就是其中的一篇。

2. 两汉三国时期

汉代的音乐主要通过乐府体现出来。乐府原本是汉代音乐机构的名称，创立于西汉武帝时期，其职能是掌管宫廷所用的音乐，兼采民间歌谣与乐曲。将汉代乐府所搜集所创作所演唱的诗歌统称为"乐府"。汉乐府有许多是"感于哀乐，缘事而发"的民歌，在内容上反映了当时广阔的社会生活，在艺术上具有刚健清新的特色。有不少与酒有关，如《将进酒》《置酒》。

三国时期著名政治家、军事家、文学家曹操的诗全部是乐府歌辞。魏末晋初，阮籍创作了一首非常有名的古琴曲,名曰《酒狂》。南北朝民歌中写酒的也有不少,如清商乐《读曲歌》。当时民间音乐无论在北方还是南方都统称为清商乐。《读曲歌》属吴声歌曲,"读曲"亦作"独曲",即徒歌,歌唱时不用乐器伴奏。歌中有这样的词句:"思难忍,络嗇语酒壶,倒写侬顿尽。"

3. 隋唐金元时期

隋唐时期,李白、元旗、王维、白居易、李贺、李商隐、李益等诗人的不少酒诗都曾被人们传唱,如李商隐的《杨柳枝》、王维的《渭城曲》在唐代广为传唱。因将王维的诗重复了三次,故取名为《阳关三叠》。唐贞观、开元年间曾流传一首《凉州曲》:"汉家宫里柳如丝,上苑桃花连碧池。圣寿已传千岁酒,天文更赏百僚诗。"《醉渔唱晚》也是一首著名的古琴曲。敦煌乐谱中的《倾杯乐》,则是唐代流传的一支琵琶曲。宋代的歌曲,主要是词。宋词的词牌,也就是乐曲,与酒有关者甚多,例如醉太平、酒蓬莱、醉中真、频载酒、醉厌厌、醉梦迷、醉花春、醉泉子、倾杯乐、醉桃源、醉偎香、醉梅花、洒落魄、题醉袖、醉琼校、酹江月、貂裘换酒等。宋词中,反映或描写酒的作品不少,如苏轼的《念奴娇·赤壁怀古》《水调歌头·明月几时有》,李清照的《凤凰台上忆吹箫》,姜夔的《石湖仙》《淡黄柳》《角招》《越九歌》《霓裳中序第一》《惜红衣》《翠楼吟》《玉梅令》都唱到了酒。

金代《董西厢》内容也牵涉到酒,如"红娘怪我缘何害,非关病酒,不是伤春,只为冤家不到来"。元代的歌曲——散曲,曲牌甚多,不少与酒有关,如醉花阴、倾杯序、醉太平、醉扶归、醉中天、醉乡春、醉春风、醉高歌、醉旗儿、沉醉东风、沽美酒、梅花酒、醉娘子、醉也摩草、醉雁儿等。元代的戏曲——杂剧与南戏皆有乐谱传世,杂剧有醉中天、梅花酒、沽美酒、醉娘子、醉扶归、醉花阴、酒旗儿、沉醉东风、醉春风、醉中天、醉太平;南戏有醉娘子、醉罗歌、沉醉东风、醉翁子、醉太平、醉扶归、醉中归、劝劝酒、醉侥侥。无论杂剧或南戏,还是散曲,以酒入词进行歌唱的现象屡见不鲜。

4. 明清时期

明代和清代的音乐,最有代表性的是民歌与小曲。有的歌名中就有酒,例如《挂枝儿》中的《骂杜康》《家家扶得》《酒风》等;《白雪遗音》中的《这杯酒》《酒》《上阳美酒》《醉归》《未曾斟酒》等。有的在内容中唱了酒,如吴畹卿传谱的《山门六喜》唱的就是鲁智深醉打山门的故事;浦文琪传唱的《玉娥郎》中有这样的词句:"五月五日是端阳,角泰香,艾虎挂门旁,菖蒲酒满筋。"明清时期的戏曲音乐与酒有关的也不少,如传奇《郎嘟梦》有一出名字就叫《三醉》;明、清杂剧至今存有乐谱者,只有四个全折,其中一折就是《吟风阁》一剧的《罢宴》、昆曲《小宴》、京剧《武松打虎》等,酒都是角色歌唱的重要内容。明清的宫廷音乐,宴乐占有重要位置,公侯、名绅等富贵人家,举行宴会时往往也以音乐伴酒。

5. 近现代时期

民国时期,民歌浩如烟海,与酒有关的数不胜数,流行于陕甘宁一带的即有《八仙饮酒》《九杯酒》《十杯酒》等。民间器乐曲也有不少与酒有关,如广东音乐《三醉》《醉翁捞月》《玉楼人醉》《吴宫醉舞》《醉桃源》《醉花阴》等。在戏曲中,以酒或醉为唱段内容的依旧很多,如京剧《贵妃醉酒》、河北梆子《太白醉写》。不少曲牌也与酒有关,如传至民国的川剧笛子曲谱,就有《沽美酒》《劝劝酒》《民生酒》《双奠酒》以及专门在饮酒设宴时应用的《双花月》《到春来》《大河》等。韦瀚章作词、黄自作曲的清唱剧《长恨歌》共有 10 个乐章,其中"只爱美人醇酒,不爱江山"一句给人留下了深刻的印象。民国时期创作歌曲的内容与酒有关的也不少,如唐纳作词、聂耳作曲的故事影片《逃亡》的插曲《塞外村女》第一段就有酒。

新中国成立后,音乐中有酒的歌曲数不胜数。山西民歌《诉苦翻身》,控诉了地主的罪恶。乔羽作词、刘炽作曲的电影《上甘岭》插曲《我的祖国》有"朋友来了有好酒,若是那财狼来了,迎接它的有猎枪"。粉碎"四人帮"后,韩伟作词、施光南作曲的《祝酒歌》曾经广为传唱。一些歌剧中也经常唱到酒,《刘三姐》中刘三姐与三秀才对歌时唱道:"你娘养你这样乖,拿个空桶给我猜,送你回家去装酒,几时那个想喝几时筛。"

我国是一个幅员辽阔、多民族的国家。蒙古族的《酒歌》、藏族的《敬上一杯青稞酒》、维吾尔族的《金花与紫罗兰》、乌孜别克族的《一杯酒》、裕固族的《喝一口家乡的青稞酒》、撒尼族的《撒尼人民多欢喜》、壮族的《对歌》、土家族的《长工歌》都提到酒。我国各地与酒有关的民歌也不少,湖南的《大采茶》、广东的《一把红筷》、四川的《盼红军》、安徽的《扑蝶舞》、山西的《珍珠倒卷帘》、河北的《十八扯》、甘肃的《信天游》、江苏的《孟姜女》、陕西的《花鼓子》都提到酒。

二、酒与戏剧影视

1. 酒与戏曲

我国戏剧与戏曲中都有涉及酒的情节和故事,《盗银壶》和《九龙杯》中的壶和杯,都是珍贵的酒器,通过盗壶、盗杯及壶、杯的失而复得,引发了一系列曲折离奇的故事。

古典戏曲中以专门批判酒、色、财、气的危害作为主题撰写的剧目,最有名的是李逢时编演的《四大痴》传奇,实际是各自独立的四出戏:以酒的危害为主题的戏名《酒懂》;以色的危害为主题的戏名《扇坟》;以财的危害为主题的戏名《一文钱》;以气的危害为主题的戏名《黄巢下第》。

饮酒过量,就会迷失本性,失去理智,任凭别人摆布。所以醉酒误事和用"灌醉"作为手段达到自己的预期目的,就成为戏曲中常见的情节。《梅龙镇》中正德皇帝与李凤姐,一个饮酒,一个卖酒,充分表现这个"风流皇帝"借酒调情的丑态。《白蛇传》中,许仙听信法海的怂恿,强劝白素贞在端午节饮下雄黄酒,致使白素贞酒醉现出白蛇原形,将许仙吓死,引发了《白蛇传》后半部一系列的激烈斗争和悲剧。《问樵闹府》中的范仲禹是酒醉后被葛登云派人暗害的。《乌盆记》中,赵大用毒酒将刘世昌主仆害死,谋财害命。《连环套》中,朱光祖将麻醉药投入窦尔敦的酒壶里,乘窦尔敦昏睡,盗去他的双钩。《打金砖》中的刘秀(汉光武帝)将开国元勋姚期、马武等尽行斩杀;《斩黄袍》中的宋太祖赵匡胤将曾经共患难、打天下的结义兄弟郑子明斩首,其中都涉及酒。

饮酒也常常用来描述戏曲中正面人物的形象。《四进士》中,宋士杰乘两个差役酒醉,偷看他们为田伦送给顾读贿赂的书信,从而揭发了一桩两个官僚行贿受贿制造冤案的丑剧。《望江亭》中,谭记儿用酒将杨衙内灌醉,盗走圣旨和尚方宝剑,最后惩治了仗势害人的杨衙内。《红灯记》中,李玉和在被捕以前,喝下李奶奶递给他的一碗酒,唱了"临行喝妈一碗酒"的著名唱段。《智取威虎山》中杨子荣与群匪喝酒的场面,是杨子荣显示"土匪"身份,取信于坐山雕的一种手段，又寓意双关地表达自己消灭群匪的决心和信念。《刺王僚》中，专诸为姬光夺取王位而行刺姬僚。《贞娥刺虎》中，费贞娥假充公主将李虎灌醉，然后将其刺死。《审头刺汤》中，雪艳假意向汤勤献媚，用酒将其灌醉，然后刺杀了这个卖主求荣、阴谋陷害丈夫、霸占自己的卑鄙小人。《青霜剑》中，豪绅方世一为了谋占申雪贞，诬陷申雪贞的丈夫董昌通匪。申雪贞假意允婚，在洞房中将方世一与姚姐灌醉杀死，然后携带仇人的头颅到丈夫坟前哭祭，然后自刎。《金针刺梁冀》中，渔家女邹飞霞将东汉末年独霸朝政的大将军梁冀用酒灌醉，用金针刺死，刻画了一位有胆有识、智勇双全的渔家女郎。《搜孤救孤》中，为救赵氏孤儿，程婴舍子，公孙杵臼舍命，程婴在法场上用酒生祭公孙杵臼和自己的儿子，揭示出两位义士为救忠臣孤儿所做的巨大牺牲。《伐子都》描写了子都害死颖考叔后，受到良心谴责，在金殿饮酒后，吐露真言，坦白了自己害人的罪行。在《霸王别姬》中，项羽被困垓下，四面楚歌，虞姬劝酒献舞，表达了项羽与虞姬在生离死别时的依恋与悲痛。

2. 酒与电影

中国电影中，酒在银幕上出现的频率很高，中国电影发展分为几个阶段，不同阶段的电影，都有涉及酒的相关情节。

1905年到民族电影辉煌的20世纪三四十年代是中国电影的起步时期。开始为戏曲纪录片，后来又经家庭默片到社会电影。酒在这一时期，先是作为生活用品出现在餐桌上，后又介入影片主人翁日常交往中。至今完整保存在中国电影资料馆里的最早影片《劳工之爱情》中描述的情节是年轻木匠想娶老中医的女儿为妻，老中医不同意。小伙子就动脑筋巧设计谋，让酒馆里的酒徒在酒后迷迷糊糊时被摔得腿伤腰疼，纷纷去老中医处看病。中医一下子生意兴隆，木匠和其女儿也频繁接近，最终喜结良缘。

1949年新中国成立，电影受到政府的高度重视，影片有了数量和质量的飞跃。从新中国第一部故事片《桥》到《白毛女》《董存瑞》，再到新中国成立10周年前后的《祝福》《红旗谱》《青春之歌》《老兵新传》《女篮五号》《烈火中永生》《冰山上来客》《李双双》和《锦上添花》等，一批批优秀影片问世。酒文化在影片中只是生活细节或情趣的点缀，处在被合理削弱的地位，但在揭露旧中国的黑暗和人物行为的不良时，充分发挥了画龙点睛之功。如《锦上添花》的喜酒、《老兵新传》的丰收酒渲染家庭气氛和亲朋情谊。而《红色娘子军》里南霸天的设宴摆酒席，则描画了大地主与反动军队的沆瀣一气。有些影片里的酒，反映的是社会风气的不正、人生的懈怠荒疏、婚姻的苦恼不爽和生活道路的坎坷不畅。《祝福》里鲁四老爷家的年饭酒，不仅显示出封建传统秩序，还产生出一种压抑、一种窒息的情绪，增强了人们对封建社会的憎恶。《上甘岭》里的张连长，一到战斗激烈时就找通讯员要水壶，不论是喝水还是喝酒，这一动作蕴含的人物个性是具有豪爽之气的。《烈火中永生》里的许云峰，在徐鹏飞设下的阴谋酒中，拒绝举杯，表现了其尖锐的观察力与从容坚定，抒写出英雄人物的机智和果敢。不少军事片、工业片、农村片、反特片中，常有壮行酒或誓言酒，烘托出一种浓烈的氛围或一种重要选择。

随着改革开放，以经济建设为中心的深入发展，电影的市场化使影片出现了艺术探索片、商业娱乐片和重大题材片等分类，对酒的描绘日渐增多，并且从家庭到酒吧，从小餐馆到大酒店，从亲朋相聚到饮酒改善人际关系，从吃喝的生理快感到复杂心理的流露，在电影中

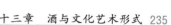

都有体现。总之,这一时期电影的酒文化,从表象走向底里,从局部走向全面。比较典型的例子是《少林寺》,其关键情节是众武僧的师父,在徒弟们偷吃狗肉并饮酒时所说的一句话:酒肉穿肠过,佛祖心中留。此情此景,似乎有违佛训,但却透出一种又朴素又灵悟的思辨。说明和尚对社会与人心的关注。《红高粱》是艺术探索片的代表,影片突出了酒的作用,它不单全片都和酒有关系,而且从民俗民风上,把酒与生活环境、人物性格、民族情怀联系在一起,形成一种淳朴、浓烈、能潇洒、能燃烧的精神。

3. 酒与电视剧

1958 年,以直播演出的方式向北京和有转播条件的地区放送的电视是今天电视剧的雏型。其特点为基本以扩大场景和切换镜头的办法,使舞台剧适合电视播出。这一时期的代表作品是表现忆苦思甜的《一口菜饼》和儿童剧《一百分不算满分》。

随着改革开放迅速发展起来的电视剧,酒并未占据十分突出的位置,但也涉及很多。酒文化既是社会表现、人物命运的某种渲染,又是传统文化和当代生活的某些纽带,形象地描绘出时代的社会风气。吃酒的用具不断变化,饮酒的环境也不断变化。酒的种类和档次越来越高。酒在生活中多元出现,进入各个行业,显示了它的作用和影响。《留村察看》中,下基层的县长在接风酒宴上看到了村乡干部以各种名目喝酒,明白了蔓延在干部中间的吃吃喝喝已是触目惊心的存在。此外,还有《大酒店》《公关小姐》等,都描写了生活中饮酒的场景。娱乐性强的电视剧里的酒文化主要还是场景性、情节性的,《水浒》中武松醉打蒋门神、《济公》里癞和尚让他的葫芦吸酒以戏弄财主和差役等,都突出了酒的情景作用。《茅台酒的传说》生动叙述了民国初年酒师郑义成父女与土豪李万福之间的生死较量,更突出了好酒出传奇的视角。其题材有三层意义:外层为阶级矛盾,土豪要霸占名酒与酒场,这是以财势谋酒;中层为真假茅台之争,假酒实际是谋私者向百姓巧取豪夺的工具;内层是人品、人生、人心的冲突。《华世奎醉写劝业场》针对天津著名企业牌匾的传说,把喝酒与书法表现为一种相互补充、相互依存的关系,然后进入书法艺术与人品的至美之境,其实这是以醉酒的形式反映文化境界。电视剧《醉乡》是以酒抒写湘西土家族浓郁的民俗民风,并把酒香与青山绿水和人的憨厚善良交织在一起,置酒和山、水、人同样的地位、同样的美。可酒又使陈旧的意识受到挑战,使改革的思考得以倾诉。《酒友》以喝酒贯穿整个情节,开始是以酒打赌,随之借酒筹款,其后养鸡专业户老毕看到了乡长老冯的辛苦,老冯也明白老毕发家后的想法。于是酒越喝越多,心越来越贴近,酒产生的影响也非常显著。《大酒店》以开放城市的一座大酒店为依托,描写三位旅游学校毕业生在工作与生活中的不同表现,使人物处在微妙又明显的纠葛中,让我们看到了爱国主义精神、高尚的情操和执着的人生。《宰相刘罗锅》中多个场景写到酒,也展示了酒文化和艺术。

三、酒与武术

武术被视为国粹,在 20 世纪 30 年代曾直呼为"国术"。自卫本能的升华和攻防技术的积累,是武术产生的自然基础。武术不只是格斗技术,健身体育,而且影响到民族文化的方方面面,诸如医药保健、戏剧文学、方术宗教等。武术的灵魂本质是"气""气聚而生,气散而死"。武术讲究的是"内练一口气,外练筋骨皮"。气势的获得才是武术的最高追求,这一点与酒所给人的胆气、豪气是一致的。酒作为人类文明的产物,同样深入到民族生活的方方面面,与武术也有着紧密的联系。其实自古武人好酒,上古的夏育、孟贲、传说中黄帝的大将力牧,以及春秋时代薛炽、养由基等都是好酒的武士。西楚霸王项羽和刘邦的大将樊哙的海量,更是尽人皆知的。武人的好酒,是因酒而表现出他们的豪爽气概和尚武精神,借酒寄托他们的情怀。然而,更重要的是酒还成为他们创造超绝武功的"灵浆"。

1. 酒与拳术

清代有名的傅家拳的创始人傅青主就是在醉中造拳的。傅青杰,名山,字青主,别号侨黄,生于 1607 年,卒于 1684 年,山西阳曲人,是明末、清初著名的思想家、诗人、学者、画家和爱国志士,同时他还精于武功。傅青主在醉中舞拳,进入一种物我两忘、神与物游的境地,然后又将这种人体文化的感悟,形诸笔墨,因而他的画具有一种山雨欲来的肃杀之气和灵动飞扬的韵味,而他的拳法又具有了一种醉态。酒、画和武术,在他身上融为一体,形成一种独特的风格。傅青主在醉中造拳,以醉态入武术,在现代和古代武术中,都有先例可循,"醉八仙"和"醉拳""醉剑"就是极重要的武术套路。"醉拳"是现代表演性武术的重要拳种,又称"醉酒拳""醉八仙拳",其拳术招式和步态如醉者形姿,故名。其醉打技法吸收了各种拳法的攻打捷要,以柔中有刚、声东击西、顿挫多变为特色。作为成熟的套路传承,大约在明清时代。张孔昭《拳经拳法备要》即载《醉八仙歌》。醉拳由于模拟醉者形态,把地趟拳中的滚翻技法融于拳法和腿法。至今其流行地区极广,四川、陕西、山东、河北、北京、上海和江淮一带均有流传。醉拳作为一个独特的富于表演性的拳种,分三大类:一类重形,多以模拟滑稽可笑的醉态为主;一类重技,在"醉"中发展攻击性技巧,即是三指象杯的动作,亦藏扼喉取睛的杀招;再一类是技、形并重,既有醉态的酷肖,又有技法的凌厉。不管哪一类,都要掌握形醉意不醉,步醉心不醉。醉拳套路有多种:"醉八仙",以模拟吕洞宾、铁拐李、张果老、韩湘子、汉钟离、曹国舅、何仙姑和蓝采和等八仙道家神化的形姿和武艺为特色,动作名称多以这些人物动作特点创编。"太白醉酒"的套路则是以模拟唐代诗人李白的形姿为主;"武松醉酒""燕青醉酒""鲁智深醉打山门"等套路,则以《水浒传》英雄命名,自然更显示了醉拳深厚的内涵,使其不同于一般武术拳种。"醉拳"的腿法极重,中国武术素有"南拳北腿"之说,以勾、挂、缠、踢为妙用的醉拳腿法,在武松醉打快活林中显示了神威。

2. 酒与剑术

剑术在中国有着悠久的历史,而且有丰厚的文化内涵。它被奉为百兵之君,被尊为帝王权威的象征,神佛仙家修炼的法器,更成为文人墨客抒情明志的寄托,也是艺术家在舞台上表现人物,以舞动人的舞具。醉剑是酒文化浸润的剑术,它的风格独特,深受人们欢迎,尤其适于表演,多为戏曲、舞蹈艺术吸收。它的运动特点是:奔放如醉,乍徐还疾,往复奇变,忽纵忽收,形如醉酒毫无规律可循,但招招式式却讲究东倒西歪中暗藏杀招,扑跌滚翻中透出狠手。现在剑器主要是一种健身器械,而剑术已经纯粹是一种和舞蹈结合起来的表演项目。而醉剑由于它那如痴如醉、往复多变和动作极强的特点,在舞剑中更占据着特殊而重要的地位。

3. 酒与棍术

除醉拳与醉剑之外,还有醉棍。醉棍是棍术的一种,它是把醉拳的佯攻巧跌与棍术的弓、马、仆、虚、歇、旋的步法与劈、崩、抡、扫、戳、绕、点、撩、拨、提、云、挑,醉舞花、醉踢、醉蹬连棍法相结合而形成的一种极为实用的套路,传统醉棍流传于江苏、河南的《少林醉棍》,每套 36 式。

◎ 思考题

1.诗文书画无一不能,曾自雕印章曰"江南第一风流才子"的是哪个历史人物?

2.曹操在《短歌行》中写道:"对酒当歌,人生几何?"对此,你怎么看?

3.《醉八仙图》也称《饮中八仙图》《酒中八仙图》,明清时期纹样之一。"醉八仙"指唐代嗜酒的八位文人学士,他们分别是哪八位?

后 记

酒在中国有悠久的历史,白酒产业是中国的传统产业。中华民族酿造了种类繁多、风格各异的白酒,白酒也浸润了中华民族,白酒的饮用成为国人展示豪气、表达情感的最佳选择。对白酒的消费不仅是对物质产品的消耗,更重要的是一种精神、情感的体验和享受。在中国的历史上,酒的消费一直与"礼"相伴。因此,白酒与其他食品相比,富含更多的文化元素。白酒产业的发展不仅能够带动其他相关产业的发展,而且能够给人们带来精神的愉悦和志气的张扬。随着社会进步和文明的提升,白酒产业的发展和白酒消费将越来越体现出其文化特色。

白酒是什么时候产生的?这是一个很难说清楚道明白的问题。白酒将在什么时候走到自己的终点?这也是一个很难预测的问题。但是很明确的是,酒伴随着人类从古走来,白酒产业潮涨潮落,白酒始终不曾被人类遗弃。是人类享受了白酒,还是白酒享受了人类?这是一个值得研究的文化现象。

《中国白酒文化》从教学讲义走到 2013 年首次出版,历经了 7 年的教学探索和研究,背景是四川省委省政府高度重视白酒产业,倾心打造白酒金三角的魄力和泸州悠久的白酒发展历史;起源于泸州职业技术学院以校企合作推动地方产业发展的核心理念;过程是泸州职业技术学院市场营销专业教学团队对人才培养的责任心和对传统文化传承的矢志追求。在这个过程中,得到了泸州老窖集团、四川郎酒集团等企业的支持,得到了四川大学商学院张黎明博士、酿酒专家李大和等名家的指导。贺元成博士对出版该书给予了热情的鼓励和关怀,四川省食品发酵工业研究设计院李国红老师还针对教材第一章、第六章进行了审核,并提出了宝贵意见。泸州职业技术学院商学院林洁、丁瑞赞、牟红、梁丽静、唐亮、郎润华、李丽等教师为收集相关资料素材、编撰讲义和传授相关知识做了大量的工作。四川大学研究生魏红、柳娅皎、王玥、张莹也协助收集了不少资料。同时,为了尽可能展现白酒文化的丰富内涵,本书的编写还参考和引用了业内专家和学者的一些精辟论断以及一些网络、报刊和书籍的内容、图片,在此对各位同仁和作者表示衷心的感谢。

《中国白酒文化》从首次出版至今,又是 7 年过去了,其间经过多次印刷,以满足社会需求。在这 7 年中,白酒产业经历了巨大的起伏和调整,我们针对过去的变化,重新审视本书,对逻辑顺序、篇章结构、文字内容进行了调整和修订,以便更好地反映中国白酒文化变化发展的现实。在此过程中,泸州老窖集团、四川郎酒集团、泸州江潭窖酒业有限公司、名酒都网等企业给予了大力支持,我们非常感谢。

由于编者水平有限,加上与白酒行业的交流和合作还不够深入,尤其是对引用的相关企业、专家、企业家的介绍部分,因难以联系到相关人士进行一一核对,书中难免存在诸多缺点和差错。在此,恳请社会各界专家学者和相关人士批评指正。

编者

2020 年 4 月于泸州

参考文献

［1］中国酿酒工业协会.中国酿酒工业年鉴(2001)［M］.北京:中国轻工业出版社,2002.

［2］中国酿酒工业协会,中国酿酒工业年鉴编委会.中国酿酒工业年鉴(2007)［M］.北京:中国轻工业出版社,2008.

［3］中国酿酒工业协会,中国酿酒工业年鉴编委会.中国酿酒工业年鉴(2009)［M］.北京:中国轻工业出版社,2010.

［4］中国酿酒工业协会,中国酿酒工业年鉴编委会.中国酿酒工业年鉴(2010—2011)［M］.北京:中国轻工业出版社,2012.

［5］李泉.品酒大全［M］.哈尔滨:哈尔滨出版社,2007.

［6］范晓清.酒与现代养生［M］.北京:人民军医出版社,2007.

［7］马汴梁.饮酒与解酒的学问［M］.3版.北京:人民军医出版社,2000.

［8］丁云连,范文来,徐岩,等.老白干香型白酒香气成分分析［J］.酿酒,2008,35(4):109-113.